U0274087

预应力张弦结构诊治

曾滨　许庆　著

中国建筑工业出版社

图书在版编目（CIP）数据

预应力张弦结构诊治/曾滨，许庆著. —北京：中国
建筑工业出版社，2019.6
ISBN 978-7-112-23494-3

Ⅰ.①预… Ⅱ.①曾…②许… Ⅲ.①预应力结
构-研究 Ⅳ.①TU378

中国版本图书馆 CIP 数据核字（2019）第 052698 号

预应力张弦结构建筑造型简洁、力学性能优越且结构自重轻，广泛应用于大跨度体育馆、航站楼、会展中心等工程结构中。本书针对预应力张弦结构环境复杂、损伤难测、修复困难的特点，系统介绍了相应的损伤识别的监测和检测技术，并提出多种加固和提升预应力张弦结构安全性能的方法。

全书共分为五章，包括：预应力张弦结构概述；预应力张弦结构破坏机制研究；预应力张弦结构损伤识别及性能评价技术；预应力张弦结构关键杆件加固技术；预应力张弦结构安全监测系统。

本书可供从事预应力钢结构设计、施工及诊治的工程技术及研究人员参考使用。

责任编辑：刘婷婷
责任设计：李志立
责任校对：姜小莲

预应力张弦结构诊治

曾滨 许庆 著

*

中国建筑工业出版社出版、发行（北京海淀三里河路 9 号）
各地新华书店、建筑书店经销
霸州市顺浩图文科技发展有限公司制版
北京圣夫亚美印刷有限公司印刷

*

开本：787×1092 毫米 1/16 印张：13½ 字数：334 千字
2019 年 10 月第一版 2019 年 10 月第一次印刷
定价：**78.00 元**
ISBN 978-7-112-23494-3
（33790）

序

现代预应力技术使得钢结构建筑精彩纷呈，预应力钢结构技术以其良好的建筑表现力和技术经济比，被广泛地应用于各种大跨空间结构中，尤其是在地标性公共建筑和大型民用基础设施中。目前预应力张弦结构是我国预应力钢结构的主体结构形式，而其应用多为大型公共建筑，其城市功能重要，公众人群密集，社会关注度高，结构性能直接影响社会公共安全。

总体而言，我国预应力钢结构技术的理论研究相对滞后于设计技术研究，设计技术研究相对滞后于工程应用，加之早期预应力钢材（索）生产以及结构施工工艺均处于探索阶段，大量工程实践往往无标准指导和规范，一定服役期的预应力钢结构将面临极大的工程诊治需求，其诊治理论、技术和方法的研究和实践迫在眉睫。

本书著者及其团队长期从事预应力结构的研究、设计和工程实践，在预应力钢结构诊治领域有着丰硕的研究成果和丰富的实践经验。本书从理论和实践上，较系统地阐述了预应力张弦结构诊治的基本理论和关键技术，在其连续倒塌机制分析、新型非接触结构性能检测监测技术、结构损伤模态识别方法、防连续倒塌和消能减震关键杆件加固技术等方面，进行了深入浅出的阐述，针对预应力张弦结构安全性能诊治，给出了理论依据和创新方法，弥补了国内预应力钢结构诊治领域的不足。

本书可作为预应力张弦结构及预应力钢结构设计和诊治的参考书，也为预应力钢结构设计和诊治标准制修订奠定了基础，具有较强的学术性和实用性。

中国工程院院士 岳清瑞

2019 年 7 月

前　言

　　预应力钢结构学科诞生至今已近 70 年，随着我国社会经济的迅猛发展，20 世纪 80 年代末以来，预应力钢结构技术在我国得到了快速的推广应用，据中国钢结构协会预应力结构分会统计分析，我国预应力张弦结构与各类预应力钢结构占比近 50%，是预应力钢结构的主要结构类型。

　　由于预应力钢结构建筑体系新颖、体量巨大、受力复杂，而且往往采用大量新材料和新工艺，早期工程实践的积极探索，极大地推动了预应力钢结构的发展，事实上预应力钢结构工程的设计施工，在诸多方面均超出了现行建筑结构相关标准的范畴。由于此类结构一般被应用于大型公共建筑和各种大型民用设施中，比如机场航站楼、铁路站房、体育场馆、会展中心和大型机构办公楼等等，其结构安全关乎公众生命和城市安全，也表征了公共管理能力和城市管理水平。因此预应力钢结构诊治技术有着迫切的现实需求。

　　为系统解决预应力张弦结构诊治的关键技术难题，团队在国家自然科学基金和中冶建筑研究总院重大课题的支持下，通过对国内外预应力张弦结构使用现状调研，对其诊治理论和技术方法等进行了深入的研究，取得了系列成果：进行了典型预应力张弦结构连续倒塌试验研究和机制分析，揭示了其破坏机理；提出了预应力张弦结构损伤的模态识别方法，解决了试验方法和判别准则关键技术难题；发明了新型非接触检测技术，集成相关检测设备从而形成了成套检测技术；发明了其结构减震消能和防倒塌关键杆件加固技术，解决了大型预应力张弦结构的在役安全加固技术难题；经过多项工程应用实践，显著提升了我国预应力张弦结构诊治技术水平。

　　感谢东南大学陆金钰参与了预应力张弦结构抗连续倒塌研究工作，东南大学周臻参与了预应力张弦结构损伤识别研究工作，东南大学王春林参与了预应力张弦结构关键杆件加固研究工作，参加本项目研究工作的还有：伍云天、弓俊青、张电杰、朱奕锋、蒋青桔、邵彦超、尹鸿飞、徐曼、张明波、刘德军、赵军、武啸龙、亓玉台、周广仁等，项目研究及本书撰写得到很多相关单位的支持和帮助，包括参考文献列出的专家学者，在此一并致谢！

　　本书希望能给预应力钢结构方向的研究、设计、施工、检测等从业科技人员以帮助，错误及不当之处敬请批评指正。

著　者

2019 年 6 月

目　　录

第1章 预应力张弦结构概述

预应力钢结构充分发挥钢材性能，可有效节约钢材，符合国家绿色可持续发展战略；其优越的跨越能力，可建构更大的结构跨度，实现现代建筑新的功能目标；其丰富的造型创新能力，使钢结构建筑形式精彩纷呈，满足日益提升的大众审美需求。近几十年在全世界得到了深入研究和飞速发展，广泛实践于公共建筑及工业民用设施，社会经济效益良好，发展应用前景广阔。

预应力钢结构的发展已经历了三个阶段：初创期（"二战"后～1960年前后）、发展期（1960年前后～1980年代中期）和繁荣期（1980年代末期～21世纪初），经过基础理论探索、力学性能研究、结构方案设计、生产施工工艺等各阶段研究实践的发展，实证了预应力技术应用于钢结构的可靠性、经济性、科学性和创新性，从最初节约钢材的目标衍变成基于现代预应力钢结构理念的综合创新与技术突破。

预应力钢结构技术诞生并应用于国外的大型工程中，典型代表有布鲁塞尔机场飞机库双跨预应力连续钢桁架门梁结构（1953）、美国雷里竞技场双曲悬索屋盖（1953）、芝加哥国际机场机库钢屋盖（1960）、慕尼黑奥运会主赛场馆（1972）、悉尼电视塔架（1973）、莫斯科奥运会体育场馆屋盖（1980）、慕尼黑奥林匹克公园溜冰馆（1983）等工程。继1956年中国国家建委委托冶金工业部建筑研究总院组织召开的首次预应力钢结构研讨会后，预应力钢结构技术在国内开始得到研究和发展，以冶建院为代表的研究院所和大专院校，在传统钢结构的基础上，借鉴了国外已有的理论和技术研究成果，探索研究预应力钢结构的结构形式和受力性能，设计开发了一批平面预应力钢结构体系，并在大量工业建筑中进行工程示范，节约钢材30%以上，如大同煤矿输煤栈桥（1958）、太原钢厂输煤栈桥（1959）、太原钢厂钢坯库预应力钢吊车梁（1960）等。尽管冶金工业部建筑研究总院于1960年成功开发了1600MPa高强钢丝和1000号高强混凝土，为预应力技术的发展奠定了材料基础，但20世纪60年代的特殊社会环境和钢材严重缺乏的工业状况，影响并限制了我国预应力钢结构技术的发展。直到20世纪80年代，改革开放使中国经济进入跨越式发展阶段，科技水平和工业能力稳步提升，预应力技术重获新生，随着计算机辅助设计能力的提高，其结构形式已不局限于平面体系，一系列新型预应力钢结构获得成功应用，如天津宁河体育馆（1984）、宁夏大武口电站输煤栈桥（1986）、北京华北电力调度塔（1987）、北京亚运会主赛馆（1990）、攀枝花体育馆（1994）等工程。进入21世纪后，乘北京奥运东风，预应力钢结构技术在奥运会场馆及体育设施中得到了大范围的推广应用，国家体育馆（图1.0-1）、羽毛球馆（图1.0-2）和乒乓球馆的耗钢量都在100kg/m²以内，充分体现了"绿色奥运""科技奥运"的理念。

目前我国预应力钢结构主要通过引进国外先进技术，吸收和借鉴国外优秀工程经验，并在此基础上加以改造发展，以形成具有我国特色的新型结构体系；大力发展钢结构已成为国家和行业、学术和工程界的共识，国家政策为预应力钢结构的发展提供了良好的发展

图 1.0-1 国家体育馆   图 1.0-2 奥运会羽毛球馆

机遇，但预应力钢结构成熟与进步仍需假以时日，随着我国资源节约型社会的建设战略及城镇化进程的不断深入，预应力钢结构的发展应该进入第四个阶段——绿色可持续发展期，预应力钢结构的综合抗灾能力、新结构形式、新材料应用等均需深入研究，可以预计预应力钢结构静动力性能提升将成为重要研究方向。

1.1 预应力钢结构及诊治概况

1.1.1 预应力钢结构现状

预应力是人为主动施加的永久应力。预应力钢结构是通过施加预应力来改善、调整和改变结构受力特征的钢结构。钢结构中的预应力通过给结构构件提供反向应力、提供弹性约束、提供结构刚度，以实现结构承载能力、刚度和稳定性，或形成新型结构形式。在钢结构中引入预应力，能充分利用高强材料，创新传统钢结构，节约建筑材料和实现现代建筑造型。预应力一般通过钢索、膜等载体施加到钢结构中去，提升传统钢结构的受拉构件，或与钢结构的巧妙结合形成了新颖结构形式。

目前，关于预应力钢结构的分类方式有很多，按结构外形可以分为张弦结构、悬索结构、斜拉结构、索膜结构等；按基本钢结构类型可以分为网壳、桁架、网架等；按空间结构形式又可划分为网架、悬索、网壳、薄壳、薄膜等。基于预应力对结构刚度的贡献，可将预应力作用作为结构形式划分依据，划分为刚性传统结构、弱刚性支承结构和柔性自承结构（图 1.1-1）。其中，"刚性"、"弱刚性"和"柔性"是指施加预应力之前钢结构的刚度特征；"传统"、"支承"和"自承"是指预应力的作用模式。"传统"是指通过施加预应力为结构构件提供反向应力，改善调整结构受力状态；"支承"是指通过引入预应力，为结构构件提供弹性约束支座，调整改变结构受力方式；"自承"是指预应力载体为主承重构件，为结构提供整体刚度。

刚性传统结构在传统钢结构的基础上，通过直接对构件施加预应力来改善结构受力性能，并且施加的预应力作用与结构外界荷载作用相反，部分抵消外荷载作用效应，从而提高钢结构承载能力。弱刚性支承结构分为上承式悬挂结构（如斜拉结构、悬索结构、索拱结构等）、下承式张弦结构（如张弦梁、张弦桁架等）和侧向支承竖向结构（如玻璃幕墙）。与刚性传统结构和弱刚性支承结构不同，柔性自承结构中，施加预应力后的索、膜为结构提供了整体刚度，使结构由几何可变转化为几何不变的稳定机构。

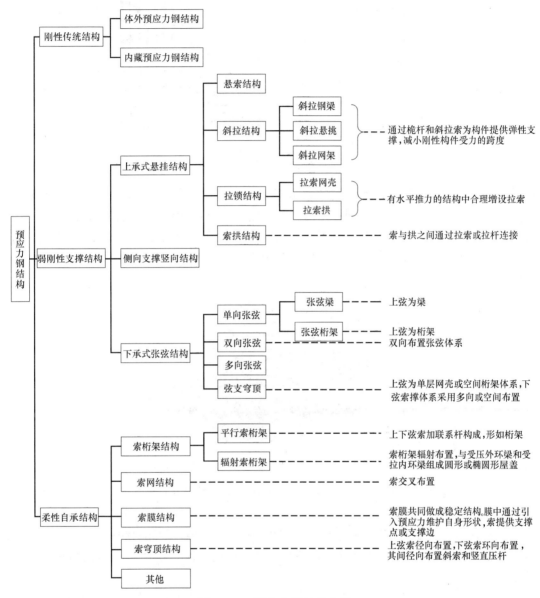

图 1.1-1　预应力钢结构分类

近年来，随着钢材产量的持续增长和预应力技术的飞速发展，预应力钢结构的应用越来越广泛。预应力钢结构凭借其自重轻、造型新等特点，不仅充分利用了高强材料，提高了结构性能，而且推动了更大跨度和更新颖的结构体系的研究和发展。改革开放以来，基于国家政策的鼓动和激励，预应力技术在传统钢结构中得到了广泛应用，特别是近十年以来，预应力钢结构工程迅速发展，从 2004 年的 50 余座迅速发展成 2017 年的 300 余座，工程数量增长大于 5 倍，如图 1.1-2 所示。

据不完全统计，自新中国成立以来，我国共建造大型预应力钢结构 326 座，其中张弦

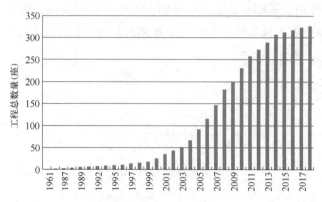

图 1.1-2　我国历年既有预应力钢结构工程数量

结构、斜拉结构、索膜结构、索网和索桁架结构所占的比例分别为 44％、14％、10％、9％和 9％。其中，张弦结构和斜拉结构属于弱刚性支承结构体系，共占比例约 60％。由图 1.1-3 看出，张弦结构凭借其自重轻、卓越的力学性能和便捷的施工安装，广泛应用于大跨度体育馆、航站楼、会展中心等工程结构中。

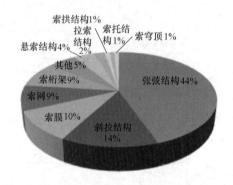

图 1.1-3　我国既有预应力钢结构类型分布

通过对我国现有的 326 例有效预应力钢结构工程案例的资料搜集和研究，初步掌握了我国既有预应力钢结构现状。

（1）我国预应力钢结构工程起步于 20 世纪 50 年代，但发展相对缓慢，2000 年后开始进入兴盛期。同时，体育、文化等国际盛事的举办是我国预应力钢结构工程发展的重要机遇期。

（2）我国预应力钢结构工程的结构类型主要是张弦结构、斜拉结构、索膜结构、索网和索桁架结构，所占比例分别为 44％、14％、10％、9％和 9％，其中索网和索桁架绝大部分用于幕墙结构中。

（3）张弦结构中，单向张弦结构所占比重达到了 64％，这也是本书研究的重点内容。其次为弦支穹顶结构，其所占比例为 20％，辐射式张弦结构和双向张弦结构的比例分别为 8％和 6％。其余的一些创新型张弦结构，如三向张弦结构，所占比例相对较小，只是以个别案例的形式出现。

（4）目前，我国张弦空间结构工程跨度超过 120m 的工程数目达到了 8 项，其中，东营黄河口模型厅的跨度最大，其跨度达到了 148m。在大跨张弦结构中主要以张弦桁架为主，中小跨张弦结构中以张弦梁为主。

（5）随着科技水平和工程能力的提高，我国预应力钢结构工程呈现出了由单一结构类型向复合结构类型的发展态势。

1.1.2 预应力钢结构诊治需求

在我国经济发展长期过程中，基础和民用设施的建设主要采用钢筋混凝土结构，总体而言，工程技术人员对钢结构设计施工方法相对陌生，对预应力钢结构更甚，比如钢索的锚固连接，材料性能与结构构件性能的关系，加工焊接工艺对构件结构性能的影响，异型构件的受力特征等等，加之过度依赖分析软件的现象比较严重，预应力钢结构设计施工方法的学习研究仍需补课。

近些年，世界范围内的大型钢结构事故频繁发生：2004 年 5 月 23 日，巴黎戴高乐机场 2E 候机厅顶棚由于温度应力导致垮塌，造成 4 人死亡，3 人受伤（图 1.1-4）；2005 年 12 月 4 日，俄罗斯彼尔姆边疆区丘索沃伊市游泳馆由于金属框架锈蚀断裂垮塌，造成 8 人死亡（图 1.1-5）；2006 年 1 月 28 日，波兰卡托维茨国际博览会展厅由于积雪荷载过大垮塌，造成 63 人死亡，140 多人受伤；2006 年 12 月 9 日，北京顺义悬索桥静载试验过程中，塔架钢结构失稳垮塌（图 1.1-6）；2009 年 6 月 2 日，马来西亚苏丹米占再纳阿比丁体育馆坍塌，范围约占全顶盖建筑结构的 60%；2011 年 7 月 14 日，福建武夷山公馆大桥（拱支）北端垮塌，造成 1 死，22 伤（图 1.1-7）。

20 世纪 80 及 90 年代，随着改革开放的进程，城市建设突飞猛进，用于各种功能的大跨、高层及超高层建筑等基础设施相继建成，已经历了近三十多年的服役期。土木工程的快速建设，彰显了我国的发展成就，但总体上，存在工程建设的实践先于设计方法的研究，设计方法的实施先于结构基础理论的研究，有一些工程设计和工程施工存在先天缺陷；存在紧迫的设计施工周期要求，设计施工方法的深入研究和实体工程的质量控制粗放；设计施工的工程技术人员态度不认真不严谨，借鉴国外工程经验时，在没有掌握其基本受力原理前提下，对结构体系随意加以修改调整，预应力钢结构工程中甚至存在"假索"和"错索"；近三十年的使用，环境影响和荷载变化等耦合因素对结构构件的长期性能演变规律的研究需高度关注，体系的综合抗灾能力的冗余度设计研究更需加强；预应力钢结构诊治及结构综合性能提升技术研究迫在眉睫。

图 1.1-4　巴黎戴高乐机场

图 1.1-5　丘索沃伊市游泳馆

图 1.1-6　北京顺义悬索桥　　　　　　　　　图 1.1-7　福建武夷山公馆大桥

1.2　预应力张弦结构诊治概况

目前，国内外对于预应力张弦结构损伤诊断的研究尚不成熟，对于低冗余度、以柔性构件为主的预应力张弦结构的失效与倒塌机理更是缺乏全面和系统的认识，没有形成一套完整的抗连续倒塌分析、评估、控制技术。欧洲和美国的设计标准给出了一些相关的条文指南，但并未对预应力张弦结构作出明确规定；我国亦尚未能结合自己的国情，对预应力张弦结构抗连续倒塌提出合理、适用的防范对策。

1.2.1　预应力张弦结构损伤诊断

通常预应力张弦结构工程规模大，杆件繁多，实际工程中一般只能进行重点部位的局部检测，这就需要对结构发生损伤部位有一定的认识，需要一种系统性的损伤诊断方法，依据结构整体性能指标来判断预应力张弦结构损伤发生的位置及损伤程度。

一般而言，获取结构整体性能指标的方法分为两类：静态检测方法和动力检测方法。静态检测方法的优点是其测量结果直接且较为可靠。只要测点布置合理、加载工况足够多，基于结构静态响应的参数识别结果可以达到足够的精度。然而，在实际工程中通过静力反应来进行结构损伤识别存在局部特征明显、系统特性不足、布点复杂、加载困难、成本高的缺点。而结构的动力特性是结构固有特性，它可以表征结构的整体特性，且自振频率、振动模态等动力信息可通过非接触方式测量，因此，结构动力检测是预应力张弦结构损伤识别的一种现实的选择。

1.2.1.1　预应力张弦结构的动力测试

结构动力测试主要包括激振、拾振和分析三个过程。其中，"激振"包括激振方式、激励信号源以及激励装置的选择；"拾振"则是选择力、位移、加速度传感器等，获取激励结构特性和相应的时间历程；通过"分析"，计算结构的频响函数和使用频域、时域模态参数，确定结构的模态参数。

（1）激振方式的选择

传统的动力识别试验中，一般采用人工激励的方式。该方法具有一些难以克服的缺点：如重型激振设备昂贵、过大激振力会造成结构损伤、激励信号很难完全覆盖所有频带等。因此，在预应力张弦结构的损伤诊断中宜采用环境激励，即利用随机风荷载等作用于预应力张弦结构上的环境或自然激励载荷。其动力参数识别的基本特点是在非人为控制激励源下，仅根据系统的动力响应进行结构的模态参数识别，以有效解决人工激励的缺陷。

（2）拾振设备的选择

预应力张弦结构在环境激励下的动力响应，需采用合适的拾振器记录其振动信息。传统的结构振动响应测试方式，采用压电式加速度传感器拾取结构的加速度响应，并通过电荷放大器放大微弱的响应信号，由专门的采集设备数模转换后得到离散信号。这种方式应用于预应力张弦结构的损伤诊断时存在两个难点：①加速度传感器的布设较为困难；②传感器与采集设备之间的电缆线很长，且布线复杂，易受干扰。虽然无线传感器的发展和应用克服了测试电缆线的问题，但仍需要安装在主体结构的特定位置，对于预应力张弦结构的损伤诊断仍非常不便。

采用非接触式的振动测量方法（如激光位移计）来捕捉结构在环境激励下的振动信息是一种创新思路，避免巨量传感器安装和电缆布设。目前该方法在大跨桥梁结构中已逐步得到研究和应用。考虑到桥梁结构的环境激励不仅有风荷载，还有车辆荷载，且结构本身柔性较大，对环境激励较为敏感，因此环境激励下的振动响应幅值较大。针对预应力张弦结构的环境激励仅有随机风荷载，且结构刚性较桥梁更大，因此振动响应幅值较小，这就要求激光位移计在较远测试距离的情况下仍需保持较高的精度，否则测试误差（噪声）将淹没结构真实的振动信息。

（3）模态识别方法的选择

在测试得到结构的振动信息后，需要采用适合的方法对测试数据进行分析，确定结构的动力特性参数。由于在环境激励下，无法明确了解结构的输入信息，而只有结构的振动响应输出数据。同时自然环境振动条件下采集到的结构动力响应测试数据，具有幅值小、随机性强和数据量大的特点，因此需要应用一些特殊的模态识别技术，例如随机减量法、ITD时域法、复指数法、峰值拾取法、随机子空间法以及特征系数实现算法等。由于预应力张弦结构的频率分布一般较为密集，因此宜采用峰值拾取法与随机子空间法相结合的方法进行分析，前者对低阶模态分析效果较好，后者则更适用于高阶模态的识别。

1.2.1.2 预应力张弦结构的损伤诊断

在通过动力测试获取结构的模态参数后，就需要依据结构动力特性的变化来进行结构损伤诊断，这属于动力学的反问题。

结构损伤诊断包括：判别结构是否有损伤、判别结构的损伤位置及损伤程度。诊断过程一般采用两步法：先判断结构是否损伤并确定损伤位置；再识别结构的损伤程度。目前可用于大型空间结构损伤诊断的方法主要包括：固有频率法、振型法、应变模态法和模态应变能法，其中，前两种为直接基于结构动力特性参数的诊断方法，后两种为基于模态参数衍生指标的诊断方法。

（1）固有频率法

频率是在模态参数识别中最易获取的参数且识别精度也最高，因此固有频率法是最早被用于工程结构的损伤诊断方法。其原理为：根据无损结构无阻尼自由振动对应的特征方程，引入单元损伤系数的概念，通过得到结构损伤前后固有频率变化与刚度矩阵损伤的对应关系，并运用最小二乘法原理识别单元损伤系数，以单元损伤系数确定系统损伤位置和程度。

研究表明：当损伤发生在低应力区域时，应用频率进行损伤诊断并不可靠，固有频率的变化对于确定唯一的结构损伤位置识别亦不充分，如相同的频率改变也有可能是损伤程度相同的两个不同位置引起。然而即使固有频率法存在各种局限，但由于其简单易行、测试误差小、测试效率高，对于预应力张弦结构的损伤初步快速诊断仍有一定的现实作用。

（2）振型法

相对于固有频率而言，结构的振型包含了更多的信息，其中也包含有丰富的损伤信息。通常采取两种方法使用振型信息：一种是直接法，如通过目测振型图来判断损伤的位置，这种判断比较粗糙，无法应用于大型复杂结构；另一种是将振型和固有频率结合，由导出值构造结构损伤指标。对于后者，学者们提取了一些损伤指标，诸如 MAC（模态置信度准则）、COMAC（坐标模态置信度准则）等来判定结构是否损伤及其损伤程度。由于结构振型对结构的局部变化较为敏感，在识别是否损伤时比较有效，但是要确定结构的损伤位置较为困难。因此，对于预应力张弦结构损伤诊断，可联合应用固有频率和振型两个动力特性指标来计算结构整体损伤指数（SDI），并针对几种典型的预应力张弦结构进行大量分析，提出相应的 SDI 阈值，以此作为是否需要进行加固的判别依据。

（3）曲率模态法

曲率模态振型是位移模态振型的导数，所以曲率模态振型可放大损伤导致的位移模态振型的微小改变，大幅提高模态振型损伤的敏感性。由于直接测量大型工程结构的曲率模态困难，所以曲率模态振型通常由模态振型的二阶中心差分法计算而来，这就要求模态振型测试数据具有较高的精度，否则在差分计算的过程中将导致明显的误差累积效应，从而影响识别结果的准确性。研究表明，在保证测试精度，且测试点较多的情况下，曲率模态法的损伤识别效果显著优于位移模态，可作为预应力张弦结构损伤诊断的精细分析方法。

（4）模态应变能法

结构单元模态应变能的分布与单元的刚度和单元所对应的振型分量直接相关，当某单元发生损伤时，此单元模态应变能变化值最大，因此可以通过结构损伤前后的模态应变能变化量实现损伤单元的识别。该损伤诊断方法，对于高阶模态较难测量时的情况具有独特的优势和良好的应用前景。尤其对于预应力张弦结构，结构杆件大多以轴向力为主，其模态应变能指标的计算更为简便。因此，模态应变能法亦可作为预应力张弦结构的精细诊断分析方法。

1.2.2　预应力张弦结构抗倒塌性能

美国《房屋及其他建筑最小设计荷载规范》将连续倒塌定义为：初始的局部破坏在构件之间发生连锁反应，最终导致整体结构的倒塌或是发生与初始局部破坏不成比例的大范围倒塌。英国规范的定义是：在意外事件中，五层及五层以上建筑不应发生的整体倒塌或发生与初始破坏原因不成比例的局部倒塌。从上述定义可知，结构的连续倒塌是指结构因某些构件失效诱致的局部破坏不断发展，而造成的与初始破坏不成比例的整体结构倒塌。结构连续倒塌有两个明显的特征：

（1）结构的连续倒塌通常是由结构中的初始局部破坏引起，这种破坏在杆件之间发生连锁反应，进一步扩大杆件的破坏范围。引起初始局部破坏的原因可包括爆炸、撞击、火灾、基础沉降、异常降雪等偶然因素。

（2）意外事件作用下，结构最终发生整体倒塌或是发生与初始局部破坏不成比例的大范围倒塌。关于此点，英、美两国规范在措辞上存在一定的分歧。倒塌的不成比例性对于美国规范指最终破坏的大小与初始破坏的大小不成比例；而英国规范则指最终破坏的大小与造成最终破坏的原因不成比例。结合现有的结构倒塌实例，研究两种定义方法的异同点，认为采用美国规范的措辞更为严谨。事实上，美国规范的定义将意外事件直接转化为初始局部破坏，弱化了意外事件在结构连续倒塌过程中的作用，这同现有分析方法的思路是一致的。

自 1968 年英国伦敦 Ronan Point 公寓因煤气泄漏引起爆炸导致结构发生连续倒塌至今，有关结构连续倒塌问题的研究已有 50 多年。目前的研究成果主要集中于框架结构体系，而针对大跨度空间结构特别是预应力张弦结构的倒塌问题研究则相对较少。

张弦结构主要由柔性的索和刚性的上弦组成，对下弦的索施加预应力并锚固在上弦的两端，上下弦之间通过竖向撑杆相连接。该结构能充分发挥高强材料的受拉性能，具有受力合理、自重轻、构造简单等优点。结构冗余特性是指结构在初始局部破坏下改变原有传力路径，达到新的稳定平衡状态能力的特征，结构抗连续倒塌能力往往随冗余度的提高而增强。张弦结构冗余度相对较低，更应对其进行防连续倒塌设计。

1.2.2.1 结构抗连续倒塌设计规范及指南

自 1968 年英国伦敦 Ronan Point 公寓发生连续倒塌事件以来，许多国家相继颁布了相应的设计规范和指南。

英国《建筑法规》中结构部分"Approved Document A"强调结构应具有良好的鲁棒性能，并要求采用拉结设计、备用荷载路径分析或特殊抗力设计进行相关设计。目前，该法规的应用范围已不再只针对五层或五层以上的住宅建筑，而是扩大到各类使用功能和规模的建筑中，并对四类不同建筑提出了不同的性能要求。英国的规范体系更主张采用拉结设计和特殊抗力设计，并且只在不便采用拉结设计、局部失效后"跨越"能力又无法实现的情况下才进行特殊抗力设计，设计方法参照混凝土规范"British Standard 8110"或钢结构规范"British Standard 5950"。荷载规范"British Standard 6399"仅规定了关键构件进行特殊抗力设计时的偶然荷载取值。

欧洲规范（EN 1991-1-7）按照建筑结构由低到高的重要性等级将建筑分为三个等级。Ⅰ类等级的建筑不需要考虑结构抗连续倒塌设计；Ⅱ类等级中第一组建筑在框架和剪力墙结构中需要考虑墙板构件间的有效水平拉结以及有效锚固，第二组建筑需要考虑墙板构件间的有效水平拉结以及墙、柱构件的有效竖直拉结，同时确保结构任一构件移除后结构保持稳定并且结构初始局部破坏不超过一定范围；Ⅲ类等级的建筑需要考虑可预见和不可预见的危险，对建筑进行系统的安全评估。

美国总务管理局 GSA 编制的《联邦政府办公楼以及大型公共建筑连续倒塌分析和设计指南》给出了政府建筑的风险评价原则，另外还提出了抗连续倒塌的分析与设计方法。对于需要进行抗连续倒塌设计的建筑，GSA 建议对不超过 10 层的规则建筑采用线弹性分析方法，10 层以上或不规则建筑采用非线性分析方法。分析设计过程采用的竖向荷载组合为：

① 静力分析：$2(DL+0.25LL)$；

② 动力分析：$DL+0.25LL$。

其中，DL 为永久荷载，LL 为可变荷载。除五角大楼等机构外，一般军用行政机构建筑并没有经过防爆等特殊设计。美国 UFC 规范主要目标为降低国防设施由于不可预测的事件造成的潜在连续倒塌风险。规范将建筑分为Ⅰ、Ⅱ、Ⅲ、Ⅳ四个等级，对应不同等级采用从简单到复杂的设计方法，分别采用拉结设计或备用荷载路径分析进行设计。该规范关于拉结设计的规定大体上吸取了英国规范的作法，而有关备用荷载路径分析的规定则已形成相当完备的体系。

日本钢结构协会（JSSC）对多例框架分析后给出了高冗余度框架体系内力重分布的简化分析，另外，对大跨空间结构的敏感性分析也作了一定的研究工作。

我国规范涉及结构连续倒塌的条文较少。现行《混凝土结构设计规范》GB 50010 提出了混凝土结构防连续倒塌设计的要求，并提出了对重要结构防连续倒塌的设计方法，包括局部加强法、拉结构件法以及拆除构件法等。最新的《钢结构设计标准》GB 50017 补充了钢结构防连续倒塌设计意见，提出对于可能遭受火灾、爆炸等偶然作用，安全等级为一级的重要结构，宜进行防连续倒塌控制设计；对结构进行倒塌分析时，可采用静力分析或动力直接分析，分析时结构材料的应力-应变关系宜考虑应变率的影响。

1.2.2.2　结构抗连续倒塌设计

结构连续倒塌控制与抗倒塌设计的基本思想：

① 突发事件是难以预测的，其发生的概率小但危险大，且事件发生的可能性正逐渐增加，减小结构遭受突发事件的影响值得学者与设计人员的广泛关注和慎重考虑；

② 加强局部构件（连接）对减小结构遭受突发事件的影响是有益的，但更重要的是提高结构整体抵抗连续倒塌的能力，从而减少或避免结构因初始的局部破坏引发连续倒塌，而一般情况下要求结构在突发事件下不发生局部破坏是不可取的；

③ 提高结构抵抗连续倒塌的能力应着眼于结构的整体性能，即最低强度、冗余特性和延性等能力特征，一般可通过拉结力设计、备用荷载路径分析及良好的构造要求等方法实现；

④ 不同结构体系的整体抵抗连续倒塌能力各异，应分别考察各类结构体系发生连续倒塌的机理和能力特征。

结构抵抗连续性倒塌的设计方法主要包括：事件控制、间接设计和直接设计。其中，直接设计又分为变换荷载路径法和特殊抗力设计法。

（1）变换荷载路径法

变换荷载路径法是指将初始失效构件"删除"后，分析结构在原有荷载作用下发生内力重分布，并向新的稳定平衡状态逐步趋近或发生连续性倒塌破坏的方法。其中，构件单元的"删除"是指让相应的构件退出计算，但不影响相连构件之间的连接。在充分考虑动力与非线性等因素后，备用荷载路径分析可直观地表现结构的整体破坏扩展和倒塌情况，是一种接近于模拟结构真实力学行为的数值方法。此方法不涉及意外事件的种类及其对结构的影响，能较好评估结构抗连续倒塌性能，是目前使用较为广泛的一种连续倒塌设计方法。

（2）特殊抗力设计法

特殊抗力设计法主要针对容易引起结构连续倒塌的关键构件，使得这些构件即使遭受偶然作用时仍能满足承载力要求，从而避免结构发生连续倒塌破坏。这一方法虽然能够在一定程度上提高结构的抗连续倒塌能力，但是会大幅提高工程造价。因此，目前更倾向于采用在偶然作用下允许结构发生局部破坏的观点。使用此方法提高预应力张弦结构抗连续倒塌性能具有一定可行性，主要通过增强拉索抗断裂能力，如设置双索，提高拉索强度等方法，从而提高结构抗倒塌能力。

1.2.2.3 关键构件判断和敏感性分析

目前对于抗连续倒塌设计，规范仅提供了框架结构移除杆件的选择方法，对于预应力张弦结构，往往只能根据工程经验或者大范围选择移除杆件，既费时又费力，有时甚至会忽略部分关键构件，导致分析结果的不可靠。因此，在运用备用荷载路径法进行倒塌分析之前，对结构关键构件进行简便、快捷、可靠的判断是非常重要的，不仅可缩小移除杆件的选择范围，显著提高工作效率，而且更加明确了结构中不同构件的作用等级。

目前，结构重要构件的判断方法大致归纳为：易损性理论、基于刚度的判断方法、基于能量的判断方法、基于强度的判断方法、Pandey 的灵敏度方法和基于经验和理论分析的判断方法六类。

（1）易损性理论和基于刚度的判断方法

易损性理论和基于刚度的方法没有考虑外荷载的情况，无法反映荷载分布对结构破坏发展的影响。结构的性能如强度、稳定性、延性、抗倒塌性能等都是建立在荷载作用的基础之上，脱离荷载进行研究显然是不全面的。因此对预应力张弦结构，针对特定的荷载研究构件的重要性，更符合结构连续倒塌的实际情况。

（2）基于广义敏感性的判断方法

基于能量的方法、基于强度的方法和 Pandey 的灵敏度方法都可归纳为基于广义敏感性评估构件重要性系数的计算方法。在能量流网络方法中，杆件的重要性指标可理解为整体结构的应变能对任意构件缺失的敏感性。在强度法中构件的移除指标，可理解为整体结构的平均应力比对任意构件缺失的敏感性。Pandey 的灵敏度方法通过结构响应（杆件内力或应变、结构变形等）的变化程度来判断结构的冗余度。该方法的主要思想是将初始局部破坏引起的结构响应变化定义为敏感性，认为结构的冗余度与其结构单元的敏感性成反比，冗余度越低，则构件失效对整体结构造成的影响越大，该构件的重要性程度也越高。

因此，基于广义敏感性评估构件重要性系数的计算方法，都是从整体结构的冗余特性和鲁棒性的角度研究构件的重要性，假定初始杆件失效后对结构进行敏感性分析，考察结构中构件的应力或应变等总的变化程度。该方法考虑了外荷载的作用，并且从理论上以数值的方式量化地确定构件的重要性系数，可用来进行空间结构关键构件的判断。但是，该方法的研究具有通用性，计算非常复杂；其研究目的是为了加强关键构件从而达到增强结构鲁棒性，关注结构总的应力、应变或能量的变化程度。对于预应力钢结构，预应力拉索通常是结构中的关键构件，在基于广义敏感性对结构进行评估时，可优先考虑假定预应力拉索的失效，分析其敏感性。由于该方法计算较为复杂，可作为预应力张弦结构关键构件判断的精细化分析方法。

（3）基于经验和理论分析的判断方法

基于经验和理论分析的判断方法只能定性地分析结构中的重要构件，对于空间结构而言，该方法的不足之处在于缺乏充足的统计数据和原始资料，在计算过程中过多地依赖于人的主观因素，并不能很好地、客观公正地反映结构的实际情况，但因为预应力张弦结构特征明显，如拉索是结构的重要构件等，采用该方法可以快速简单地初步判断该类结构关键构件。

1.2.2.4　预应力张弦结构倒塌数值模拟

（1）隐式与显式算法比较

结构动力问题的逐步积分算法，是将未知场函数（位移、速度和加速度）在时间域上离散后，根据不同的差分，假定求解动力微分方程的数值过程。依据差分假定形式的差异，动力积分算法主要分为隐式与显式两类。结构工程动力分析时采用的典型隐式算法主要有线性加速度法、Newmark-β 法、Wilson-θ 法，显式算法主要有中心差分法、中心差分结合单边差分的方法。

由于未知场函数间的耦合或解耦关系，隐式与显式算法在数值稳定性、计算精度、收敛性、高频能耗性等方面都表现出较大的差异。由于显式算法对位移、速度和加速度场函数是解耦的，因此即使在非线性计算时也无需进行迭代求解，避免了强非线性问题中隐式算法的收敛困难。而隐式算法要求计算每一计算步的切线刚度矩阵并进行求逆，当刚度矩阵出现病态或负刚度时，数值计算是不稳定的；显式算法要求计算当前计算步的结构内力，但无需计算切线刚度矩阵，求逆过程也只对质量矩阵进行，即使结构出现不稳定状态甚至机构运动，由于质量矩阵的稳定性，其数值计算也能保持良好的收敛能力。

因此，显式算法更适合于求解预应力张弦结构连续倒塌问题，但不同的显式算法各有差异，因此需根据具体问题采用适合的动力积分算法。

（2）倒塌数值模拟技术难点

从本质上说，结构倒塌是一个从连续体向非连续体转变的复杂过程，要求数值模型既能较好地考虑发生倒塌前结构的弹塑性变形、损伤和耗能行为，又能把握在部分构件破坏后，结构碎片的刚体位移以及破损结构之间的相互接触和碰撞行为，因而对数值模型和分析技术提出了很高的要求。仿真过程涉及三个难点：不连续位移场的描述，接触-碰撞分析，以及结构倒塌过程中的大位移、大转动问题。胡晓斌与钱稼茹指出，一般有四类连续倒塌仿真方法：第 1 类为修正有限元法；第 2 类为离散单元法，此方法不要求满足连续性条件，但在准确计算复杂三维结构进入倒塌阶段前的受力行为存在一定困难；第 3 类是在非线性功能强大的通用有限元软件的基础上进行二次开发，使其更加适用于倒塌过程仿真；第 4 类是直接采用显式动力有限元分析软件对结构连续倒塌过程进行仿真。

（3）倒塌数值模拟相关研究

目前可用来模拟结构倒塌的分析软件有 ABAQUS、ANSYS/LS-DYNA、OPENS-EES、MSC. MARC 等。ABAQUS 可自主开发用户材料子程序，便于在分析中考虑材料损伤累积以及断裂效应的影响；MSC. MARC 可开发单元生死控制子程序，综合有限元法、单元生死控制和接触非线性的数值模型，能较好模拟结构倒塌早期阶段的受力行为；LS-DYNA 采用有条件稳定的显式差分算法，能够模拟纤维断裂、机构运动等复杂的力学过程。

此外，新近发展起来的向量有限元法以向量力学和数值计算为基础，将结构离散为质点群，采用牛顿第二定律描述质点运动，其特点是既能精确求解单元内部的应力、应变，又能模拟系统运动的大变形和大位移，可较好地分析非线性动力行为并再现结构连续倒塌全过程。

1.2.2.5 预应力张弦结构倒塌控制

改善空间结构的抗倒塌性能的方法包括：加强支座等关键节点的连接构造；基于耗能的冗余构件或基于耗能的结构构件，避免构件发生阶跃失稳造成整体结构的破坏；采用耗能构件对不同模型进行消能减震设计，有效增强结构自我调节功能，减轻结构的动力反应。目前，以上方法主要应用于网壳结构，对于预应力张弦结构，同样可通过增强关键连接，如预应力拉索的端部连接构造、设置弹性支座等方式增强结构的抗连续倒塌能力。

总体而言，从体系层面化的角度，增设冗余索的方式及单索布置调整为多索布置进行预应力张弦结构抗倒塌控制，对于提升结构冗余度及鲁棒性更为直接有效；从承载梯次化的角度，增加关键杆件的安全储备，增强索-钢结构节点设计等，也是结构抗连续倒塌的有效策略。

1.2.2.6 预应力张弦结构的倒塌试验

数值模拟方法以及模拟结果的正确性有待验证，为获得有效的结构抗连续倒塌技术措施，需要进行相关的试验研究。当前，完全以研究结构抗连续倒塌性能为目标的试验还很少，实际倒塌事件提供的都是宏观的破坏结果，很难从中得到详细的倒塌资料。因此，为获取结构倒塌过程中的细节信息，进而揭示结构连续倒塌的破坏机理，需要进行专门的结构抗连续倒塌试验研究。连续性倒塌试验通常可分为拟静力试验和动力试验两类。

（1）拟静力加载试验

拟静力试验方法是目前研究结构或构件性能时应用最广泛的试验方法，其可以最大限度地获取各种试验信息，如承载力、刚度、变形能力、耗能能力和损伤特征等。

但实际结构特别是预应力张弦结构，在爆炸和冲击等偶然荷载作用下，构件失效时间很短，导致其连续倒塌过程具有强烈的动力非线性效应。因此，为真实地反映连续倒塌的动态过程，更准确地揭示结构倒塌动力特性并再现结构真实倒塌过程，在条件允许的情况下有必要进行动力试验研究。

（2）动力加载试验

倒塌动力试验较为复杂且通常具有成本高、不可重复性及瞬时性等特点，因此目前关于结构连续性倒塌的研究主要集中于理论研究和数值模拟，较少进行模型试验研究。已开展的倒塌试验也主要集中在框架结构、桁架结构、网架结构等传统结构体系，而以张弦结构为代表的新型预应力钢结构，目前基本没有进行过连续倒塌试验，且预应力索的存在进一步增加了试验难度。倒塌动力试验中有两大关键技术问题必须解决，即初始破坏的触发和数据测量。数据测量目前通常采用接触式与非接触相结合的测量方式，可通过动态数据采集系统和高速立体摄像技术来观测整个测试试验数据和试验过程，对于预应力钢结构倒塌过程的数据测试可采用该方法。

初始破坏触发装置尤其是预应力索的断索触发装置较难实现，通常需借助特定的触发装置。触发装置应满足以下基本要求：①构件在破坏发生前的刚度特性与该结构的其他构件保持一致，内力状态与是否安装该装置无关，即初始破坏装置对拟破坏构件常规性质的非干扰性。②触发该装置时，使之能在很短的时间内破坏，保证杆件破坏的"突然性"，能够有效模拟实际构件断裂产生的动力效应。③该装置的设计应能够实现模型结构内部任意一个杆件破坏的引入，来满足模拟不同初始破坏位置的需求，具有可移植性。④该装置设计简单，性能稳定能够重复使用，安全可靠，在各种环境下都能进行试验，具有可控性。现有的连续倒塌试验研究尚不多见，总结已有试验所使用的初始破坏触发装置有：炸药爆破、千斤顶卸载、突然施加水平力去柱、锯子锯除杆件、机械式触发装置、气缸失效装置等。

1.2.3　预应力张弦结构性能提升

对预应力张弦结构损伤识别和倒塌分析，使得结构的整体承载能力和抗倒塌性能有了更清晰的认识，在此基础上提出有针对性的加固方法。从加固策略上，预应力张弦结构性能提升的途径主要分为两类：一类是通过增设阻尼控制装置，如隔震支座、黏弹性阻尼器等方式提高结构的耗能能力，从而提高结构的整体性能，此类方法称为结构体系的阻尼加固；另一类是通过传统的设计方法，增加杆件截面尺寸、提高材料性能来提高结构整体安全储备，从而提高结构抗倒塌能力，此类方法称为关键杆件的稳定加固。

1.2.3.1　结构体系阻尼加固

在预应力张弦结构中增设阻尼控制装置可有效减小风荷载或地震作用下结构的动力响应，从而增强既有结构抗振（震）性能和抗倒塌能力。根据阻尼装置在空间结构中位置不同，一般可分为以下三种类型：下部结构加设耗能构件、下部结构与结构屋盖间设置隔震装置、结构内设置耗能减振装置。

（1）下部结构加设耗能构件

下部结构增设耗能构件采用的主要形式为用阻尼器作为柱间支撑，新增或者代替结构柱间支撑。由于空间结构柱高较高，柱顶与柱底间的相对位移较大，因此加设于柱间的阻尼支撑能起到很好的耗能效果，从而可提高结构性能。现阶段，在柱间增设阻尼支撑来提高结构抗震性能的方法主要应用于多高层结构，在预应力钢结构中应用较少，有待进行理论和试验研究。

（2）下部结构与屋盖间设置隔震装置

近年来地震的频发导致空间结构震害增多，且隔震支座的种类也越来越多，包括：叠层橡胶支座、铅芯叠层橡胶支座、滑动摩擦隔震系统、SMA-橡胶复合支座、聚四氟乙烯隔震支座等，因此隔震装置在空间结构中的应用研究引起了国内外学者们的广泛关注。目前关于空间结构隔振的研究多以水平隔震研究为主，而空间结构在地震作用下的水平和竖向地震反应均较大，因此适用于空间结构的隔震支座应具有三维复合隔震功能。此外，空间结构风振反应也较大，如何优化隔震支座在风荷载和地震作用下的参数设计也有待进一步研究。

（3）屋盖结构设置调谐或耗能减振装置

层盖结构中设置调谐减振装置，即在屋盖中附加具有质量、刚度和阻尼的子结构，使结构的振动能量在原结构与子结构间重新分配，从而减小结构的振动，提高结构抗振能力。常用的调谐减振装置包含调频质量阻尼（TMD）控制装置和调频液体阻尼（TLD）控制装置。虽然对于调谐减振装置在空间结构减振控制中的应用已进行相关研究，但由于空间结构自由度高，动力特性复杂，频率及振型分布密集，而调谐减振一般仅能控制一个或几个振型，因此调谐减振系统在空间结构中的应用受到一定影响，在实际工程结构中的应用相对较少。

目前采用在空间结构屋盖中增设控制装置提高结构性能的研究，所采用的控制装置主要是黏弹性阻尼器或黏滞阻尼器。虽然已取得了一些成果，但是在优化阻尼器对结构的减振效果时，关于阻尼器最优布置的研究较少。因此对如何在空间结构中布置较少的阻尼器便能获得较好的减振效果，从而提高结构的抗震或抗倒塌能力还需进一步研究。

1.2.3.2 关键杆件稳定加固

通过空间结构的连续倒塌分析可知，对于关键构件，如果在设计或施工中处理不当，关键构件的失稳会导致空间结构出现局部失稳或整体失稳。而关键杆件的失稳主要表现为：失稳前其构件的变形可能很微小，构件承受临界荷载后的突然失稳，其几何形状瞬间发生变化，从而完全丧失承载能力，最终导致结构整体倒塌。因此，合理控制各类关键杆件的屈曲失稳是预应力钢结构加固的有效方式。目前工程应用较为广泛的关键构件稳定控制措施主要有：纤维材料稳定加固、粘钢稳定加固、套管稳定加固等。

（1）纤维材料稳定加固

纤维增强复合材料（FRP）具有强度和刚度高、耐腐蚀等良好的物理力学性能，且其现场可操作性强、施工周期短、不损伤原结构，目前已被广泛用于结构的抗弯加固、受压失稳控制和提高构件的延性上。

现有对纤维加固薄壁钢管稳定性能的理论和试验研究表明：轴压构件进入弹塑性工作状态后，随着约束构件失稳模式的发展，纤维材料才发挥作用，提高了构件的延性；纤维复合材料对构件的失稳荷载和屈曲延性提高较明显，而纤维复合材料性能的发挥易受构件初始缺陷以及动力荷载等因素的影响。因此，在空间结构关键杆件稳定加固中，应根据不同状态的轴压构件及其使用功能，合理考虑采用纤维材料进行稳定加固。

（2）粘钢稳定加固

粘钢稳定加固技术是在受压钢构件表面利用高性能的环氧树脂将钢板粘贴于构件表面，使得其与构件形成整体共同工作，通过增加构件截面惯性矩和抗弯刚度来提高构件的稳定承载力的一种稳定加固方法。粘钢法具有坚固耐用、原理清晰、经济合理等优点。工程实践表明：粘钢加固法可保证加固工程的质量，构件的强度和刚度均能满足设计与功能的需求。

有关粘钢薄壁钢管的理论和试验研究，有学者提出了三层轻夹芯壁板的计算理论，建议了粘钢薄壁钢管的等效刚度，进而分析了钢管的力学性能。分析结果表明：外粘钢板能有效提高钢管的承载力，使钢管破坏特征从失稳破坏变为钢管内轴向应力超过屈曲点后在强化过程中产生的局部破坏，达到了失稳控制的目的。从加载到构件破坏的过程中，结构胶始终能保证钢板与钢管有效地协同工作。

（3）套管稳定加固

以上两种方法均需要通过结构胶受剪使纤维材料或钢板与原杆件共同作用，而结构胶的性能对温度的变化较为敏感，因此在加固部位必须进行特殊处理。与上述方法不同的是，套管稳定加固将原有的杆件当作内管，用外包构件抑制其侧向弯曲，内管受力构件来承担全部轴向压力，外包构件仅对内管构件提供侧向支撑，来约束内管的横向变形，防止内管在压力作用下低阶屈曲破坏。套管构件中，内管受压屈曲失稳后，内管中部截面与外管接触，外管能为内管提供足够的后屈曲强度，从而提高内管的受压承载力，使内管达到很高的应力水平，甚至超过内管的屈服应力，最终起到对内管稳定控制的作用。

因此，针对预应力张弦结构环境复杂、损伤难测、修复困难的特点，预应力张弦结构诊治关键技术的研究，是通过结构灵敏性、连续倒塌分析得到灾变机制和安全评估方法，集成新型检测、分析、加固手段，弥补行业规范缺失，形成行业标准和工法：

① 针对预应力张弦结构进行敏感性和连续倒塌分析，通过数值模拟和模型试验，给出灾变机制和安全评估方法。

② 针对预应力张弦结构监测、诊断、预警等关键问题进行研究，通过模态识别的技术实践，解决试验方法和评判准则等关键问题。

③ 开发 TMD、BRB 等应用技术，形成既有预应力"欠安全"空间结构加固工法，同时对既有预应力张弦结构性能提升技术进行研究，形成行业诊治标准。

第 2 章　预应力张弦结构破坏机制研究

本章介绍了预应力张弦结构的抗连续倒塌性能的理论研究与试验验证方法，结合实例，给出了张弦结构平面体系缩尺模型的连续倒塌动力试验设计及分析研究结果。通过试验，对理论上给出的张弦结构内力重分布过程和破坏机理进行了验证，并给出了提升张弦结构抗倒塌性能的措施。研究从以下几个方面展开：

（1）介绍结构连续倒塌数值模拟方法，阐述张弦结构中运用 ANSYS/LS-DYNA 程序对其进行连续倒塌数值模拟的方法，探讨数值模拟过程中需解决的关键问题。

（2）选取 72m 跨张弦结构分析模型的下部拉索作为初始破坏构件，考虑不同荷载作用的情况，基于 ANSYS/LS-DYNA 程序对张弦结构在下部拉索破坏情况下的连续倒塌过程进行数值模拟，分析剩余结构破坏过程的动力响应，揭示下部拉索失效后结构的内力重分布及连续倒塌机理。

（3）考虑改变张弦结构的支座刚度、下部拉索截面积以及拉索瞬间失效时间等因素，考察各模型结构动力响应，对比分析各因素对结构抗倒塌性能的影响。

（4）开展张弦结构缩尺试验，设计拉索失效装置等试验装置，分别采用高速相机和动静态应变采集系统对试验模型进行位移和应变的测量，与数值模拟进行对比分析，进一步揭示张弦结构连续倒塌破坏机理，并验证数值模拟的准确性。

（5）基于提高冗余度的思想，提出一种增设冗余索改进张弦结构抗倒塌性能的方法，并通过模型数值分析对该方法进行验证。

2.1　预应力张弦结构连续倒塌数值模拟

结构倒塌是一个从连续体向非连续体转变的复杂数值过程，除试验研究和理论模型分析外，采用数值模拟技术进行倒塌过程分析将是一项不可或缺的重要手段。鉴于倒塌问题的复杂性，对其进行数值模拟时，数值模型需既能较好地考虑倒塌发生前结构的弹塑性变形、损伤和耗能等行为，又能把握在部分构件破坏后，破损构件的刚体位移及破损结构间的相互接触和碰撞行为，因而对数值模型和分析技术提出了很高的要求。数值模拟过程主要有三方面的困难：即结构倒塌过程中的大位移、大转动问题，不连续位移场的描述问题以及接触—碰撞分析问题。目前，有关结构连续倒塌数值模拟的处理方法主要有：①修正有限元法，该方法便于与传统有限元法衔接，但需处理好上述难点；②离散单元法，该方法不要求满足连续性条件，但在准确计算复杂三维结构进入倒塌阶段前的受力行为存在一定困难；③向量有限元法及有限质点法，计算结构非线性行为无需迭代求解非线性方程或特殊修正，计算断裂问题无需重构网格；④在非线性功能强大的通用有限元软件基础上二次开发，较为流行的通用有限元软件如 ANSYS、ABAQUS、ADINA 等提供了二次开发功能，适用于解决特殊问题；⑤采用 LS-DYNA 等显式动力有限元分析软件，可以进行关于结构连续倒塌过程的数值模拟。这些方法已取得了较大进展，被用于建筑或桥梁结构的倒塌过程模拟。

2.1.1　结构动力分析积分算法

结构动力问题的逐步积分算法，是在时间域内将未知函数（如速度、位移、加速度等）离散后，运用不同的差分方法对动力微分方程进行求解的过程。积分算法可以根据差分形式的不同分为显式与隐式。显式积分算法的差分假定将前一个或多个时刻的已知场函数的解答引入进来，故可通过微分方程将当前未知的场函数直接求解，即未知位移、速度和加速度三者之间不是耦合的。显式积分算法可直接通过自变量求得因变量的解，并且自变量和因变量可分离在等式的两侧。相反的，隐式积分算法中是将在当前时刻内建立的已知场函数的解答作为差分假定，计算时刻的未知位移、速度和加速度三者之间是耦合的。且隐式积分算法中因变量与自变量混和在一起，不能分离。中心差分法和中心差分结合单边差分法是主要的显式积分算法。而另一方面，Willson-θ 法、Newmark-β 法、线性加速度法等典型隐式算法也常用于结构工程动力分析中。

鉴于未知场函数间的耦合或解耦关系，动力分析的隐式与显式算法在数值稳定性、计算精度、收敛性、高频能耗性等方面都表现出较大的差异：

（1）隐式算法多是无条件稳定的，而无条件稳定的显式算法可能是不存在的；显式算法的条件稳定性由单元内应力波的传播时间控制，更适合于求解爆炸、冲击等动力问题，但各显式算法间存在差异。

（2）一般的隐式和显式算法都具有二阶的计算精度，如线性加速度法、Newmark-β 法、Willson-θ 法和中心差分法等；当某些隐式算法的参数取值不当时，可能使计算精度降阶。

（3）显式算法对位移、速度和加速度场函数是解耦的，即使在非线性计算时也无需进行迭代求解，避免了强非线性问题中隐式算法的收敛困难。隐式算法要求计算每一步的切线刚度矩阵并进行求逆，当切线刚度矩阵出现病态或负刚度时，数值计算是不稳定的；显式算法要求计算当前计算步的结构内力，无需计算切线刚度矩阵，求逆过程只需对质量矩阵进行（某些算法可能需要对阻尼矩阵求逆），因此即使结构出现不稳定状态或机构运动，由于质量矩阵的稳定性，其数值计算也能保持良好的收敛能力。

数值算法的稳定性一般主要通过线性系统判断，而用收敛性描述非线性系统下的算法能力；而有学者认为，数值稳定性和收敛性并无严格意义上的差别，判断数值算法在结构非线性状态下的稳定性与它的收敛性实际上是等价的。另有研究表明：当结构出现非负刚度软化时，各积分算法的数值稳定性不会发生显著的改变；而当结构出现负刚度后，无条件稳定的 Newmark-β 法、Willson-θ 法将是条件稳定的，条件稳定的中心差分法则是无条件稳定的。这就从另一个侧面为显式积分算法在结构出现不稳定状态或机构运动时仍可获得收敛解答提供了印证和依据。

（4）Newmark-β 法和 Willson-θ 法等隐式算法都不同程度地引入了算法阻尼（非物理阻尼），这使得结构的高频响应被耗散或消除；而显式算法在无物理阻尼的情况下是不产生算法阻尼的，但当考虑物理阻尼后也将引入算法阻尼，即高频响应也会被耗散或消除。

显式算法不仅具有良好的强非线性计算能力，同时也因大型复杂结构动力计算时内存需求低、计算耗时短等原因而备受瞩目，将是今后发展的一个趋势。

2.1.2 基于 LS-DYNA 程序的结构连续倒塌数值模拟方法

LS-DYNA 是分析功能最为全面的显式分析程序，同时整合了隐式积分算法的分析能力，适合于真实结构的行为，如静态、动态、非线性、接触与耦合等，特别适合求解各种二维、三维结构的高速碰撞、爆炸和金属成型等非线性动力冲击问题，被广泛应用于航天工业、汽车工业、生物医学、国防工业和其他制造业。

LS-DYNA 的算法以 Lagrange 算法为主，兼有 ALE 和 Eller 算法；以显式求解为主，兼有隐式求解功能；以非线性动力分析为主，兼有静力分析功能；以结构分析为主，兼有热分析、流体、结构耦合功能。LS-DYNA 拥有丰富的单元库以及多种算法可供选择，具有对任意大位移、大转动以及大应变的处理能力。

目前 LS-DYNA 程序在材料模型方面有大约 150 种各类金属、非金属材料的本构模型或状态方程可供选择，使用者可用使用程序来模拟各种实际材料，比如弹性材料、弹塑性材料、超弹性材料、泡沫材料、地质材料、玻璃、土壤、混凝土、流体、复合材料、高能炸药及起爆燃烧后的气体、刚体等，材料模型在分析中可计及相关材料的失效、损伤、蠕变、黏性、与温度或者应变率等相关的各种性质在相应材料模型中都有所计及。该程序也支持使用者自行定义材料性质。

（1）动力分析的显式积分算法

由达朗贝尔动力学原理，结构在第 n 个时间步的运动微分方程可表示为：

$$[M]\{\ddot{x}\}_n + \{F_v\}_n + \{F_d\}_n = \{P\}_n - \{F_c\}_n + \{H\}_n \quad (2.1\text{-}1)$$

式中，$[M]$ 为质量矩阵；$\{\ddot{x}\}_n$ 为质点加速度矢量；$\{F_d\}_n$、$\{F_v\}_n$、$\{F_c\}_n$ 分别为与变形、速度和接触有关的外力或内力向量；$\{H\}_n$ 为沙漏阻尼力；$\{P\}_n$ 为外荷载向量或体积力向量。

通过式（2.1-1），可在已知时间步 n 的速度向量 $\{\dot{x}\}_n$ 及位移向量 $\{x\}_n$ 后，得出此时间步的加速度向量为：

$$\{\ddot{x}\}_n = [M]^{-1}(\{P\}_n - \{F_c\}_n + \{H\}_n - \{F_v\}_n - \{F_d\}_n) \quad (2.1\text{-}2)$$

并按以下简化式求得第 $n+1/2$ 时间步的速度向量 $\{\dot{x}\}_{n+1/2}$ 和 $n+1$ 处的位移向量 $\{x\}_{n+1}$：

$$\{\dot{x}\}_{n+1/2} = \{\dot{x}\}_{n-1/2} + \{\ddot{x}\}_n \Delta t_n \quad (2.1\text{-}3)$$

$$(x)_{n+1} = \{x\}_n + \{\dot{x}\}_{n+1/2} \Delta t_{n+1/2} \quad (2.1\text{-}4)$$

$$\Delta t_{n+1/2} = (\Delta t_n + \Delta t_{n+1})/2 \quad (2.1\text{-}5)$$

由于时间增量在显式算法中非常短，所以通常根据 $\{\dot{x}\}_{n-1/2}$ 来确定时间步 n 处的速度向量 $\{\dot{x}\}_n$，即假定 $\{\dot{x}\}_n = \{\dot{x}\}_{n-1/2}$。若设 $\{\dot{x}\}_0$ 和 $\{x\}_0$ 分别为零时刻的初始速度向量和初始位移向量，则可求得启动参数为：

$$\{\ddot{x}\}_0 = [M]^{-1}(\{P\}_0 - \{F_c\}_0 + \{H\}_0 - \{F_v\}_0 - \{F_d\}_0) \quad (2.1\text{-}6)$$

$$\{\dot{x}\}_{1/2} = \{\dot{x}\}_0 + \{\ddot{x}\}_0 \Delta t_0/2 \quad (2.1\text{-}7)$$

$$\{x\}_1 = \{x\}_0 + \{\dot{x}\}_{1/2}\Delta t_{1/2} \tag{2.1-8}$$

之后任意时刻的结构响应可以根据上式得到结构的初始条件后依次来计算。

LS-DYNA 程序采用上述格式，与一般的中心差分格式存在一定差异，但都属于显式积分算法。它具有以下主要特点：加速度向量的求解格式采用牛顿第二运动定律表达，物理意义更直观，质量对角阵的求逆更稳定更快捷；运动方程采用全量格式，无需生成切线刚度矩阵，消除了刚度矩阵求逆的数值困难，特别是避免了刚度矩阵病态时的数值问题。

（2）材料本构模型

张弦结构中索单元和梁单元的材料特性可以分别采用双线性随动强化模型 * MAT_PLASTIC_KINEMATIC 和索单元材料模型 * MAT_CABLE_DISCRETE_BEAM 两种本构。

双线性随动强化模型 * MAT_PLASTIC_KINEMATIC 是一种简单高效的材料模型，可考虑等向强化、随动强化或组合强化中的任一强化形式，并允许根据极限应变来考虑材料失效。切线模量、屈服应力、模量、密度、泊松比、极限应变、强化参数等都作为该材料模型的主要参数。

只拉不压是索单元材料 * MAT_CABLE_DISCRETE_BEAM 的单元特性，同时为便于在结构内形成预应力可以设置预张力，但目前只能用于线性或非线性的弹性本构。密度、模量（或刚度）、预张力、非线性弹性材料的应力-应变曲线等都是该材料模型的主要参数。通过对索单元施加偏置量变来实现模拟张弦结构的拉索张拉。

（3）结构单元类型

ANSYS/LS-DYNA 显式动态分析中可以使用 BEAM161 梁单元、LINK160 杆单元、SHELL163 壳单元、PLANE162 平面单元、LINK167 仅拉伸杆单元、SOLID164 实体单元、COMBI165 弹簧阻尼单元等。以上单元只有 PLANE162 是二维单元，其余全部是三维的，当其缺省时为缩减积分；而对于杆单元、质量单元，缩减积分并不是缺省值。单元计算过程中积分点数比精确积分所要求的积分点数少即为缩减积分。所以单点积分是实体单元和壳体单元的缺省算法。当然，全积分算法也可以被这两种单元采用。线性位移函数常用于这些单元，而这些单元不能使用二次位移函数的高阶单元。因此，形状函数不能附加在显式动态单元中。显式动态单元的单积分点和线位移函数等的特点能使其很好地用于大变形和材料失效等非线性问题。

BEAM161 梁单元有两种基本算法：Belytschko-Schwer 和 Hughes-Liu。此单元不产生任何应变，最适合于刚体旋转。建模时，需要每个端点处有一节点，另外需要有一定向节点这三个节点来定义单元。对于这两种算法来说，可用 KEYOPT（4）和 KEYOPT（5）来定义几种横截面。通常，BEAM161 单元对于 2×2 高斯积分点具有高效性和耐用性。可用 KEYOPT（2）来定义不同积分算法。

Hughes-Liu 梁单元（缺省值）是一个传统积分单元，用其来模拟矩形和圆形横截面可以采用梁单元中间跨度的一组积分点。用户也可以通过定义一个横截面积分规则来模拟任意的横截面。由于梁单元沿其长度方向能有效地产生一个不变力矩，其网格必须合理划分以保证精度，如同实体单元和壳体单元一样。Belytschko-Schwer 梁单元 ［KEYOPT

（1）＝2，4，5］是一个显式积分算法，可以产生一个力矩，其沿长度方向呈线性分布。这种单元在其末端可检验屈服并且有"正确"的弹性应力。如同 Hughes-Liu 梁单元一样，因为其质量堆积于节点，在动态问题中细分网格、保证正确的质量分布是必须的。

LINK167 单元是仅能拉伸的杆，可用 EDMP 命令来定义索单元选项，用于模拟索。它与弹性单元类似，由用户直接输入力与变形的关系。

根据以上单元的特征，对所建结构模型构件的单元分别选取为：上部桁架的上、下弦杆及腹杆采用 Hughes-Liu 梁单元；中部撑杆采用 LINK160 杆单元；下部拉索采用 LINK167 仅拉伸杆单元，通过设置偏置量对其进行施加初应力 F：

$$F=K \times \max\{\Delta L, 0\} \tag{2.1-9}$$

式中，K 和 ΔL 分别为：$K=EA/$（初始长度－偏置量）；$\Delta L=$ 当前长度－（初始长度－偏置量）。E、A 分别为拉索的弹性模量和截面积。

（4）重启动

重启动意味着要执行的一个分析是前一个分析的继续。重启动可以从前一个分析结束后开始，也可以从前一个分析的中断开始。一般情况下进行重启动的原因有：以前的分析被中断，或超过用户所定义的 CPU 时间；分析分阶段进行，在每个阶段的结束监控分析结果；诊断某个出错的分析；修改模型继续计算。

重启动功能为显式动态应用提供了极大的灵活性。每个阶段结束后，就会写入一个重启动"d3dump"文件。这个文件包括继续这个分析所需的全部信息，通过处理输出可以检查每阶段的结果，然后修改模型来继续这个分析。例如，可以删除那些不再重要的变形单元、材料或不再需要的接触，也可以改变结构的阻尼。

重启动共分为三种类型：简单重启动、小型重启动和完全重启动。此处采用小型重启动。

2.1.3　数值模拟关键问题

模拟张弦结构连续倒塌问题时，需要对拉索的失效模拟方法、数值模拟单元及荷载组合参数以及倒塌破坏的判断准则等关键问题进行研究。

（1）拉索失效模拟

张弦结构会因为索施加了初始预应力而产生初始变形，因此对其进行连续倒塌动力分析必须在初始变形的基础上进行。目前模拟失效构件的方法实际使用较多的有瞬时卸载法、瞬时加载法以及初始条件法。这里采用考虑初始状态的等效荷载瞬时卸载法对拉索的失效进行模拟。首先对结构进行静力分析，用来提取在相应荷载工况下完整结构失效拉索的内力 P；进而移除失效拉索，将内力 P 作为等效荷载反作用在剩余结构上，根据图 2.1-1 所示的加载路径对剩余结构加载，进行时程分析。结构的动力响应根据此时程曲线可分为三个阶段：$0<t<t_0$ 为第一阶段，结构在原静力荷载和等效荷载 P 的作用下发生强迫振动，在阻

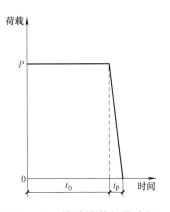

图 2.1-1　等效荷载加载路径

尼的作用下结构振幅不断衰减，最终达到拉索失效前整体结构在静力荷载下的初始状态；$t_0 < t < t_0 + t_p$ 为第二阶段，此为拉索的失效阶段；$t_0 + t_p < t$ 为第三阶段，此为拉索失效后剩余结构的动力响应阶段。

美国 GSA 规范要求在采用变换荷载路径法进行动力分析时，必须在小于剩余结构自振周期 T 的 1/10 时间段内去掉模拟失效的承重构件，即 $t_p < T/10$。通过计算剩余结构的自振周期 T 确定初始持荷时间 t_0 及拉索移除时间 t_p。t_0 的取值保证整体结构将原有静力荷载和等效荷载作用下产生的强迫振动衰减完全，t_p 则取 $T/10$。

模拟在拉索失效情况下张弦结构的连续倒塌过程可采用考虑初始状态的等效荷载瞬时卸载法，其步骤可归纳为：

① 对相应结构进行静力分析，计算在静力荷载下完整结构的内力，提取完整结构中失效拉索的内力。

② 移除失效拉索，并将该拉索的内力作为等效荷载 P 反作用在剩余结构上。

③ 为计算剩余结构的初始持荷时间 t_0、拉索移除时间 t_p 以及阻尼，需对剩余结构进行模态分析，提取其自振周期 T 和前两阶模态圆频率。

④ 按图 2.1-1 所示的加载路径对结构加载，进行拉索失效下张弦结构的连续倒塌动力分析。

（2）单元及荷载参数

① 单元选取及参数设定

分别采用索单元材料模型 * MAT_CABLE_DISCRETE_BEAM 和双线性随动强化模型 * MAT_PLASTIC_KINEMATIC 模拟张弦结构中的索单元和梁单元。* MAT_PLAS-TIC_KINEMATIC 模型通过 Cowper-Symonds 方程考虑应变率对屈服应力的强化效应：

$$\sigma_y = \left[1 + \left(\frac{\varepsilon}{C} \right)^{\frac{1}{P}} \right] (\sigma_0 + \gamma E_P \varepsilon_p^{eff}) \qquad (2.1\text{-}10)$$

式中，ε、σ_0、ε_p^{eff} 分别为初始应变率、屈服应力及有效塑性应变；C、P 为 Cowper-Symonds 应变率参数，分别取为 40/s、5；γ 为硬化参数，取值为 0 和 1 时分别表示随动强化及各向同性强化，本文取为 0；E_P 为塑性强化模量，可由下式求得：

$$E_P = \frac{E_{\tan} E}{E - E_{\tan}} \qquad (2.1\text{-}11)$$

式中，E、$E_{\tan}$ 分别为弹性模量、切线模量。另外，还需输入失效应变 ε_f，当满足 $\varepsilon > \varepsilon_f$，单元失效且自动从计算模型中删除。

② 荷载组合及取值

突发事件发生时，结构连续倒塌过程中作用于整体结构的可能荷载，主要是结构重力荷载和其他形式的恒荷载，另外也包括雪荷载等部分活荷载。考虑荷载时，以竖向荷载为主，并按具体情况适当考虑风荷载等水平向荷载。目前，有关荷载的具体取值与组合问题还在进一步的研究中。参考 GSA 规范所采用的结构连续倒塌动力分析的荷载组合如下：

$$S = D + 0.25L \qquad (2.1\text{-}12)$$

式中，D 为永久荷载；L 为可变荷载。

③ 结构阻尼确定

在分析结构的动力响应时，需考虑阻尼的作用。阻尼是反映结构体系振动过程中能量耗散特征的参数。实际结构振动时耗能是多方面的，具体形式相当复杂，使得阻尼问题难以采用精细的理论分析方法，而主要是采用宏观总体表达的方法。在进行非线性分析时，为了解耦的需要，需建立合理的比例阻尼矩阵。采用 Rayleigh 阻尼作为结构的比例黏滞阻尼：

$$[C] = \alpha[M] + \beta[K] \tag{2.1-13}$$

$$\begin{Bmatrix} \alpha \\ \beta \end{Bmatrix} = \frac{2\xi}{\omega_1 + \omega_2} \begin{Bmatrix} \omega_1 \omega_2 \\ 1 \end{Bmatrix} \tag{2.1-14}$$

式中，$[C]$、$[M]$、$[K]$ 分别为阻尼矩阵、质量矩阵和刚度矩阵；α、β 分别为质量阻尼系数和刚度阻尼系数；ω_1、ω_2 分别为结构的第一振型圆频率和第二振型圆频率；ξ 为结构的阻尼比，取 0.02。

（3）倒塌破坏判断准则

在结构连续倒塌分析中，不仅需要从机理上揭示其重分布机制及有关规律，也需要对其最终的破坏情况作出评价，即需要建立结构连续倒塌破坏的判定依据。根据整体结构的变形情况，考虑到结构性能及使用安全等因素，将结构破坏程度粗略分为三个等级："轻微破坏""明显破坏"和"连续倒塌破坏"，如表 2.1-1 所示。根据表 2.1-1，在对张弦结构进行连续倒塌分析时可通过结构的破坏特征来判定结构的破坏等级，进而判断结构是否发生连续倒塌破坏。

结构破坏等级的判定　　　　　　　　　　　　　表 2.1-1

破坏程度	破坏等级	破坏特征
轻微破坏	Ⅰ	结构未发生明显变形或发生轻微变形
明显破坏	Ⅱ	结构变形超过正常使用极限状态限值，但可继续承受荷载，不致造成人员伤亡
连续倒塌破坏	Ⅲ	结构出现严重的整体变形，甚至向地面塌落，容易造成较大的人员伤亡

本节对结构连续倒塌数值模拟进行了介绍，对比说明了结构动力分析中隐式积分算法和显式积分算法的特点；介绍了 LS-DYNA 程序，详细阐述了 LS-DYNA 程序用于结构连续倒塌分析的数值模拟技术，包括显式积分算法的求解过程、材料本构模型、结构单元类型以及重启动技术等；根据张弦结构的特点，对采用 LS-DYNA 程序对张弦结构的连续倒塌进行数值模拟的过程中的相关问题进行了详细说明；介绍了运用等效荷载瞬时卸载法并考虑初始状态的条件下模拟张弦结构在拉索失效情况下的连续倒塌过程，并归纳总结了分析步骤，说明了相关参数的取值；选择了合理的材料本构模型及参数；明确了结构连续倒塌分析时采用的荷载组合以及结构阻尼；建立了基于结构破坏特征的连续倒塌破坏判断依据。

2.1.4 预应力张弦结构连续倒塌分析

张弦结构按其空间形态构成可分为平面张弦结构和空间张弦结构。平面张弦结构在平面外需设置水平支撑等保证结构平面外稳定，具有受力明确、构造简单等特点；空间张弦结构中各榀平面结构相互约束，结构整体性和受力性能较好。但空间张弦结构形式较复杂，影响因素过多，不利于准确定量分析。因此，进行连续倒塌分析时以平面张弦结构为研究对象。借鉴张弦结构中关键构件选取的相关研究，选取下部拉索为初始破坏构件。

针对平面张弦结构体系，利用 ANSYS/LS-DYNA 程序对其进行连续倒塌分析，研究其在下部拉索破坏后的内力重分布以及连续倒塌机理，以及支座刚度、拉索截面积、拉索失效时间等参数对平面张弦桁架结构体系连续倒塌的影响。

2.1.4.1　张弦结构初始破坏构件选择

一般认为张弦结构中，下部拉索平衡了上部桁架拱效应所产生的水平支反力，受压撑杆作为弹性支承点显著提高了上部桁架的平面内稳定。这样，支承上部桁架和中部撑杆的下部拉索就成为张弦结构的关键传力环节。下部拉索贯穿结构整个跨度，拉索的损坏很可能会改变甚至破坏原有的传力机制，导致结构发生整体性倒塌破坏。

研究表明，张弦结构下部拉索敏感性较高，是结构中的关键构件。因此，选取下部拉索作为初始破坏构件，研究在其发生破坏后张弦结构的连续倒塌过程。

2.1.4.2　张弦结构连续倒塌分析

（1）分析模型

平面张弦结构分析模型如图 2.1-2 所示。上部桁架采用剖面呈倒三角形的空间管桁架，每一节间由四角锥基本单元构成。结构跨度为 72m，矢高为 4.8m，垂度为 4.8m。结构中部均匀布置 7 根撑杆，跨中撑杆高度为 7.8m。结构一端设置固定铰支座，另外一端为滑动铰支座，对上部桁架设置水平侧向支撑。上部桁架及中部撑杆均采用圆钢管，下部拉索采用钢丝束，构件截面如下：桁架上弦杆选用 $\phi245 \times 14$、桁架下弦杆选用 $\phi273 \times 16$、桁架腹杆选用 $\phi108 \times 8$、中部撑杆选用 $\phi180 \times 8$、下部拉索选用 $254\phi7$。数值模拟时，分别采用双线性随动强化模型 $*$MAT_PLASTIC_KINEMATIC 和索单元材料模型 $*$MAT_CABLE_DISCRETE_BEAM 模拟张弦桁架中的梁单元和索单元。钢材屈服应力 $f_y = 235$MPa，弹性模量 $E = 2.06 \times 10^5$MPa，切线模量 $E_{\tan} = 813.7$MPa，失效应变 $\varepsilon_f = 0.2$，泊松比取 0.3；拉索极限抗拉强度取 1670MPa，弹性模量取 1.95×10^5MPa。荷载取恒载（$D = 1.2$ kN/m²）与活载（$L = 0.4$ kN/m²），按 GSA 规范规定进行组合（$1.0 \times D + 0.25 \times L$），即对张弦桁架加 $q = 1.3$kN/m² 的竖向均布荷载，作用于桁架上弦节点。

张弦结构中共有 6 种构件类型，为方便说明，除上部桁架中水平腹杆外，对其余 5 种构件类型中的部分构件进行编号，并对部分节点编号，如图 2.1-3 所示。上部桁架中下弦杆、上弦杆及斜腹杆编号分别为 XXG-N（$N=1\sim12$）、SXG-N（$N=1\sim11$）、FG-N（$N=1\sim10$），中部撑杆编号为 CG-N（$N=1\sim7$），下部拉索编号为 S-N（$N=1\sim8$）。以张弦结构固定铰支座指向滑动铰支座的水平轴线方向为 X 轴正方向，以竖直向下方向为 Z 轴正方向。上部桁架中跨中下弦节点为 A，与滑动铰支座的连接点为 B。以 A-X、A-Z 分别表示节点 A 沿 X 轴、Z 轴方向位移，以 B-X、B-Z 分别表示节点 B 沿 X 轴、Z 轴方向位移。选取下部拉索中索段 4（S-4）为初始破坏构件，当 S-4 突然破断后，其余钢索并不能从撑杆槽孔中脱落，即假定下部拉索与中部撑杆始终保持有效连接。

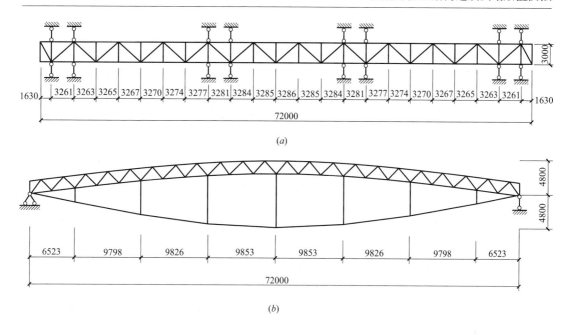

(a)

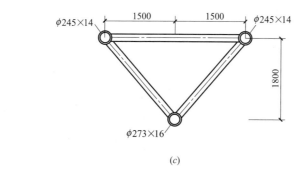

(b)

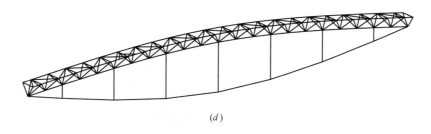

(c)

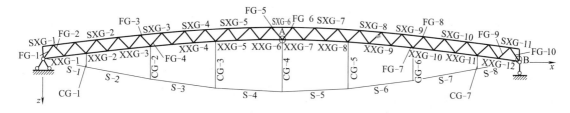

(d)

图 2.1-2 平面张弦结构布置图（单位：mm）

（a）俯视图；（b）立面图；（c）剖面图；（d）轴侧图

图 2.1-3 平面张弦结构构件节点编号

（2）拉索破坏时张弦桁架结构连续倒塌分析

① $q=1.3\text{kN/m}^2$ 荷载作用

为分析结构在 S-4 失效前后的力学行为，考察了结构中各节点位移及构件内力的变化情况，并给出了部分重要节点位移及构件轴力的时程曲线，如图 2.1-4 所示。由图 2.1-4（a）和（b）可以看出，S-4 失效前，因下部拉索被张拉使得撑杆产生向上分力，导致上部桁架产生反拱，跨中节点 A 产生向上的竖向位移（A-Z＝－61mm），滑动端节点 B 沿 X 轴负方向发生位移（B-X＝－27mm）。S-4 失效后，上部桁架产生下挠，跨中节点 A 竖向位移以及滑动端节点 B 水平位移发生突变，但随后便围绕某一值（A-Z＝1257mm、B-X＝323mm）进行振荡，说明结构在 S-4 失效后找到了新的平衡位置，并在新平衡位置附近做周期振动，结构变形较大，发生明显破坏，但未发生连续倒塌破坏。

图 2.1-4（c）～（f）给出了结构部分重要构件轴力时程曲线，图 2.1-5 给出了 S-4 失效后结构位移响应图。从构件内力及位移变化可以看出，S-4 失效后，其余索段很快相继退出工作，内力变为零，中部撑杆内力也变为零，拉索及撑杆整体失效，上部桁架单独承受竖向荷载和自重作用。与节点位移相似，S-4 失效后，剩余构件内力均呈现出围绕新平衡位置的周期性振动。因结构对称性，上部桁架中几何位置对称的构件内力呈现相同变

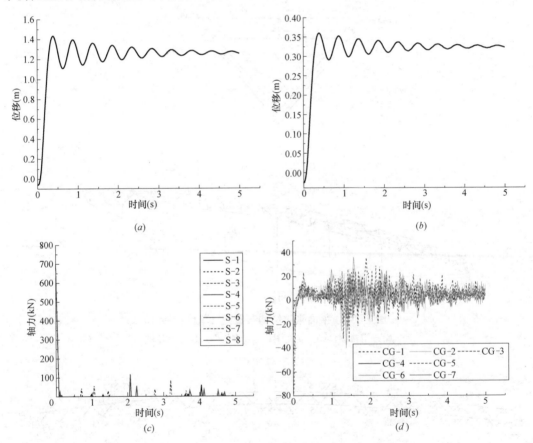

图 2.1-4 节点位移及构件轴力时程曲线（$q=1.3\text{kN/m}^2$）（一）

（a）A-Z；（b）B-X；（c）S-N 轴力（N＝1～8）；（d）CG-N 轴力（N＝1～7）

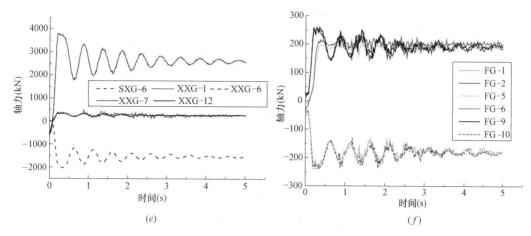

图 2.1-4 节点位移及构件轴力时程曲线（$q = 1.3\mathrm{kN/m^2}$）（二）

（e）桁架弦杆轴力；（f）FG-N 轴力（N＝1、2、6、5、9、10）

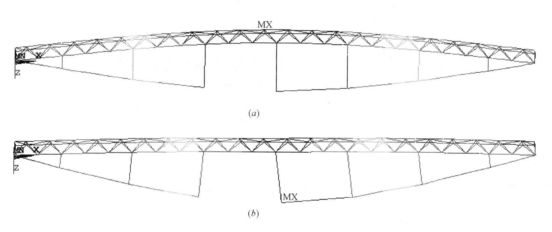

图 2.1-5 S-4 失效后张弦结构位移响应（$q = 1.3\mathrm{kN/m^2}$）

（a）t＝0s；（b）t＝5s

化，且数值基本相等，为方便说明，取桁架中与滑动铰支座相连的一半结构对构件内力响应进行说明。

表 2.1-2 给出了 S-4 失效前后上部桁架构件内力的响应情况。由表可以看出，S-4 失效前，上部桁架主要受轴压力，所受剪力很小，桁架受力状态近似于拱；S-4 失效后，上部桁架受到剪力明显增大，下弦杆受拉，上弦杆受压，端部弦杆内力较小，跨中弦杆内力最大，且周期性振动较为剧烈，是剩余结构中的不利杆件，桁架受力状态近似于简支梁。因此，S-4 失效前后，上部桁架的受力机制发生改变，由抗轴压的拱变为抗弯抗剪的简支梁，结构经内力重分布后，在新的传力路径上达到平衡状态，未发生倒塌。

采用静力方法对构件发生破坏后的剩余结构进行计算较为简单、快捷，但无法得到剩余结构的动力响应，不能考虑动力效应的影响。为考虑下部拉索失效后张弦结构振动对结构的影响，对剩余结构进行了静力分析，并将计算结果与非线性动力分析法的计算结果进行了对比。定义非线性动力分析得出的节点位移时程峰值与静力计算结果之比为动力放大系数，表 2.1-3 给出了张弦结构中部分节点位移的动力放大系数。

27

S-4 失效前后上部桁架构件内力响应（$q=1.3\text{kN/m}^2$）　　表 2.1-2

状态	桁架中构件类型	构件内力状态描述
S-4 失效前	下弦杆	在结构跨度范围内均受压,各杆所受压力相差不大
	上弦杆	在结构跨度范围内均受压,各杆所受压力相差不大,因结构反拱,上弦杆所受压力比下弦杆小
	腹杆	受力很小
S-4 失效后	下弦杆	由压杆变为拉杆,所受拉力由跨中向端部逐渐减小,XXG-7 所受拉力最大,在振动过程中 XXG-7 最大应力超过屈服应力,杆件进入塑性阶段,存在塑性应变
	上弦杆	受压增大,所受压力也是由跨中向端部逐渐减小,SXG-6 所受压力最大
	腹杆	受力明显增大,说明 S-4 失效后桁架整体所受剪力明显增大

节点位移动力放大系数（$q=1.3\text{kN/m}^2$）　　表 2.1-3

节点编号	A-Z	B-X
动力放大系数	1.48	1.45

② $q=2.5\text{kN/m}^2$ 荷载作用

通过逐渐增大 q 值,不断考察张弦结构在 S-4 失效后结构响应情况,发现当 q 增大到 2.5kN/m^2 时,剩余结构无法达到新的平衡状态,发生连续倒塌破坏。图 2.1-6 给出了在倒塌荷载（$q=2.5\text{kN/m}^2$）下 S-4 失效前后结构中部分重要节点位移、构件轴力的时程曲线。

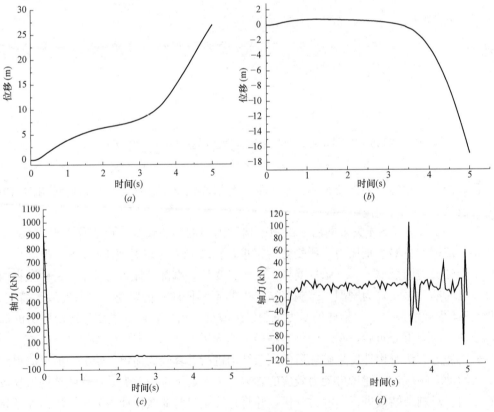

图 2.1-6　节点位移及构件轴力时程曲线（$q=2.5\text{kN/m}^2$）（一）

（a）A-Z；（b）B-X；（c）S-N 轴力（$N=5$）；（d）CG-N 轴力（$N=4$）

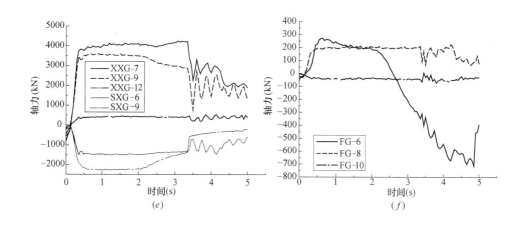

图 2.1-6 节点位移及构件轴力时程曲线（$q=2.5\text{kN}/\text{m}^2$）（二）

（e）桁架弦杆轴力；（f）FG-N 轴力（$N=6$、8、10）

S-4 失效前，因竖向荷载增大，上部桁架反拱减弱，跨中节点 A 沿 Z 轴负方向的位移以及滑动端节点 B 沿 X 轴负方向的位移减小（A-Z$=-43\text{mm}$、B-X$=-24.5\text{mm}$）。下部拉索及中部撑杆内力增大。S-4 失效后，下部拉索中的应力瞬间释放，剩余拉索收缩并带动撑杆转动。上部桁架无法独自承受竖向荷载和自重作用而迅速变形，跨中节点 A 竖向位移 A-Z 快速增大，滑动端节点 B 开始沿 X 轴正方向滑动。但随着 A-Z 的增大，桁架跨中变形开始影响并限制节点 B 沿 X 轴正方向滑动。当 $t=1.3\text{s}$ 时，A-Z$=4.8\text{m}$，桁架跨中上弦节点与 X 轴基本在同一水平高度上，B-X 达到最大值，在此之后随着桁架继续变形节点 B 开始沿 X 轴负方向滑动。当 $t=3.3\text{s}$ 时，变形桁架几何模型与初始结构几何模型沿 X 轴基本对称，在此之后随着 A-Z 的继续增大，B-X 开始变为负值，且 A-Z 和 B-X 变化速率增加，即桁架变形速度加快，结构最终发生倒塌破坏，结构倒塌过程的位移响应如图 2.1-7 所示。

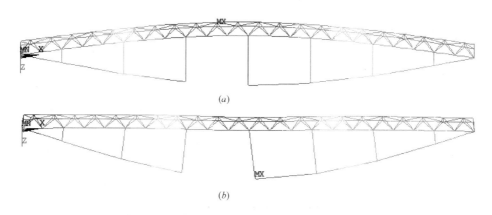

图 2.1-7 S-4 失效后张弦结构位移响应（$q=2.5\text{kN}/\text{m}^2$）（一）

（a）$t=0\text{s}$；（b）$t=1.0\text{s}$

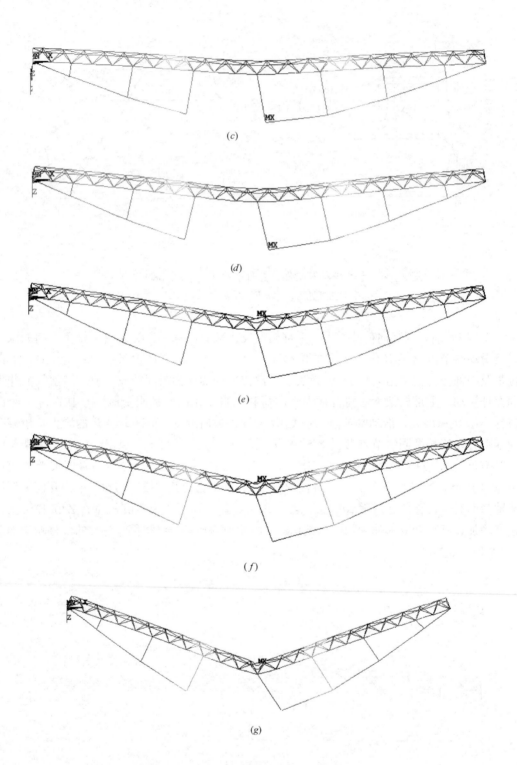

图 2.1-7　S-4 失效后张弦结构位移响应（$q = 2.5 \text{kN/m}^2$）（二）

（c）$t = 1.3$s（B-X 达最大值）；（d）$t = 2.0$s；（e）$t = 3.0$s；

（f）$t = 3.3$s（B-X＝0）；（g）$t = 4.0$s；

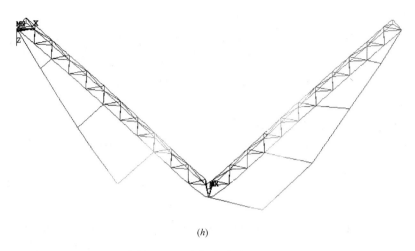

(h)

图 2.1-7 S-4 失效后张弦结构位移响应（$q=2.5\text{kN/m}^2$）（三）

（h）$t=5.0\text{s}$

S-4 失效前后上部桁架构件内力响应（$q=2.5\text{kN/m}^2$）   表 2.1-4

状态	桁架中构件类型	构件内力状态描述
S-4 失效前	下弦杆	在结构跨度范围内均受压,端部下弦杆压力较大,端部附近下弦杆受压较 $q=1.3\text{kN/m}^2$ 时有明显增大,其余下弦杆变化不明显,应是荷载增加引起的弦杆受压增大的效果与荷载增加导致弯矩增大引起的下弦杆受压减小的效果相近而抵消
	上弦杆	在结构跨度范围内均受压,各杆所受压力相差不大,较 $q=1.3\text{kN/m}^2$ 压力增大,应是荷载增加引起的弦杆受压增大的效果与荷载增加导致弯矩增大引起的上弦杆受压增大的效果叠加对杆件造成影响。上、下弦杆所受压力相差不大
	腹杆	受力力较小,但较 $q=1.3\text{kN/m}^2$ 受力增加,桁架所受剪力增大
S-4 失效后	下弦杆	由压杆变为拉杆,拉力迅速增大,随后保持稳定并缓慢减小,在 $t=3.3\text{s}$ 后所受拉力开始有明显减小。下弦杆受拉力由跨中向端部逐渐减小,XXG-7 所受拉力最大,在振动过程中 XXG-7 最大应力超过屈服应力,杆件进入塑性阶段,存在塑性应变
	上弦杆	受压迅速增大,随后保持稳定并缓慢减小,在 $t=3.3\text{s}$ 后所受压力开始明显减小。上弦杆所受压力也是由跨中向端部逐渐减小,SXG-6 所受压力最大,随着剩余结构的变形,SXG-6 发生屈曲增大,最终被压溃
	腹杆	受力明显增大,说明 S-4 失效后桁架整体所受剪力明显增大

表 2.1-4 给出了 $q=2.5\text{kN/m}^2$ 时 S-4 失效前后上部桁架构件内力的响应情况。由表可以看出,S-4 失效前,随着荷载增大,上部桁架中腹杆受力增大,桁架所受剪力增加,受力状态由近似于拱向介于拱和简支梁之间发展。S-4 失效后,上部桁架受力机制发生改变,内力重分布,各构件内力发生突变,下弦杆受拉,上弦杆受压,跨中弦杆内力最大,

结构受到的剪力明显增大，受力状态近似于简支梁。在 $t=3.3\mathrm{s}$ 前，桁架变形发展较慢，节点位移增加平缓，结构中构件内力保持稳定并缓慢变化。在 $t=3.3\mathrm{s}$ 后，随着节点 B 水平位移增大，滑动铰支座与固定铰支座的距离不断减小，荷载在桁架跨中产生的弯矩减小，跨中弦杆内力减小。桁架跨中下弦杆发生塑性变形，上弦杆发生屈曲，最终被压溃，剩余结构发生连续倒塌破坏。

2.1.4.3 不同因素对张弦结构连续倒塌影响

张弦结构的力学性能会随着结构支座刚度、几何尺寸（矢高、垂距、桁架高度等）、构件截面尺寸（拉索截面、桁架杆件截面等）等平面内参数的改变而改变，因此结构平面内参数的改变会对结构的连续倒塌造成影响。另外，下部拉索的突然失效会导致拉索中的应力瞬间释放，对剩余结构有冲击作用，因此拉索的失效快慢即失效时间的不同会影响剩余结构所受的冲击作用，进而影响结构的连续倒塌。为了进一步研究下部拉索突然失效情况下张弦结构的力学行为，本节将基于上述张弦结构模型，控制其他因素不变，通过改变模型的支座刚度、拉索截面积以及拉索失效时间 3 个参数对结构的连续倒塌进行对比分析。

（1）支座刚度影响

如图 2.1-8 所示，对上述张弦结构模型施加沿跨度方向的水平弹性支承，选取 7 种等效弹性约束支座刚度模型（表 2.1-5）进行 S-4 失效下结构连续倒塌分析及对比，其中 $k_0=0$ 为原模型中的滑动铰支座，k_6 为固定铰支座。对 7 种模型在 $q=1.3\mathrm{kN/m}^2$ 荷载作用下 S-4 失效前后的结构动力响应进行了对比分析，并考察了各模型的倒塌荷载及在倒塌荷载下发生倒塌破坏的结构响应。

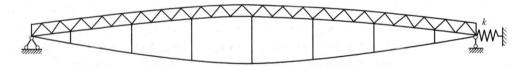

图 2.1-8 施加水平弹性支承的张弦结构

弹性约束支座刚度取值 表 2.1-5

模型	k_0	k_1	k_2	k_3	k_4	k_5	k_6
支座刚度(kN/m)	0	1.0×10^4	5.0×10^4	1.0×10^5	5.0×10^5	1.0×10^6	无穷大

图 2.1-9 给出了 $q=1.3\mathrm{kN/m}^2$ 荷载作用下不同支座刚度模型进行动力分析得到的部分节点位移时程曲线。从图 3.2-8 可以看出，S-4 失效前，随着支座刚度的增加，上部桁架因下部拉索初始预应力产生的反拱减弱，跨中节点 A 沿 Z 轴负方向的位移以及滑动端节点 B 沿 X 轴负方向的位移减小。下部拉索中因结构变形造成的初始预应力损失减小。S-4 失效后，各模型中的下部拉索和撑杆均迅速退出工作，由上部桁架单独承受竖向荷载和自重，跨中节点 A 竖向位移 A-Z 以及滑动端节点 B 水平位移 B-X 发生突变，随后便围绕新的平衡位置进行振荡。随着支座刚度的增加，A-Z 和 B-X 的大小及振幅明显减小，各模型结构未发生连续倒塌破坏。

图 2.1-10 给出了 $q=1.3\mathrm{kN/m}^2$ 荷载作用下各支座刚度模型中上部桁架构件轴力时程

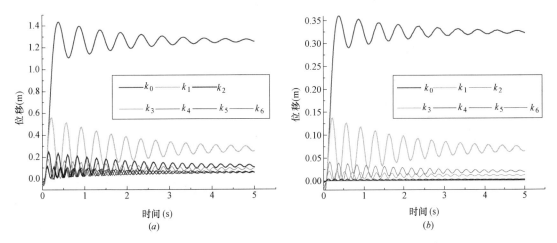

图 2.1-9 各支座刚度模型节点位移时程曲线（$q = 1.3\text{kN}/\text{m}^2$）

（a）A-Z；（b）B-X

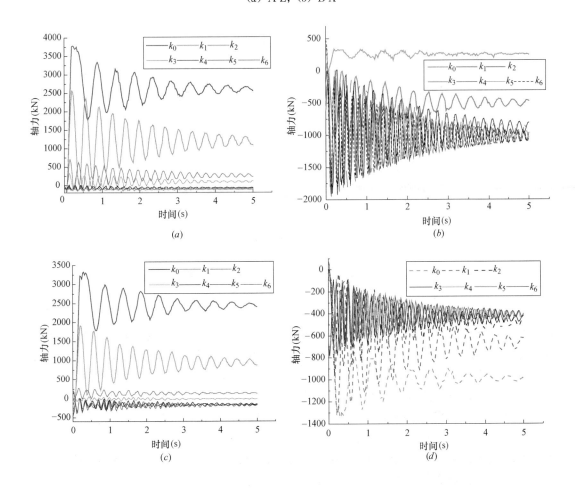

图 2.1-10 各支座刚度模型上部桁架构件轴力时程曲线（$q = 1.3\text{kN}/\text{m}^2$）（一）

（a）XXG-7 轴力；（b）XXG-12 轴力；（c）XXG-9 轴力；（d）SXG-9 轴力

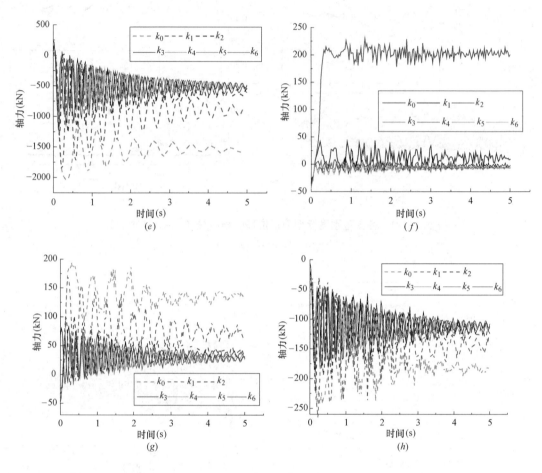

图 2.1-10　各支座刚度模型上部桁架构件轴力时程曲线（$q = 1.3 \text{kN/m}^2$）（二）

（e）SXG-6 轴力；

（f）FG-6 轴力；（g）FG-8 轴力；（h）FG-10 轴力

曲线。S-4 失效前，随着支座刚度的增加，上部桁架因反拱减弱跨中下弦杆 XXG-7 受压减小，端部下弦杆 XXG-12 和跨中上弦杆 SXG-6 由受压状态转变为受拉状态且拉力增大。S-4 失效后，随着支座刚度的增加，桁架中腹杆内力显著减小，桁架受剪减小，桁架的受力机制由抗弯抗剪的简支梁逐渐转变为抗轴压的拱，桁架下弦杆中较不利杆件由跨中位置逐渐转变为靠近支座处位置，也体现出桁架受力机制的转变：桁架跨中下弦杆 XXG-7 所受拉力明显减小，当支座刚度增大到一定值后，XXG-7 由拉杆变成压杆，其内力不再明显变化，稳定在一个较小的压力值（110kN）；桁架跨中上弦杆 SXG-6 所受压力明显减小，最终趋于稳定（490kN）；桁架端部下弦杆 XXG-12 所受拉力迅速减小，由拉杆转变为压杆且压力明显增大，最终稳定在一个较大的压力值（1049kN）。因此，随着支座刚度的增加，剩余结构受力机制发生明显变化，上部桁架中的端部下弦杆 XXG-12 逐渐变为分析结构连续倒塌破坏时的最不利构件。

　　对 S-4 失效后的各支座刚度模型剩余结构进行了静力分析，计算出各模型中节点

A 和节点 B 的动力放大系数，如表 2.1-6 所示。由表可知，当张弦桁架沿跨度方向添加水平弹性支承时，S-4 失效引起的动力效应显著提高，这是由于弹性支承的存在增加了 S-4 失效时剩余结构瞬间释放的应变能。当支座刚度增加时，上部桁架因反拱减弱应变能减少，S-4 失效瞬间释放应变能的减少引起动力效应降低，动力放大系数减小。

各支座刚度模型节点位移动力放大系数（$q=1.3kN/m^2$） 表 2.1-6

支座刚度		k_0	k_1	k_2	k_3	k_4	k_5	k_6
动力放大系数	A-Z	1.483	2.372	2.297	2.102	2.020	1.946	1.896
	B-X	1.448	2.289	2.247	1.979	1.882	1.813	1.781

另外，对不同支座刚度模型在 S-4 失效后发生倒塌破坏的倒塌荷载进行了计算，结果如表 2.1-7 所示。由表可知，随着支座刚度的增加，结构的倒塌荷载显著增大，最终趋于稳定。

各支座刚度模型临界倒塌荷载 表 2.1-7

支座刚度	k_0	k_1	k_2	k_3	k_4	k_5	k_6
倒塌荷载（kN/m^2）	2.50	4.55	7.02	7.44	7.49	7.51	7.54

考察对比了各模型发生倒塌破坏时结构响应情况，得知随着支座刚度的增加，结构倒塌破坏的机理发生变化，但变化规律具有一致性。通过对比 k_6（固定铰支座）和 k_0（滑动铰支座）模型结构倒塌破坏情况，总结出张弦结构发生倒塌破坏时结构响应随支座刚度的变化规律。图 2.1-11 给出了 k_6 对应的模型发生倒塌破坏时结构位移响应情况。通过对比图 2.1-11 和图 2.1-7 可以得出：S-4 失效后，当支座刚度较小时，桁架中跨中区域杆件首先发生破坏，特别是 SXG-6 最先被压溃，结构迅速发生连续倒塌破坏；当支座刚度较大时，桁架端部下弦杆受压最明显，XXG-12 首先被压溃，支座对结构的水平轴向支撑作用显著减弱，随着桁架变形，SXG-6 受压不断增大，很快被压溃，结构迅速发生连续倒塌破坏，且结构位移发展速度比支座刚度较小的模型要快。因此，随着支座刚度的增加，剩余结构受力机制及破坏模式发生明显变化，结构受力状态由简支梁逐渐变为拱。对张弦结构进行连续倒塌分析，当结构支座刚度增大到一定值时，需重点关注上部桁架中端部附近下弦杆的内力响应情况。

（2）拉索截面积影响

拉索及预应力是张弦结构等预应力复合钢结构区别于传统钢结构的重要特征，通过改变下部拉索截面积，可以改变张弦结构上下部结构的刚度比，影响结构整体的受力性能。基于上述张弦结构模型，保持荷载水平（$q=1.3kN/m^2$）及下部拉索中初始预应力不变，改变下部拉索的截面积，对比研究其对模型在 S-4 突然失效情况下结构响应的影响。采用无量纲参数 β 代替实际下部拉索面积，β 为上述张弦结构模型中拉索面积的放大倍数，具体取值如表 2.1-8 所示。

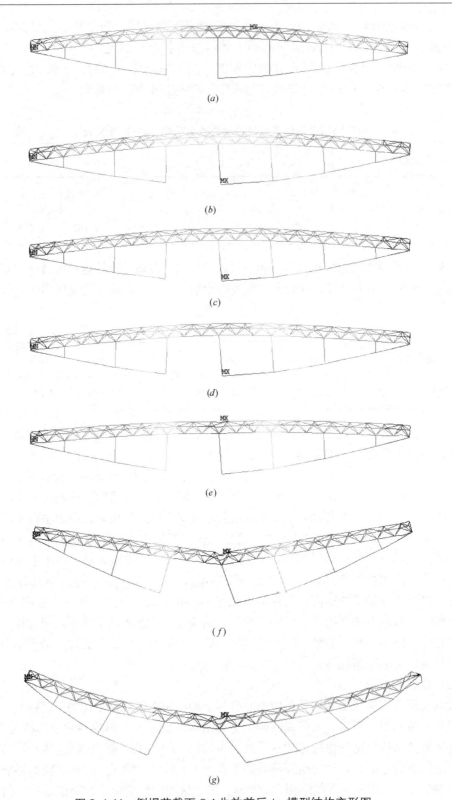

图 2.1-11　倒塌荷载下 S-4 失效前后 k_6 模型结构变形图

(a) $t=0$s；(b) $t=0.5$s；(c) $t=1.0$s；(d) $t=1.5$s；(e) $t=2.0$s；(f) $t=2.5$s；(g) $t=3.0$s

拉索截面积取值　　　　　　　　　　表 2.1-8

模型	β_1	β_2	β_3	β_4	β_5
无量纲参数 β 取值	0.6	0.8	1.0	1.2	1.4

　　对 5 种模型的构件内力及结构位移进行对比，图 2.1-12 给出了部分重要构件内力及节点位移的时程曲线。从图中可以看出，下部拉索截面积的改变主要对结构在 S-4 失效前

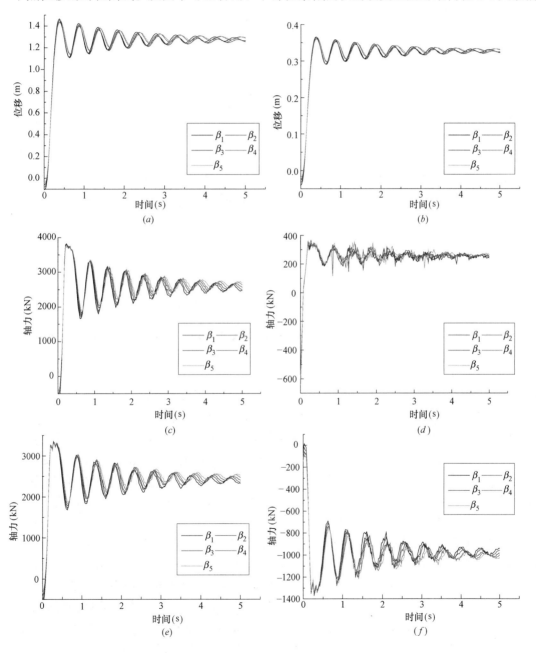

图 2.1-12　各拉索截面积模型部分节点位移及构件轴力时程曲线（$q = 1.3\mathrm{kN/m^2}$）（一）
（a）A-Z；（b）B-X；（c）XXG-7 轴力；（d）XXG-12 轴力；（e）XXG-9 轴力；（f）SXG-9 轴力

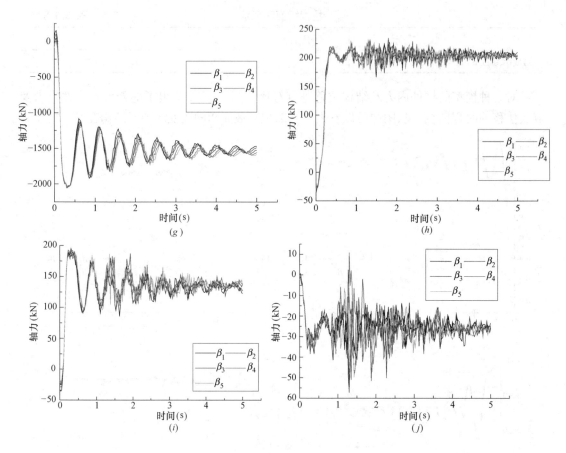

图 2.1-12　各拉索截面积模型部分节点位移及构件轴力时程曲线（$q = 1.3\text{kN/m}^2$）（二）

（g）SXG-6 轴力；（h）FG-6 轴力；（i）FG-8 轴力；（j）FG-10 轴力

的静力受力性能影响较明显。S-4 失效前，随着下部拉索截面积的增加，上部桁架有如下变化：在相同初始预应力作用下，拉索的应变量减小，上部桁架受拉索影响变形减小，反拱减弱，桁架跨中节点 A 沿 Z 轴负方向的位移以及滑动端节点 B 沿 X 轴负方向的位移减小；跨中下弦杆 XXG-7 所受压力减小，跨中上弦杆 SXG-6 所受拉力减小并逐渐由受拉状态变为受压状态，上部桁架主要由弦杆受力，腹杆内力很小，因此桁架受轴力为主，所受剪力很小。S-4 失效后，拉索截面积的改变对剩余结构响应无明显影响，这是因为 S-4 失效后结构下部拉索整体失效，不再对上部桁架的受力进行影响。

　　对 S-4 失效后的各模型剩余结构进行了静力分析，计算出各模型中节点 A 和节点 B 的动力放大系数，如表 2.1-9 所示。由表可知，随下部拉索截面积增加，结构动力放大系数有所减小，S-4 失效引起的动力效应逐渐降低，这是因为随着拉索截面积的增大，上部桁架在 S-4 失效前反拱减弱，结构变形减小，应变能降低，在 S-4 失效时，结构释放的应变能降低，引起的动力效应也随之降低，但是动力效应变化较小。因此，通过改变拉索截面积以改善张弦结构在下部拉索突然失效情况下的结构响应的方法并不可取。

　　（3）拉索失效时间影响

　　张弦结构中下部拉索内力较大，积聚能量较高，当拉索突然断裂时，拉索中的应力瞬间释放，对结构造成冲击，而拉索失效的快慢会影响拉索内力释放的急剧程度，导致冲击作用发生改变，影响结构的连续倒塌。基于上述张弦结构模型，保持结构参数及荷载水平（$q=1.3\text{kN/m}^2$）等条件不变，改变 S-4 失效时间，分析对比其对模型在 S-4 突然失效情况下的结构响应的影响，t_p 的取值如表 2.1-10 所示。

各拉索截面积模型节点位移动力放大系数（$q=1.3\text{kN/m}^2$） 表 2.1-9

模 型		β_1	β_2	β_3	β_4	β_5
动力放大系数	A-Z	1.493	1.490	1.483	1.474	1.465
	B-X	1.455	1.454	1.448	1.438	1.432

拉索失效时间取值 表 2.1-10

模型	t_{p1}	t_{p2}	t_{p3}	t_{p4}	t_{p5}	t_{p6}	t_{p7}
失效时间 t_p（s）	0.001	0.005	0.01	0.05	0.1	0.5	1

对 7 种情况下结构的构件内力及结构位移进行了对比，图 2.1-13 给出了部分重要构件内力及节点位移的时程曲线。另外，对 S-4 失效后的各模型剩余结构进行了静力分析得出了节点 A 和节点 B 的动力放大系数，如表 2.1-11 所示。从计算结果可以看出，当 $t_p<0.1\text{s}$ 时，剩余结构节点位移及构件内力基本不再发生变化，结构动力放大系数基本稳定不变，t_p 的变化对 S-4 失效后剩余结构的动力响应无明显影响；而当 $t_p\geqslant0.1\text{s}$ 时，t_p 的变化对剩余结构的动力响应开始有明显影响，随着 t_p 的减小，桁架跨中节点 A 以及滑动端节点 B 位移增大，剩余结构变形增大，构件内力及峰值增大，上部桁架跨中区域部分构件（XXG-7 等）开始产生塑性应变，且结构动力放大系数增大，说明 S-4 失效引起的动力效应逐渐增大，对结构造成明显的不利影响。因此随着拉索失效时间 t_p 的减小，断索引起的动力效应呈增大的趋势，对剩余结构的节点位移和构件内力响应均造成显著影响，在张弦结构的倒塌分析中需引起重视。

各拉索失效时间模型节点位移动力放大系数（$q=1.3\text{kN/m}^2$） 表 2.1-11

模型		t_{p1}	t_{p2}	t_{p3}	t_{p4}	t_{p5}	t_{p6}	t_{p7}
动力放大系数	A-Z	1.485	1.485	1.485	1.483	1.485	1.280	1.087
	B-X	1.448	1.447	1.448	1.447	1.447	1.257	1.084

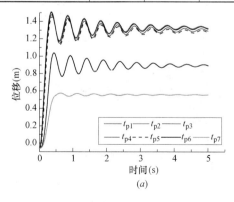
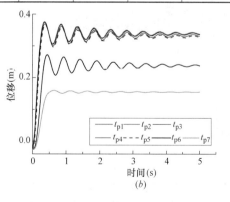

图 2.1-13 各拉索失效时间模型部分节点位移及构件轴力时程曲线（$q=1.3\text{kN/m}^2$）（一）
（a）A-Z；（b）B-X

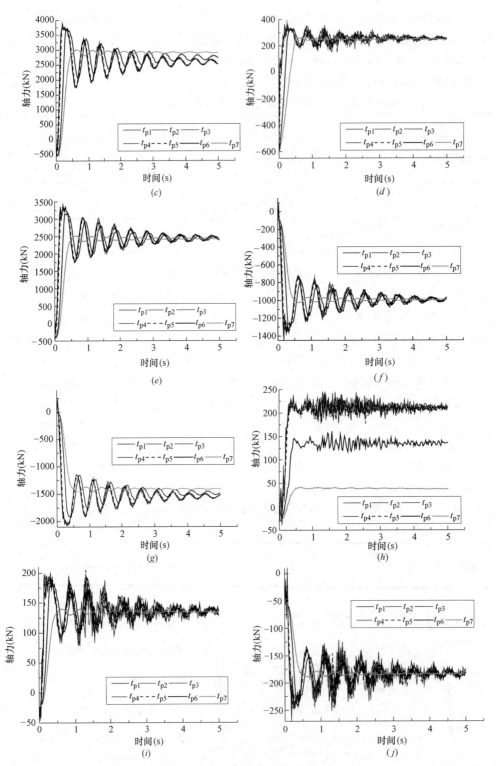

图 2.1-13　各拉索失效时间模型部分节点位移及构件轴力时程曲线（$q = 1.3\text{kN/m}^2$）（二）

（c）XXG-7 轴力；（d）XXG-12 轴力；（e）XXG-9 轴力；（f）SXG-9 轴力；（g）SXG-6 轴力；

（h）FG-6 轴力；（i）FG-8 轴力；（j）FG-10 轴力

（4）张弦结构连续倒塌分析结论

通过对张弦结构进行连续倒塌分析，得到以下结论：

① 张弦结构中下部拉索是关键构件，下部拉索的失效会造成中部撑杆的同时失效，改变上部桁架的受力机制，上部桁架的受力状态由近似于抗轴压的拱变为抗弯抗剪的简支梁。张弦结构在下部拉索破坏后会产生动力效应，剩余结构发生内力重分布，当竖向荷载不大时，结构经内力重分布后，在新的传力路径上达到稳定平衡状态，发生显著变形而不出现倒塌破坏。

② 张弦结构中上部桁架跨中区域构件在下部拉索发生破坏后内力变化最大，当竖向荷载较大时，桁架跨中下弦杆受拉最大出现塑性应变，桁架跨中上弦杆受压最大最先发生屈曲破坏，结构发生连续倒塌破坏。

③ 张弦结构支座刚度的改变会造成结构在对下部拉索发生破坏后的受力机制发生改变，影响剩余结构内力重分布过程：随着支座刚度的增加，剩余结构受力状态由简支梁逐渐变为拱，上部桁架端部构件受力明显增加，结构的抗连续倒塌能力显著提高并最终趋于稳定。

④ 下部拉索截面积的改变对张弦结构在下部拉索发生破坏后的结构响应无明显影响，随着下部拉索截面积的增大，下部拉索破坏产生的动力效应降低，但变化较小。

⑤ 下部拉索失效时间的改变会引起张弦结构在下部拉索发生破坏后的动力效应的改变，甚至会影响剩余结构中部分构件由弹性阶段向塑性阶段的转变，对结构响应造成不利影响，在张弦结构的倒塌分析中需引起重视。

2.2　预应力张弦结构连续倒塌动力试验

对平面张弦结构进行连续倒塌动力试验研究，模拟下部拉索突然失效工况，通过对结构模型中典型构件应变和节点位移的测量，考察剩余结构的动力响应，从而进一步探究张弦结构的连续倒塌破坏机理。

2.2.1　试验模型

（1）模型结构类型及尺寸

图 2.2-1 所示为平面张弦结构试验模型。上部桁架采用剖面呈倒三角形的空间管桁架，每一节间由四角锥基本单元构成。结构跨度为 6m，矢高为 0.4m，垂度为 0.4m。结构中部均匀布置 5 根撑杆，跨中撑杆高度为 0.65m。上部桁架弦杆及中部撑杆均采用圆钢管，桁架中腹杆采用圆钢筋，下部拉索采用钢丝绳。各构件截面如下：桁架上弦杆选用 $\phi20\times2$（管径 20mm，壁厚 2mm），桁架下弦杆选用 $\phi20\times2$，桁架腹杆选用 $\phi8$，中部撑杆选用 $\phi32\times2.5$，下部拉索选用 $\phi8$（直径 8mm）。试验时，选择中部撑杆与相邻撑杆之间的拉索作为破坏拉索，位置如图 2.2-1（b）所示。

（2）初始破坏触发装置

连续倒塌试验中，初始破坏的实现通常需借助特定的触发装置。鉴于倒塌试验成本

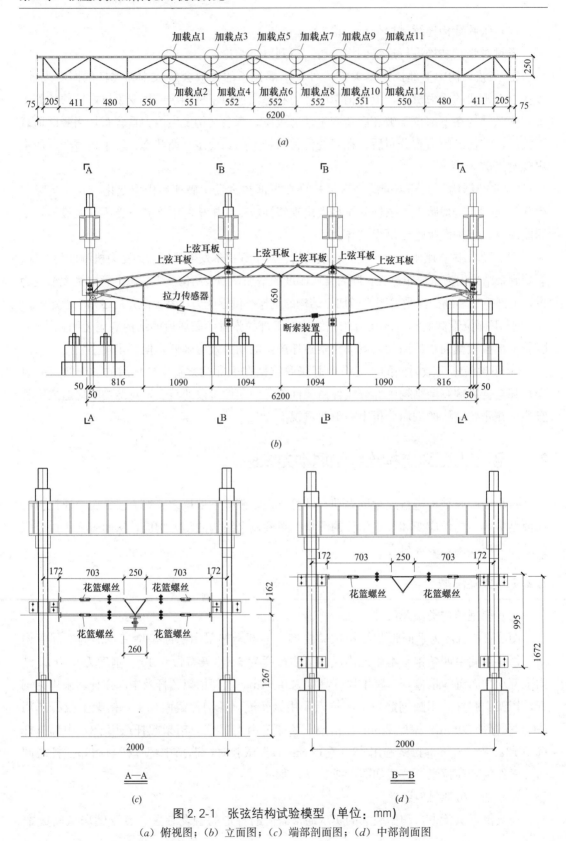

图 2.2-1　张弦结构试验模型（单位：mm）

（a）俯视图；（b）立面图；（c）端部剖面图；（d）中部剖面图

高、难以重复利用以及瞬时破坏的重要性等特点，触发装置应满足几点基本要求：破坏触发前对完整结构无干扰，破坏具有瞬时性，装置具有可移植性和广泛适用性，装置设计简单，安全可靠，可重复利用。

考虑利用电磁及杠杆原理，设计开发了一种能够有效模拟拉索失效的破坏触发装置。图 2.2-2 即为一套带有电磁铁的力臂式断索装置。该装置共包括一个带电磁铁的钢力臂和两个楔形钢头。两个楔形钢头的构造完全相同，钢头一端与拉索连接，另一端的楔形口保证两个楔形钢头能够完全"咬合"。钢力臂根部设置有预留孔可用于夹紧楔形钢头，一个力臂端部设有两个电磁铁，另一力臂设有两个为电磁铁提供吸附点的铁块。电磁铁通电时产生吸力，使得钢力臂闭合，夹紧两个已经"咬合"的楔形钢头，如图 2.2-2（c）所示；当电磁铁断电后吸力突然消失，钢力臂松开，楔形钢头无法继续"咬合"随即滑出，实现拉索的突然失效。

(a)   *(b)*   *(c)*

图 2.2-2　力臂式断索装置

（*a*）楔形钢头；（*b*）带电磁铁钢力臂；（*c*）断索装置"咬合状态"

正常受力状态下，楔形钢头之间的"咬合"状态及其与钢力臂间的接触如图 2.2-3 所示，单独一个楔形钢头的受力状态如图 2.2-4 所示。其中，F 为楔形钢头 A 所受拉索的拉

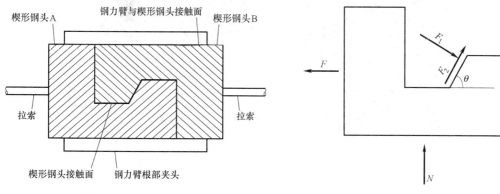

图 2.2-3　楔形钢头"咬合"状态示意图　　　　图 2.2-4　楔形钢头 A 受力示意图

力，F_1 为楔形钢头 B 对钢头 A 施加的垂直于"咬合面"的压力，F_2 为楔形钢头"咬合面"所受摩擦力，N 为钢力臂对楔形钢头施加的垂直于接触面的压力（忽略钢力臂与楔形钢头间的摩擦力）。假定楔形钢头"咬合面"的摩擦系数为 μ，为满足拉索失效前楔形钢头能正常"咬合"，且保证拉索失效时楔形钢头能顺利脱开，应满足如下关系：

当电磁铁通电时，楔形钢头处于正常"咬合"状态：

$$\mu N\cos\theta + N\sin\theta + \mu F\sin\theta \geqslant F\cos\theta \tag{2.2-1}$$

当电磁铁断电时，楔形钢头顺利脱开：

$$\mu F\sin\theta \leqslant F\cos\theta \tag{2.2-2}$$

由式（2.2-1）可以得出：

$$N \geqslant \frac{F(1-\mu\tan\theta)}{\mu+\tan\theta} \tag{2.2-3}$$

由式（2.2-2）可以得出：

$$\theta \leqslant \arctan\left(\frac{1}{\mu}\right) \tag{2.2-4}$$

由式（2.2-3）可以看出，当拉索拉力 F 增大，或 θ、"咬合面"摩擦系数 μ 减小时，钢力臂所需提供的对楔形钢头的压力 N 增大。由式（2.2-4）可以看出，当"咬合面"摩擦系数 μ 增大时，θ 需减小。综上可以看出，μ、θ 及 N 之间相互制约，对 μ、θ 的大小应合理控制。选取 $\theta=60°$，为偏安全考虑取 $\mu=0.1$，可得出 $N \geqslant 0.45F$。根据所设计力臂长度及电磁铁吸力所能提供的 $N \geqslant 13\mathrm{kN}$，确保能满足试验要求。

为验证该断索装置的可行性及可靠性，在倒塌试验前对该断索装置进行了测试，如图 2.2-5 所示。将断索装置与拉索连接，利用油压千斤顶对拉索进行张拉。在电磁铁通电情

(a)

(b)

图 2.2-5　断索装置测试

（a）测试装置；（b）测试中的断索装置

况下，楔形钢头能正常"咬合"；当电磁铁断电时，楔形钢头能顺利脱开，实现拉索瞬间失效。由此可见，该断索装置可以实现拉索的瞬间失效，并且远距离操作电磁铁电源开关即可激发装置，保证了试验的可靠性和安全性。

（3）水平侧向支撑

设置平面外支撑体系以防止平面张弦结构发生平面外失稳或倾覆，平面外支撑体系由刚架和连接构件组成。结构模型配置 4 个刚架，刚架位置参见图 2.2-1（b），以便对结构上部桁架支座位置以及约 1/3 跨度位置提供平面外约束。刚架立柱、半圆形零件和 T 型钢通过螺栓连接在一起，形成对张弦结构的平面外支撑，如图 2.2-6 所示。其中支座位置的 T 型钢由钢板焊接而成，约 1/3 跨度位置的 T 型钢为热轧窄翼缘 T 型钢 TN100×100，如图 2.2-7 所示。刚架立柱与半圆形零件之间填充橡胶，保证立柱与半圆形零件之间存在足够的摩擦力，防止零件发生滑动。连接构件采用花篮螺丝，花篮螺丝一端与张弦桁架平面外构件螺栓连接，另一端焊接端板及 ϕ10 的光圆钢筋，ϕ10 光圆钢筋与 T 型钢翼缘表面接触。花篮螺丝可以调节长度保证光圆钢筋能与 T 型钢翼缘表面接触，T 型钢翼缘表面涂抹黄油，以减小与光圆钢筋的摩擦力，保证平面外支撑体系不影响张弦结构的平面内位移或变形。

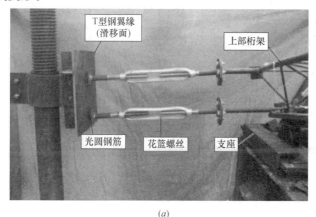

（a）　　　　　　　　　　　　　（b）

图 2.2-6　平面外支撑体系

（a）支座处平面外支撑；（b）约 1/3 跨度处平面外支撑

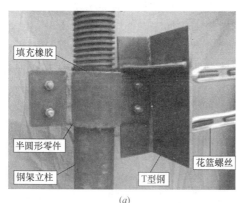
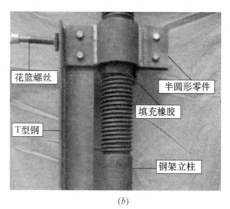

（a）　　　　　　　　　　　　　（b）

图 2.2-7　刚架立柱、半圆形零件和 T 型钢的共同连接

（a）支座处；（b）约 1/3 跨度处

45

（4）典型节点

试验模型上部桁架中各腹杆与上下弦杆均进行焊接。对中部撑杆与上部桁架、下部拉索的连接节点以及索端节点进行了设计，以满足强度要求，且具有受力明确、构造简单、易于加工等特点。

① 中部撑杆节点设计

中部撑杆与上部桁架、下部拉索的连接均为铰接，节点构造如图 2.2-8 所示。撑杆与桁架下弦杆通过销栓连接，可看作是理想的面内铰接节点，如图 2.2-8（b）所示。撑杆长度可进行调节，以确保达到所需撑杆长度。撑杆与下部拉索的连接构造如图 2.2-8（c）所示，下部拉索穿过两块拉索夹板，拉索夹板与撑杆下端通过销栓连接，可保证撑杆平面内的自由转动。当撑杆安装到位，位置固定合适时，拧紧连接两块拉索夹板的螺栓，夹紧下部拉索，防止下部拉索在试验过程中出现结构平面外错动。

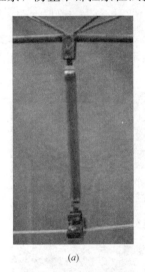

图 2.2-8　中部撑杆连接

（a）中部撑杆；（b）撑杆与桁架下弦的连接；（c）撑杆与拉索的连接

② 索端节点设计

如前文中图 2.2-1（b）所示，下部拉索被拉力传感器和断索装置分为三部分。为满足下部拉索与上部桁架端部铰接且拉索能实现张拉，采用如图 2.2-9 所示的索节点。通过灌胶的方式将拉索与特制的螺杆进行连接得到所需索端节点，利用此节点连接拉索与拉力传感器、断索装置及上部桁架端部。通过旋转螺杆可调节索端节点的长度，从而实现对拉索的张拉。通过测试，该索端节点能满足强度要求，且构造简单，连接方便，可重复利用，具有较强的适用性。

（5）加载装置

试验通过调节索端节点长度对拉索进行张拉，通过悬挂三个装有质量块的吊篮对张弦桁架结构施加荷载，如图 2.2-10 所示。吊篮通过钢丝绳以及索夹分别悬挂在桁架上弦杆的 12 个加载点上，参见图 2.2-1（a）。其中，加载点 1～4 悬挂吊篮 1，加载点 5～8 悬挂吊篮 2，加载点 9～12 悬挂吊篮 3。每个吊篮和质量块的重量分别为 105kg、20kg。本试验加载过程中借助了千斤顶：加载前，千斤顶顶住吊篮；加载时，先将质量块放入吊篮

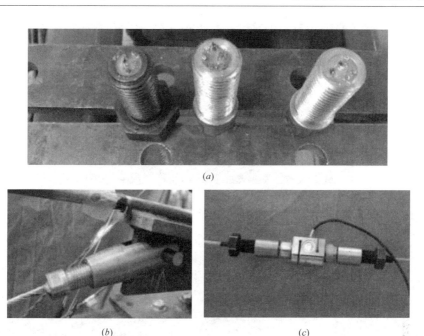

图 2.2-9　索端节点设计

（a）索端节点构造；（b）拉索与支座连接；（c）拉索与拉力传感器连接

中，然后远距离操作千斤顶卸载，使得吊篮及质量块荷载逐渐加到张弦桁架上。此方法通过远距离操作千斤顶，能有效降低试验加载过程的危险性，保证试验人员的人身安全。

图 2.2-10　结构加载示意图

（6）支座设计

为了模拟张弦结构一端铰接一端滑动的支座形式，设计了如图 2.2-11 所示的固定铰支座和滑动铰支座。其中滑动铰支座上下两块底板间设置辊轴实现水平滑动，试验时在辊轴和底板内侧都涂上机油以减小摩擦。在下底板的两侧焊上角钢以限制支座向上的位移，防止支座翘曲倾覆，从而实现该支座只发生水平轴向滑动。另外，在上底板和角钢内侧焊上了条形限位装置，以防止结构滑动支座端水平位移过大导致结构脱离下部固定支撑结构。

(a)

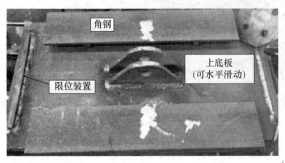 

(b)

图 2.2-11　支座构造
(a) 固定铰支座；(b) 滑动铰支座

2.2.2　材料性能试验

对结构模型中所用材料的力学性能进行测试，得到各构件材料的应力-应变关系，是整个试验模型结构的数值分析的基础。

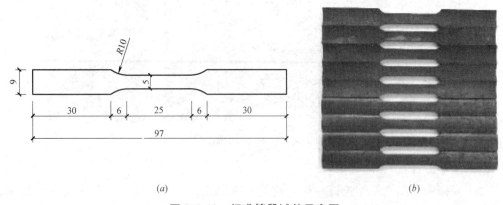

(a)　　　　　　　　　　　　　　　　　(b)

图 2.2-12　标准管段试件示意图
(a) 标准管段试件尺寸（单位：mm）；(b) 标准管段试件实物图

2.2.2.1　试验方案及试验装置

对包括 $\phi 20 \times 2$ 圆钢管和 $\phi 8$ 光圆钢筋在内的构件材料进行了材性试验。按照现行试验规范将圆钢管构件加工成标准管段试件（图 2.2-12），采用试验机对试件进行单向拉伸材性试验。试验通过位移控制加载速率来考察不同加载速率对钢材本构关系的影响，采用 1.5mm/min、15mm/min 和 30mm/min 三种加载速率对标准管段试件进行材性试验，采用 2.4mm/min、24mm/min 和 48mm/min 三种加载速率对光圆钢筋试件进行材性试验，如表 2.2-1 所示。位移及应变测量采用标距 50mm 的引伸计。试验装置如图 2.2-13 所示。

试件拉伸试验参数　　　　　　　　　　　　表 2.2-1

构件类型	试件编号	壁厚(mm)		直径(mm)		拉伸速度 (mm/min)
		名义	实际	名义	实际	
圆管 $\phi20\times2$	$\phi20\times2$-1	2	1.82	20	20.69	1.5
	$\phi20\times2$-2		1.82		20.72	1.5
	$\phi20\times2$-3		1.81		20.73	1.5
	$\phi20\times2$-4		1.82		20.69	15
	$\phi20\times2$-5		1.81		20.71	15
	$\phi20\times2$-6		1.83		20.67	15
	$\phi20\times2$-7		1.81		20.70	30
	$\phi20\times2$-8		1.82		20.72	30
	$\phi20\times2$-9		1.83		20.69	30
光圆钢筋 $\phi8$	$\phi8$-1			8	7.68	2.4
	$\phi8$-2				7.68	2.4
	$\phi8$-3				7.71	2.4
	$\phi8$-4				7.69	24
	$\phi8$-5				7.68	24
	$\phi8$-6				7.72	24
	$\phi8$-7				7.69	48
	$\phi8$-8				7.70	48
	$\phi8$-9				7.70	48

2.2.2.2　试验结果及分析

拉断后的试件如图 2.2-14 所示，表 2.2-2 给出了试件的主要力学性能。

上述材性试验中，当以 1.5mm/min、15mm/min 和 30mm/min 三种加载速率对标准管段试件进行拉伸时，材料应变率分别为 10^{-3}/s、10^{-2}/s、2×10^{-2}/s；当以 2.4mm/min、24mm/min 和 48mm/min 三种加载速率对光圆钢筋试件进行拉伸时，材料应变率分别为 10^{-3}/s、10^{-2}/s、2×10^{-2}/s。分析材性试验结果可知，就此材性试验的应变率变化范围而言，材料本构关系受应变率变化有一定影响但不明显。这可能是因为限于试验条件，应变率变化范围较小且数值偏低，未明显显现影响。

图 2.2-13　电子万能试验机 CMT5105

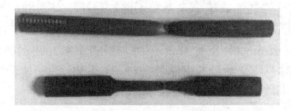

图 2.2-14　试件拉断后示意图

目前关于材料本构是否应当考虑应变率的影响颇具争议。一般认为，当应变率达到 1.0/s～10/s 时开始显现出影响；当其达到 $10^{-2}/s$～$10^{-3}/s$ 时，钢材屈服强度可提高 20%～35%，但失效应变没有明显的变化；当应变率达到 $10^{-3}/s$ 时，学者们一般认为材料进入高速应变率阶段，并认为此阶段需考虑惯性力和波的传播效应对材料本构的影响，这种高速应变率通常由爆炸或冲击作用产生。鉴于张弦结构发生连续倒塌时，结构会在很短的时间里由初始受力状态达到大变形、大应变的弹塑性受力状态甚至是倒塌破坏，材料的应变率较高，且目前常用的 Q235 和 Q345 钢是对应变率效应较敏感的材料，在进行结构连续倒塌数值模拟时应考虑应变率对钢材的影响。通过 Cowper-Symonds 方程 ［式（2.1-10）］考虑应变率对屈服应力的强化效应，式中应变率参数参照文献分别取为 $C=40/s$、$P=5$。

材料性能试验结果　　　　　　　　　　　　　　　　　　　　　　　表 2.2-2

构件类型	试件编号	弹性模量 E(GPa)	屈服应力 σ_0(MPa)	极限应力 σ_μ(MPa)	失效应变 ε_f(×10^{-2})	材料应变率 (s^{-1})
圆管 $\phi20\times2$	$\phi20\times2$-1	208.02	321.32	389.48	26.08	10^{-3}
	$\phi20\times2$-2	214.90	340.20	394.88	26.96	10^{-3}
	$\phi20\times2$-3	207.79	348.59	389.17	28.00	10^{-3}
	$\phi20\times2$-4	209.09	350.54	395.60	28.00	10^{-2}
	$\phi20\times2$-5	207.54	348.91	395.46	28.16	10^{-2}
	$\phi20\times2$-6	207.14	350.10	391.77	28.08	10^{-2}
	$\phi20\times2$-7	201.09	366.95	402.12	27.92	2×10^{-2}
	$\phi20\times2$-8	199.32	350.18	395.29	28.08	2×10^{-2}
	$\phi20\times2$-9	196.60	347.07	395.46	28.00	2×10^{-2}
光圆钢筋 $\phi8$	$\phi8$-1	189.84	420.15	583.64	35.33	10^{-3}
	$\phi8$-2	162.27	426.41	581.38	25.67	10^{-3}
	$\phi8$-3	201.52	423.30	590.89	27.00	10^{-3}
	$\phi8$-4	162.85	419.77	589.13	31.00	10^{-2}
	$\phi8$-5	162.50	415.99	588.72	29.67	10^{-2}
	$\phi8$-6	165.41	417.00	598.05	25.00	10^{-2}
	$\phi8$-7	142.78	0.06	592.72	27.67	2×10^{-2}
	$\phi8$-8	155.83	413.42	611.46	34.00	2×10^{-2}
	$\phi8$-9	149.39	418.15	608.63	31.33	2×10^{-2}

2.2.3 连续倒塌动力试验

对张弦结构进行下部拉索突然失效下的连续倒塌试验研究，其试验流程如图 2.2-15 所示。

对张弦结构下部拉索进行初张拉时，索力控制为 2kN，对结构进行逐级加载时，共分为 3 级，每级 3 个吊篮中所放质量块数量相等，表2.2-3 给出了试验中每个吊篮所加荷载情况。

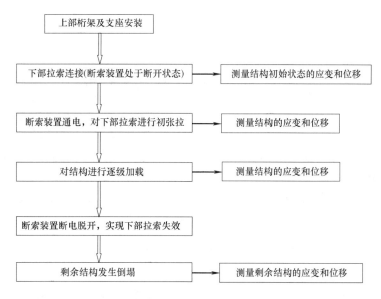

图 2.2-15　试验步骤流程图

单个吊篮逐级加载情况 表 2.2-3

荷载级数	新增质量块数量(个)	荷载总重(N)
1	2	1421
2	8	2989
3	6	4165

2.2.3.1　测试内容

试验测试内容主要包括张弦结构关键构件的应变和关键位置的变形，从而考察剩余结构的内力及变形响应情况。试验模型的应变和位移测点布置如图 2.2-16 所示。其中，B1 测点主要测量张弦结构滑动铰支座沿结构跨度方向的水平位移，B2～B4 测点主要测量上部桁架跨中相应位置的节点竖向位移。结构水平轴线方向为 X 轴，以固定铰支座指向滑动铰支座为 X 轴正方向；固定铰支座所在的竖直轴线为 Z 轴，取向上为 Z 轴正方向。

试验的应变测点主要布置于上部桁架部分重要构件的周围区域，所用应变片为单向应变片。对于上部桁架跨中弦杆的每个测点（A5～A9）布置三个应变片，分别位于圆管截面的 0°、90°及 180°三个位置，方向为构件轴线方向。对于上部桁架中滑动

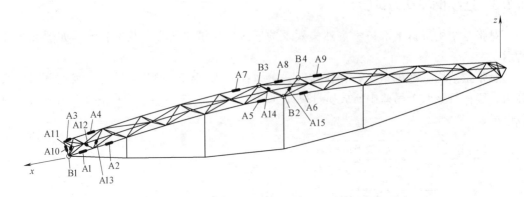

图 2.2-16　试验模型的应变和位移测点布置图

铰支座附近弦杆的每个测点（A1～A4）布置两个应变片，分别位于圆管截面的 0°、90°两个位置，方向为构件轴线方向。对于上部桁架中腹杆的每个测点（A10～A15）布置一个应变片，位于圆管截面的 90°位置，方向为构件轴线方向。各测点的应变片布置如图 2.2-17 所示。

　　试验过程中结构的动态应变采用泰斯特电子有限公司生产的 TST3826F-L 动静态应变测试分析系统（图 2.2-18）进行采集。试验前，将 TST3826F-L 的测量类型设置为"应力应变"，工程单位为"$\mu\varepsilon$"，采样设置频率为 20Hz。

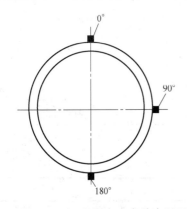

图 2.2-17　各测点应变片布置图

图 2.2-18　动静态应变测试分析系统 TST3826F-L

试验采用高速相机设备（图 2.2-19）对结构的动态位移进行采集：

　　（1）采用 IDS 公司的 UI-3370CP 相机测量 B1～B4 测点位移。该相机采用 USB3.0 接口，由于 USB3.0 接口的实际传输速率可达到约 400MB/s，所以该相机可将拍到的图像实时传输到主机上。该相机的采集速度最高为 80 帧/s，本试验中所采用图像采集速度为 70 帧/s。

　　（2）采用 FASTCAM 公司的 SA3type 120K-M3 相机测量 B2～B4 测点位移。该相机采用网线接口，采集速度最高为 2000 帧/s，本试验中所采用图像采集速度为 1000 帧/s。

　　利用此两套高速相机设备，可以观察结构倒塌破坏的整个过程，有助于对结构倒塌现象的分析。

(a)   (b)

(c)   (d)

图 2.2-19　动态位移采集设备

（a）高速相机（UI-3370CP）；（b）现场采集（UI-3370CP）；（c）高速相机（SA3type 120K-M3）；
（d）现场采集（SA3type 120K-M3）

2.2.3.2　试验现象

断索装置通电后，对结构中下部拉索进行初张拉，然后对完整结构逐级施加荷载（参见表 2.2-3），整体结构的竖向位移逐渐增大，加载完成后的完整结构模型如图 2.2-20所示。

图 2.2-20　加载完成后的完整结构

图 2.2-21　张弦结构倒塌后的破坏现象 （一）

（a）总体视图；（b）上部桁架固定铰支座处转动；（c）上部桁架滑动铰支座处变形；

（d）上部桁架滑动铰支座处变形

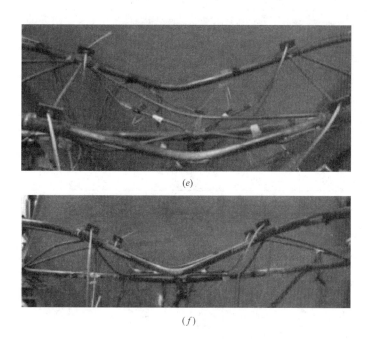

(e)

(f)

图 2.2-21 张弦结构倒塌后的破坏现象 （二）
(e) 上部桁架跨中变形；(f) 上部桁架跨中变形

结构加载完成后，断索装置断电，钢力臂突然松开，"咬合"的楔形钢头随即滑出，下部拉索失效，剩余结构竖向位移迅速增大，在很短的时间内吊篮撞到地面，结构整体发生倒塌破坏，如图 2.2-21 所示。上部桁架中固定铰支座处发生明显转动，滑动铰支座处下弦杆发生明显变形，如图 2.2-21 (b)～(d) 所示；上部桁架跨中上弦杆、腹杆发生屈曲破坏，上下弦杆均发生明显变形，上弦杆产生明显的"塑性铰"，如图 2.2-21 (e)～(f) 所示。

2.2.3.3 试验结果分析

采用 ANSYS/LS-DYNA 程序对此次试验中张弦结构进行连续倒塌数值模拟。首先，对加载过程中各级荷载下实际完整结构的应变及位移测量结果与静力数值模拟结果进行对比，结果如表 2.2-4 所示。由表中数据可以看出，完整结构中上部桁架腹杆内力很小，结构基本不受剪力。下部拉索被张拉使得撑杆产生向上分力，荷载较小时，上部桁架产生反拱，跨中上弦杆（A8）受拉，跨中下弦杆（A5、A6）受压；随着荷载增大，桁架反拱减弱，跨中上弦杆（A8）开始受压，跨中下弦杆（A5、A6）开始受拉。可见下部拉索失效前，完整结构中上部桁架受力为压弯状态，与数值模拟分析结果一致。此外，静力状态下实际完整结构的构件内力及结构位移测量结果与数值模拟结果接近，且加载完成后实际结构中下部拉索的内力为 9.9kN，而数值模拟的结果为 12.76kN，说明数值模拟能够较准确模拟出结构静力状态下的受力性能。但相较于数值模拟数据，试验测量数据中对称位置构件轴力差别较大，这是因为下部拉索中断索装置及拉力传感器的存在造成结构的不对称，从而对结构受力性能产生影响。

各级荷载下部分测点应变及位移对比　　　　表 2.2-4

荷载级数	应变测点	轴力（kN）		位移测点	位移（mm）	
		试验结果	数值模拟		试验测量	数值模拟
1	A1-90°	−6.08	−8.94	B1 （X 向）	0.260	0.148
	A5-90°	−4.37	−5.86			
	A6-90°	−5.94	−9.55			
	A8-90°	4.52	7.11	B2 （Z 向）	−6.025	−7.543
	A14-90°	−0.29	0.97			
	A15-90°	0.08	0.74			
2	A1-90°	−7.50	−10.42	B1 （X 向）	8.414	7.324
	A5-90°	9.78	7.24			
	A6-90°	10.29	7.18			
	A8-90°	−9.16	−5.33	B2 （Z 向）	−29.963	−33.133
	A14-90°	−0.12	1.13			
	A15-90°	0.25	0.98			
3	A1-90°	−8.40	−11.20	B1 （X 向）	15.076	12.965
	A5-90°	22.25	21.81			
	A6-90°	25.25	21.16			
	A8-90°	−20.90	−16.56	B2 （Z 向）	−51.001	−55.579
	A14-90°	−0.47	1.29			
	A15-90°	−0.14	1.05			

　　通过观察结构倒塌过程中拍摄照片，以触发断索装置的时间为 $t＝0$s。在 $t＝0.286$s 后的照片如图 2.2-22 所示，滑动铰支座耳板撞到支座上底板，限制了桁架端部的转动，与支座焊接的下弦杆在连接处开始发生弯曲，剩余结构动力响应发生改变，与数值模拟不符。为更好地对比分析试验和数值模拟结果，将试验过程中结构从断索装置的触发开始到整体发生破坏的倒塌全过程划分为三个阶段，如表 2.2-5 所示，其中阶段 1 是主要分析阶段。

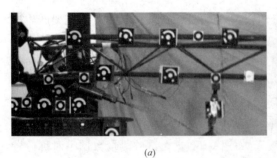 

(a)　　　　　　　　　　　　　　　　　　　　(b)

图 2.2-22　滑动铰支座耳板碰到支座上底板前后示意图

（a）耳板碰到支座上底板前；（b）耳板碰到支座上底板后

结构倒塌过程阶段划分　　　　　　　　　　　　　表 2.2-5

阶段	时间(s)	剩余结构响应状态描述
1	0~0.286	触发断索装置,下部拉索失效,剩余结构竖向位移迅速增大
2	0.286~0.486	滑动铰支座耳板碰到支座上底板停止转动,下弦杆在与支座连接处发生弯曲,剩余结构受力状态发生改变
3	0.486~1	吊篮触地,剩余结构余振至停止,结构倒塌过程结束

$t=0s$ 时,断索装置断电,钢力臂突然松开,下部拉索的内力瞬间释放,"咬合"的楔形钢头迅速崩开,拉索失效并带动撑杆转动,如图 2.2-23 所示。

拉索失效后,上部桁架单独承受荷载及自重作用,结构迅速发生变形。拉索失效后不再对滑动铰支座的位移起限制作用,支座开始沿 X 轴正方向发生水平位移,位移不断增大,当 $t=0.243s$ 时,因桁架跨中变形开始拖动滑动铰支座沿 X 轴负方向水平移动。桁架跨中在结构倒塌过程中竖向位移发展最快,不断增大,结构变形最为明显。图 2.2-24 给出了试验所测滑动铰支座(测点 B1)水平位移和桁架跨中下弦节点(测点 B2)竖向位移的时程曲线。因桁架跨中变形较大,用以测量测点 B2 位移的靶点角度变化较大,未能测出 $t>0.46s$ 后 B2 点的位移,但基本测出了除第 3 阶段结构余振外的倒塌过程中 B2 点的位移数据。

图 2.2-23　楔形钢头断开下部拉索失效瞬间

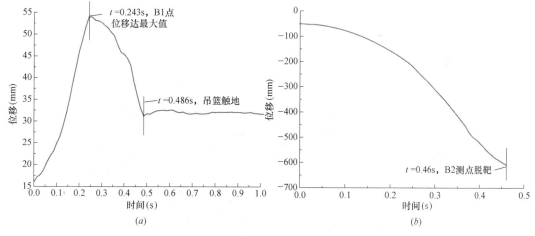

图 2.2-24　测点 B1、B2 位移时程曲线

(a) 测点 B1 水平位移;(b) 测点 B2 竖向位移

拉索失效后,上部桁架构件的应变也开始发生明显变化,根据各测点应变数据通过换算给出了上部桁架在倒塌过程中各测点处构件轴力时程曲线,如图 2.2-25 所示。由图可知,跨中区域弦杆(A5、A6、A8)及滑动铰支座处下弦杆(A1)内力变化较快。拉索失效后,上部桁架中腹杆(A14、A15)内力显著增大,桁架受剪明显增强,结构由断索前的压弯状态变为抗弯抗剪的状态,滑动端下弦杆(A1)由压杆变成拉杆;跨中下弦杆

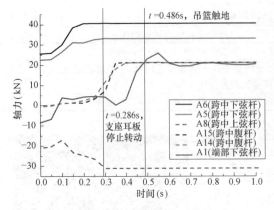

图 2.2-25 各测点构件轴力时程曲线

（A5、A6）所受拉力最大且变化迅速，构件很快达到屈服应力，出现塑性变形。跨中上弦杆（A8）所受压力明显增大，构件变形迅速并逐渐发生屈曲破坏；跨中腹杆（A14、A15）由跨中弦杆的带动进入拉弯状态，拉力迅速增大，随着跨中上弦杆的屈曲变形，跨中腹杆（A14、A15）也发生破坏。倒塌过程中，桁架跨中区域位移最大，塑性变形也主要集中于跨中区域，当跨中上弦杆（A8）发生屈曲破坏时，桁架迅速发生倒塌，图 2.2-26 给出了在第 1 阶段拍到的桁

架跨中变形情况及数值模拟的结构变形情况，通过对比可发现两者是吻合的。

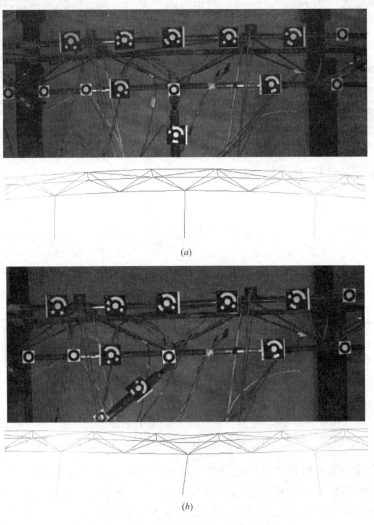

(a)

(b)

图 2.2-26 张弦桁架倒塌过程中结构变形（一）

（a）桁架初始状态；（b）桁架初步变形

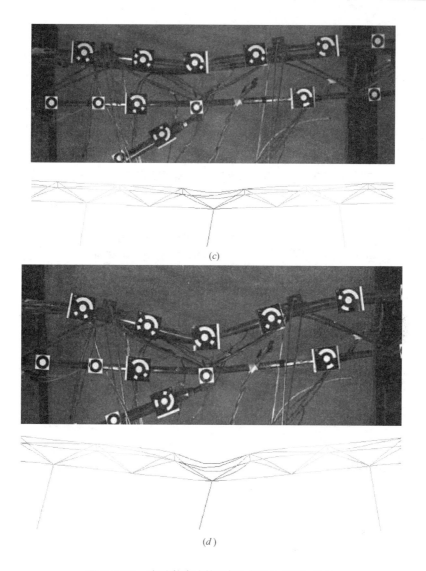

图 2.2-26 张弦桁架倒塌过程中结构变形（二）

（c）桁架跨中上弦杆发生屈曲；（d）桁架跨中腹杆发生屈曲

由上述构件内力的变化情况可以看出，拉索失效后，上部桁架受力状态由介于拱和简支梁之间的压弯状态突然变为受弯受剪的简支梁状态，此试验分析结果与前一节中对大跨度张弦桁架结构进行数值模拟所得出的结构倒塌机理是相同的，从而也验证了前述理论分析的正确性。

鉴于阶段 2、3 中存在滑动铰支座耳板碰到支座上底板停止转动的情况，将实际结构倒塌破坏过程中阶段 1 部分测点的测量结果与数值模拟的结果进行对比，如图 2.2-27 和图 2.2-28 所示。通过对比可以看出，采用 ANSYS/LS-DYNA 程序对张弦结构模型进行连续倒塌数值模拟，能够正确模拟出结构在下部拉索失效后剩余结构的内力及位移的动力响应趋势，反映出的结构内力重分布规律及倒塌机理与试验模型一致。但试验测试数据与数值模拟数据存在一定程度的差别。一方面，试验中存在的很多不确定性因素，如连接构

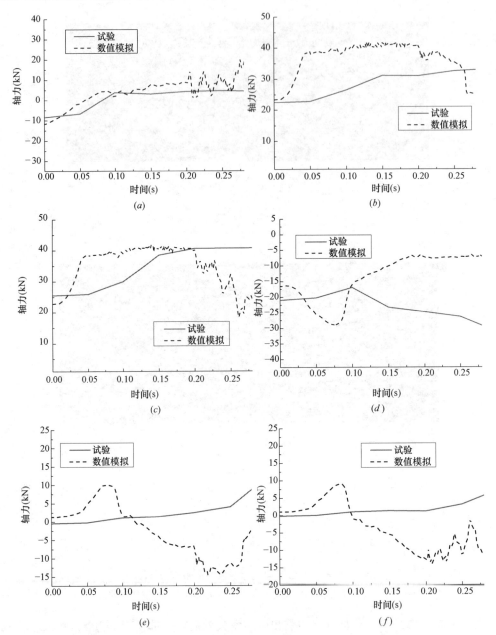

图 2.2-27　阶段 1 部分测点轴力时程曲线对比（$t = 0 \sim 0.286s$）

(a) 测点 A1-90°；(b) 测点 A5-90°；(c) 测点 A6-90°；(d) 测点 A8-90°；
(e) 测点 A14-90°；(f) 测点 A15-90°

件及断索装置的影响、滑动铰支座的摩擦、侧向支撑的摩擦、模型加工的缺陷以及测量结果的误差等，都会对试验结果产生明显影响；另一方面，对结构进行数值模拟时，材料本构等部分参数取值可能和实际结构存在偏差，也会对模拟结果产生影响。

对比结果来看，特别是图 2.2-28 所示测点位移，实际结构发生连续倒塌破坏的速度比数值模拟要慢，其主要原因很可能是滑动铰支座及侧向支撑等摩擦近似增大了试验模型的支座刚度，为验证此因素的影响，在数值模拟时对模型滑动端施加了沿跨度方向的水平弹性支承并对比了测点位移时程曲线。通过试算并对比滑动铰支座（测点 B1）水平位移，确定出支座刚度 $k=775\text{kN/m}$ 时，数值模拟所得测点 B1 位移时程曲线与试验数据较为接近。图 2.2-29 给出了 $k=775\text{kN/m}$ 时测点 B1 水平位移及测点 B2 竖向位移的时程曲线。由图可以看出，对模型滑动端施加水平弹性支承对结构倒塌影响很大，会明显减小结构倒塌速度。相较于无弹性支承的情况，支座刚度 $k=775\text{kN/m}$ 时结构滑动端水平位移及跨中竖向位移与试验数据明显更加吻合。综上所述，滑动铰支座及侧向支撑等摩擦近似引起的试验模型支座刚度增大是造成试验结果与数值模拟差异的主要原因。

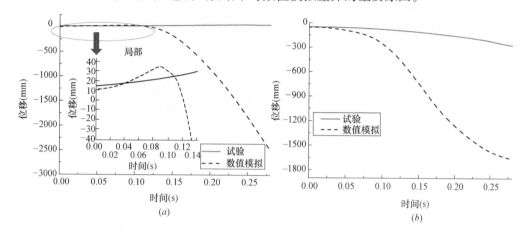

图 2.2-28 阶段 1 部分测点位移时程曲线对比（$t=0\sim0.286\text{s}$）
（a）测点 B1；（b）测点 B2

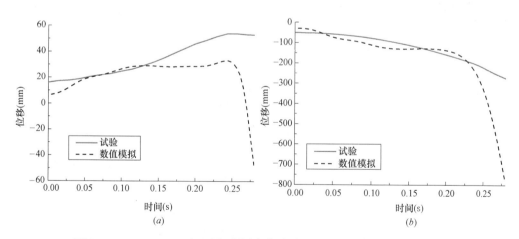

图 2.2-29 $k=775\text{kN/m}$ 时部分测点位移时程曲线对比（$t=0\sim0.286\text{s}$）
（a）测点 B1；（b）测点 B2

$t=0.286\text{s}$ 时，滑动铰支座处的支座耳板碰到支座上底板不再发生转动，下弦杆（A1）位移受到支座影响，受力变成压弯状态，在其与支座焊接连接处发生压弯变形，原有剩余结构的受力状态发生改变，结构倒塌过程进入阶段 2。在此阶段，桁架跨中继续下挠，上弦构件及腹杆屈曲破坏增加最后被压溃，下弦构件塑性变形增大，滑动铰支座沿 X 轴负方向水平位移不断增大，直至 $t=0.486\text{s}$ 时吊篮触地，结构彻底倒塌破坏。图 2.2-30

给出了该阶段滑动端结构变形情况。$t=0.486\sim1$s 为结构倒塌过程的第 3 个阶段，由图 2.2-25可以看出该阶段为结构的余振阶段，结构整体停止运动，但端部部分构件仍发生小幅振荡，最后至 $t=1$s 时，结构振荡停止，整个倒塌破坏过程结束。图 2.2-31 给出了倒塌破坏后的试验结构模型和数值模拟的倒塌后的结构模型，除滑动端下弦杆因支座耳板碰到支座底板的原因发生屈曲外，其他结构破坏形式是一致的。

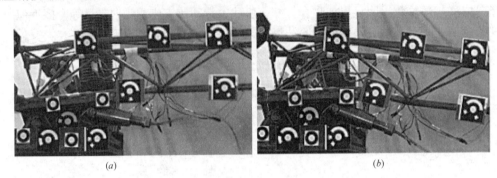

(a)　　　　　　　　　　　　　　　(b)

图 2.2-30　阶段 2 滑动端结构变形图

(a) $t=0.286$s 滑动端结构变形；(b) $t=0.486$s 滑动端结构变形

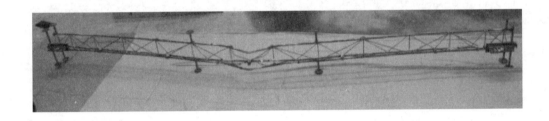

(a)

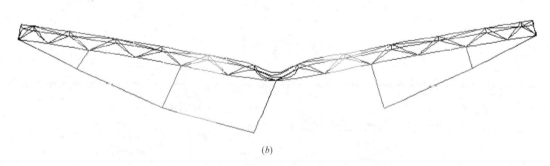

(b)

图 2.2-31　发生倒塌破坏后的结构模型

(a) 试验模型；(b) 数值模拟模型

通过对张弦结构平面体系缩尺模型进行连续倒塌动力试验研究，并对其进行数值模拟分析对比，可以看出：

（1）通过分析对比试验测量结果与数值模拟结果发现，基于 ANSYS/LS-DYNA 程序的连续倒塌数值模拟分析能够较好地模拟出张弦结构在初始局部破坏后剩余结构内力及位移的动力响应趋势，正确反映出结构内力重分布规律及倒塌机理；张弦结构下部拉索破坏后，上部桁架由压弯状态变为抗弯抗剪的简支梁状态，跨中区域杆件受力最大，跨中下弦杆受拉出现塑性应变，跨中上弦杆和腹杆发生屈曲破坏，结构发生倒塌。

（2）试验中存在诸多不确定性因素，如滑动铰支座及侧向支撑摩擦影响、连接构件及断索装置的影响，以及加工缺陷等，其中特别是摩擦的存在应是近似增大了试验模型的支座刚度，导致试验模型发生倒塌破坏的速度低于数值模拟。如果需要精确模拟出张弦结构发生连续倒塌破坏的具体响应，还需更精细考虑和模拟出这些试验因素。

（3）设计开发了一套适用于模拟拉索失效的装置，包括破坏触发装置及索端连接节点等，可为后续类似试验提供支持。其中破坏触发装置利用电磁作用，可以远距离操作实现拉索的瞬间失效，具有较好的可靠性和适用性，但该装置重量偏大，置于结构下部拉索中会对结构受力性能造成影响，有待进一步改进。

（4）通过试验及数值模拟分析，对张弦结构抗倒塌性能有了较为全面的了解。研究表明张弦结构下部拉索发生初始破坏后，剩余结构倒塌破坏的过程是非常短暂的，一旦实际结构发生连续倒塌破坏，将严重危害公众的生命财产安全，因此防止张弦结构发生倒塌破坏是很有必要的。

2.3 预应力张弦结构抗连续倒塌性能提升方法

进行抗连续倒塌的研究是为了更好的进行抗连续倒塌的设计，提高结构抗连续倒塌的能力。针对张弦结构下部拉索突然破坏的情况研究结构抗连续倒塌的措施，提出一种增设冗余索改进张弦结构抗倒塌性能的方法，并设计了 4 种冗余索方案。基于第 2.2 节中张弦结构模型，在 $q=1.3\text{kN/m}^2$ 和 $q=2.5\text{kN/m}^2$ 两种荷载作用下，通过移除下部拉索考察剩余结构的动力响应，对比分析了增设冗余索对张弦结构抗连续倒塌性能的影响。

2.3.1 改善结构抗连续倒塌性能的措施

1977 年，Leyendechker 和 Ellingwood 将结构抵抗连续倒塌的设计方法归为三类，即事件控制、概念设计和直接设计。文献从风险控制及概率论的角度出发，将结构的连续倒塌概率定义为：

$$P(\text{C})=P(\text{C/LD})P(\text{LD/H})P(\text{H}) \tag{2.3-1}$$

式中，$P(\text{C})$ 表示结构连续倒塌概率；$P(\text{C/LD})$ 表示结构在局部破坏情况下发生连续倒塌概率；$P(\text{LD/H})$ 表示意外事件情况下局部破坏发生概率；$P(\text{H})$ 表示意外事件发生概率。

现有降低结构发生连续倒塌概率的方法主要从这三个方面入手：降低结构在局部破坏情况下发生连续倒塌概率 $P(\text{C/LD})$；降低意外事件情况下局部破坏发生概率 $P(\text{LD/H})$；降低意外事件发生概率 $P(\text{H})$。

降低 $P(\text{C/LD})$ 大小的措施有：采用概念设计和直接计算，包括加强与抗震设计相结合、加强结构地基基础设计等。如 1975 年就有学者通过研究调查发现，位于高烈度地震区域的结构体系通常具备较高的抗连续倒塌能力。目前，结构抗震设计与抗连续倒塌设计的结合仅停留在初步理论阶段，这主要是因为两者所研究的倒塌机理并不完全一致。抗震设计中的倒塌机理是指结构的振动倒塌机理，即地震中建筑物作为一个整体在水平或垂直方向上发生振动，并有可能在自重作用下发生倒塌。抗连续倒塌设计中的倒塌机理是指结构的"跨越倒塌机理"，即由于一个或几个垂直方向上的支承柱、剪力墙失效而导致水平承重构件的跨度翻倍，无法承受新的荷载作用而失效，并有可能进一步导致整体结构的竖向倒塌。随着地下空间结构的迅速发展，结构基础发生意外失效的概率也在逐渐增大，文献通过 2 个案例说明了基础失效与结构连续倒塌之间的关系。

降低 $P(LD/H)$ 大小的措施有：局部构件的强度及延性的加强、局部关键节点的强度及延性的加强、局部结构或构件冗余度的加强。如混凝土结构中梁柱节点的箍筋加密，梁底钢筋通长配置等；张弦结构设计中，节点设计更是整体设计环节中最为重要的部分，如文献介绍了美国总务管理局（GSA）针对新型梁柱钢节点所做的爆炸作用下节点的性能研究试验。

降低 $P(H)$ 大小的措施有：在重要建筑周围设置隔离带，避免汽车爆炸事故的近距离发生；限制燃气在重要建筑物中的使用，避免燃气爆炸事故的发生；加强结构中区域隔断的设计。

以上这些抗连续倒塌的措施和设计方法部分适用于张弦结构。张弦结构通常属于大跨空间结构，相对于普通钢框架结构和混凝土结构，其抗连续倒塌的措施有其自身的特点。目前，有关张弦结构防连续倒塌设计方面的研究较少，主要采用下部拉索设置为双索提高冗余度的方法作为结构防连续倒塌的措施，此方法降低了 $P(LD/H)$，但未改变拉索断裂后剩余结构的受力机理，结构传力路径并未发生改变。

2.3.2　新型改进张弦结构抗倒塌性能的方法实例

基于考虑降低张弦桁架 $P(C/LD)$ 的设计思路，提出一种在张弦结构内部增设冗余索的方法，该方法提高了结构冗余度，当下部拉索失效后，冗余索的存在会改变传统张弦结构中的传力路径，冗余索与下部部分拉索及中部部分撑杆形成局部弦支结构体系，继续发挥作用，改善结构抗连续倒塌能力。

（1）增设冗余索方案

针对本章第 2.1 节 72m 跨张弦结构模型，对结构增设冗余索进行对比研究。如图 2.3-1 所示，设计了 4 种改进结构抗倒塌性能的冗余索方案，每个方案中包含 6 根冗余索，编号分别为 BS-N（N＝1～6），节点及构件编号与第 2.1 节保持一致。结构固定铰支座指向滑动铰支座的水平轴线方向为 X 轴正方向，以竖直向下方向为 Z 轴正方向，以 NODE-X/Z（NODE＝A、B、C）表示节点沿 X 轴/Z 轴方向位移。4 种方案中冗余索均采用相同面积的钢丝束，选用 $127\phi7$，即下部拉索面积的一半，材料本构与下部拉索一致。仍选用 S-4 为初始断索，在 $q=1.3\mathrm{kN/m^2}$ 和 $q=2.5\mathrm{kN/m^2}$ 两种均布荷载作用下，对比几种方案下剩余结构的抗连续倒塌性能，全面考察冗余索的作用。

（2）对张弦结构影响（$q=1.3\mathrm{kN/m^2}$）

为分析对比各冗余索方案和传统张弦桁架在下部拉索失效前后的力学行为，考察了各剩余结构动力响应情况。图 2.3-2 给出了拉索失效前、后各张弦结构变形图。由图可知，

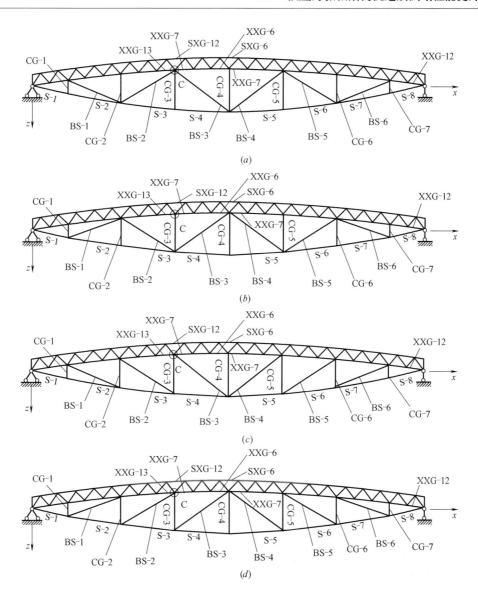

图 2.3-1 张弦结构冗余索方案

（a）方案1；（b）方案2；（c）方案3；（d）方案4

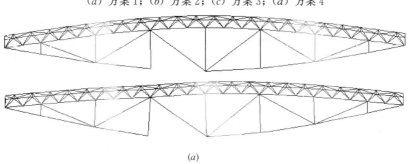

（a）

图 2.3-2 断索前、后各方案张弦结构变形图（$q = 1.3 \text{kN/m}^2$）（一）

（a）冗余索方案1

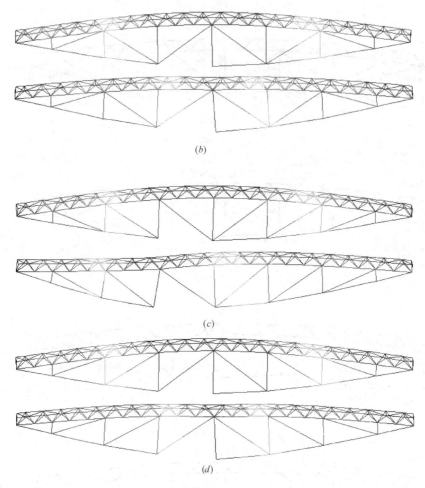

图 2.3-2　断索前、后各方案张弦结构变形图（$q = 1.3\text{kN}/\text{m}^2$）（二）
(b) 冗余索方案 2；(c) 冗余索方案 3；(d) 冗余索方案 4

方案 1 和方案 3 的结构变形情况相似，上部桁架与 CG-3 连接处结构变形较为明显，节点 C 竖向位移最大，对此处附近的构件内力需进行考察；方案 2 和方案 4 的结构变形情况相似，桁架跨中变形较为明显，跨中节点 A 竖向位移最大。

图 2.3-3 给出了各冗余索方案和传统张弦桁架在下部拉索失效后部分节点位移及构件轴力时程曲线。由图可知，S-4 失效前，各方案冗余索内力几乎为零，处于松弛状态，不参与结构受力。S-4 失效后，冗余索为结构提供了备用荷载传递路径，各方案均有部分冗余索发挥作用，冗余索与部分撑杆、下部拉索形成了局部弦支结构体系，继续对上部桁架起支撑作用。因此，冗余索对结构抗连续倒塌性能的影响须借助于下部拉索和中部撑杆等上部桁架的原有支撑构件。为考察冗余索方案对结构抗连续倒塌的影响，可分别对 S-4 失效后各方案上部桁架的动力响应以及新的支撑体系（由冗余索与部分撑杆、下部拉索组成）的受力情况进行考察，如表 2.3-1 和表 2.3-2 所示。由表可知，因冗余索布置形式不同，各方案形成的新的支撑体系不同，其中方案 1 和方案 3 形成的新支撑体系类似，方案 2 与方案 4 类似。不同的支撑体系会影响剩余结构的受力机制，图 2.3-4 给出了各增设冗余索方案结构及传统张弦结构在 S-4 失效后受力机制的变化示意图。

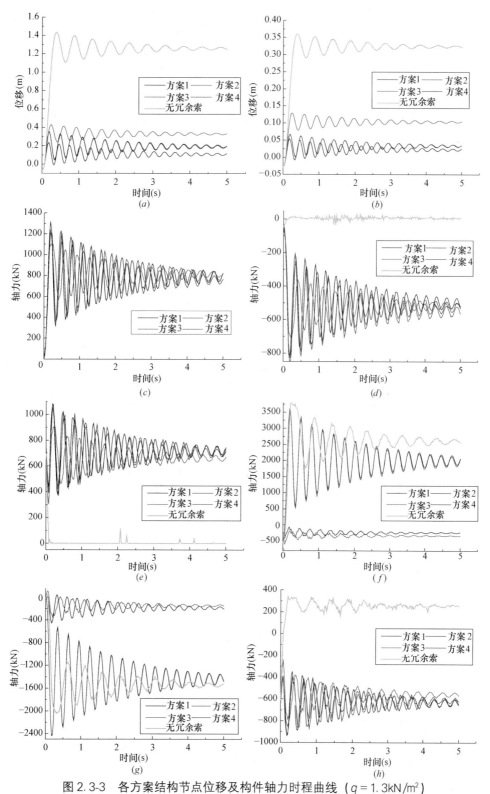

图 2.3-3 各方案结构节点位移及构件轴力时程曲线 ($q = 1.3\text{kN}/\text{m}^2$)

(a) A-Z；(b) B-X；(c) 冗余索最大索力；(d) 撑杆最大轴力；(e) 下部拉索最大索力；
(f) XXG-7 轴力；(g) SXG-6 轴力；(h) XXG-12 轴力

S-4 失效后各方案中上部桁架结构响应（$q=1.3\text{kN/m}^2$）　　　　表 2.3-1

上弦桁架结构响应		方案 1	方案 2	方案 3	方案 4	传统结构
A-Z	数值(mm)	108	194	333	201	1257
	优化(%)	91.4	84.6	73.5	84.0	—
B-X	数值(mm)	22	34	104	35	323
	优化(%)	93.1	89.3	67.8	89.2	—
节点最大竖向位移	节点号	C	A	C	A	A
	数值(mm)	144	194	438	201	1257
	优化(%)	88.5	84.6	65.2	84.0	—
杆件最大轴压力	杆件号	SXG-12	SXG-6	SXG-12	SXG-6	SXG-6
	数值(kN)	1308	1464	1418	1468	1532
	优化(%)	14.6	4.4	7.5	4.2	—
杆件最大轴拉力	杆件号	XXG-5	XXG-6	XXG-13	XXG-6	XXG-6
	数值(kN)	1786	2010	2452	2046	2593
	优化(%)	31.1	22.5	5.4	21.1	—

失效后各方案中上部桁架结构响应（$q=1.3\text{kN/m}^2$）　　　　表 2.3-2

构件类型		冗余索	撑杆	下部拉索
参与构件作用排序	方案 1	BS-3>BS-2>BS-5	CG-4>CG-2> CG-6>CG-5> CG-7>CG-1	S-8>S-7> S-1>S-2>S-6> S-5
	方案 2	BS-4=BS-3>BS-1=BS-6	CG-3=CG-5> CG-1=CG-7> CG-2=CG-6	S-1=S-8>S-2=S-7> S-3=S-6
	方案 3	BS-3	CG-4>CG-5> CG-6>CG-7	S-8>S-7> S-6>S-5
	方案 4	BS-4=BS-3>BS-2= BS-5>BS-1=BS-6	CG 3=CG 5> CG-2=CG-6> CG-1=CG-7	S-1=S-8>S-2= S-7>S-3=S-6
轴力(kN)	方案 1	781	495	714
	方案 2	810	557	709
	方案 3	818	519	666
	方案 4	770	532	727

S-4 失效后，各冗余索方案结构和传统张弦结构对比的具体情况以及相关结论如下：

① 冗余索方案 1

S-4 失效后，BS-2、BS-3 以及 CG-2、CG-4 轴力较大，发挥主要作用；BS-5 以及 CG-1、CG-5、CG-6、CG-7 中有较小轴力，起到次要作用。以节点 C 为分界线，冗余索与部

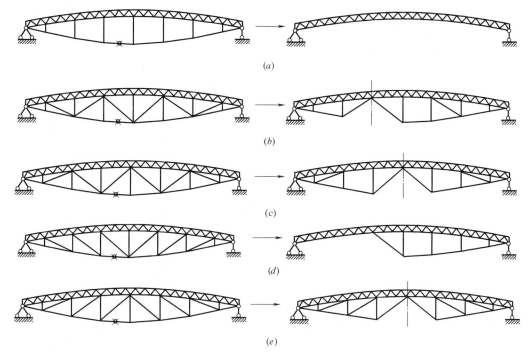

图 2.3-4 S-4 失效前后各方案结构受力机制变化

（a）传统张弦结构；（b）冗余索方案 1；（c）冗余索方案 2；（d）冗余索方案 3；（e）冗余索方案 4

分撑杆、下部拉索形成了左右两个弦支体系：左侧弦支体系由 BS-2、CG-2 及部分下部拉索组成；右侧弦支体系由 BS-3、CG-4 及部分下部拉索组成，其中又包含了由 BS-5、CG-1、CG-5、CG-6、CG-7 及部分下部拉索组成的小的弦支体系。两个弦支体系分别对上部桁架起支撑作用，形成了近似以节点 C 为分界线的两个小跨度的张弦结构。跨中节点 A 竖向位移为 108mm，较传统张弦结构的 1257mm 减小了 91.4%；滑动端节点 B 水平位移为 22mm，较传统张弦结构的 323mm 减小了 93.1%；节点 C 竖向位移最大，为 144mm，较传统张弦结构最大竖向位移减小了 88.5%。桁架跨中杆件轴力明显减小，节点 C 附近下弦杆所受拉力及上弦杆所受压力最大，分别为 1786kN 和 1308kN，较传统张弦桁架构件所受的最大拉力 2593kN 和最大压力 1532kN 分别减小了 31.3% 和 14.6%。

在 $q=1.3kN/m^2$ 荷载作用下，冗余索方案 1 改变了原张弦结构在 S-4 失效后内力重分布，较好地控制了结构的变形和构件内力，对改善结构抗倒塌性能有较明显作用。

② 冗余索方案 2

S-4 失效后，BS-3、BS-4 以及 CG-3、CG-5 轴力较大，发挥主要作用；BS-1、BS-6 以及 CG-1、CG-2、CG-6、CG-7 中轴力较小，起到次要作用。以桁架跨中节点 A 为分界线，冗余索与部分撑杆、下部拉索形成了左右两个对称的弦支体系：左侧弦支体系由 BS-3、CG-3 及部分下部拉索组成，其中又包含了由 BS-1、CG-1、CG-2 及部分下部拉索组成的小的弦支体系；右侧弦支体系由 BS-4、CG-5 及部分下部拉索组成，其中又包含了由 BS-6、CG-6、CG-7 及部分下部拉索组成的小的弦支体系。两个弦支体系分别对上部桁架起支撑作用，形成了近似以节点 A 为分界线的两个对称的小跨度的张弦结构。节点 A 竖向位移最大，为 194mm，较传统张弦结构的 1257mm 减小了 84.6%；节点 B 水平位移为

34mm，较传统张弦结构的 323mm 减小了 89.3%。桁架中轴力最大的杆件集中在跨中附近，桁架跨中下弦杆所受拉力及上弦杆所受压力最大，分别为 2010kN 和 1464kN，较传统张弦桁架构件所受最大拉力 2593kN 和最大压力 1532kN 分别减小了 22.5% 和 4.4%。

在 $q=1.3kN/m^2$ 荷载作用下，冗余索方案 2 较好地控制了剩余结构的变形，一定程度上减小了剩余结构中构件内力，对改善张弦结构抗倒塌性能有较明显作用。

③ 冗余索方案 3

该方案在 S-4 失效前后结构响应与方案 1 相似。S-4 失效后，冗余索中只有 BS-3 有较大轴力，发挥作用；CG-4 轴力较大，发挥主要作用，CG-5、CG-6、CG-7 中轴力较小，起到次要作用。以节点 C 为分界线，仅在右侧由 BS-3、CG-4 及部分下部拉索形成了弦支体系，其中又包含了由 BS-5、CG-5、CG-6、CG-7 及部分下部拉索组成的小的弦支体系。该弦支体系对节点 C 右侧上部桁架起支撑作用，形成了近似以节点 C 和节点 B 为端部的小跨度的张弦结构，节点 C 左侧冗余索未发挥作用，上部桁架单独承受竖向荷载。跨中节点 A 竖向位移为 333mm，较传统张弦结构的 1257mm 减小了 73.5%；滑动端节点 B 水平位移为 104mm，较传统张弦结构的 323mm 减小了 67.8%；节点 C 竖向位移最大，为 438mm，较传统张弦结构最大竖向位移减小了 65.2%。桁架跨中杆件轴力明显减小，节点 C 附近特别是左侧下弦杆所受拉力及上弦杆所受压力较大，分别为 2452kN 和 1418kN，较传统张弦结构构件所受最大拉力 2593kN 和最大压力 1532kN 分别减小了 5.4% 和 7.5%。

在 $q=1.3kN/m^2$ 荷载作用下，冗余索方案 3 一定程度上改善了结构的变形和构件内力，提高了结构的抗倒塌性能，但效果不如方案 1 和方案 2。

④ 冗余索方案 4

该方案在 S-4 失效前后结构响应与方案 2 相似。S-4 失效后，BS-3、BS-4 以及 CG-3、CG-5 轴力较大，发挥主要作用；BS-1、BS-2、BS-5、BS-6 以及 CG-1、CG-2、CG-6、CG-7 中轴力较小，起到次要作用。以桁架跨中节点 A 为分界线冗余索与部分撑杆、下部拉索形成了左右两个对称的弦支体系：左侧弦支体系由 BS-3、CG-3 及部分下部拉索组成，其中又包含了由 BS-1、BS-2、CG-1、CG-2 及部分下部拉索组成的小的弦支体系；右侧弦支体系由 BS-4、CG-5 及部分下部拉索组成，其中又包含了由 BS-5、BS-6、CG-6、CG-7 及部分下部拉索组成的小的弦支体系。两个弦支体系分别对上部桁架起支撑作用，形成了近似以节点 A 为分界线的两个对称的小跨度的张弦结构。节点 A 竖向位移最大，为 201mm，较传统张弦结构的 1257mm 减小了 84.0%；节点 B 水平位移为 35mm，较传统张弦结构的 323mm 减小了 89.2%。桁架中轴力最大的杆件集中在跨中附近，桁架跨中下弦杆所受拉力及上弦杆所受压力最大，分别为 2046kN 和 1468kN，较传统张弦结构构件所受最大拉力 2593kN 和最大压力 1532kN 分别减小了 21.1% 和 4.2%。

在 $q=1.3kN/m^2$ 荷载作用下，冗余索方案 4 对剩余结构变形和构件内力的控制效果与方案 2 基本一致，较好控制了剩余结构变形并一定程度上减小构件内力，对改善张弦结构抗倒塌性能有较明显作用。

（3）对张弦结构影响（$q=2.5kN/m^2$）

考察对比了在 $q=2.5kN/m^2$ 荷载作用下各冗余索方案和传统张弦结构在下部拉索失效后的结构动力响应，如图 2.3-5 和图 2.3-6 所示。由图可知，在 S-4 失效后，传统张弦结构发生了倒塌破坏，增设冗余索的 4 种方案中结构因为冗余索的存在均未发生倒塌，各方案结构动力响应及受力机制的变化与 $q=1.3\mathrm{kN/m^2}$ 一致，显著提高了结构的抗连续倒塌能力。

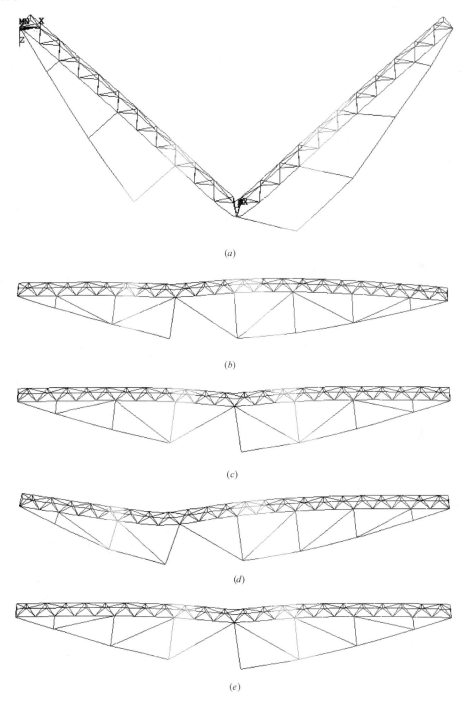

(a)

(b)

(c)

(d)

(e)

图 2.3-5 拉索失效后各张弦结构变形图（$q=2.5\mathrm{kN/m^2}$）

（a）传统张弦结构；（b）冗余索方案 1；（c）冗余索方案 2；（d）冗余索方案 3；（e）冗余索方案 4

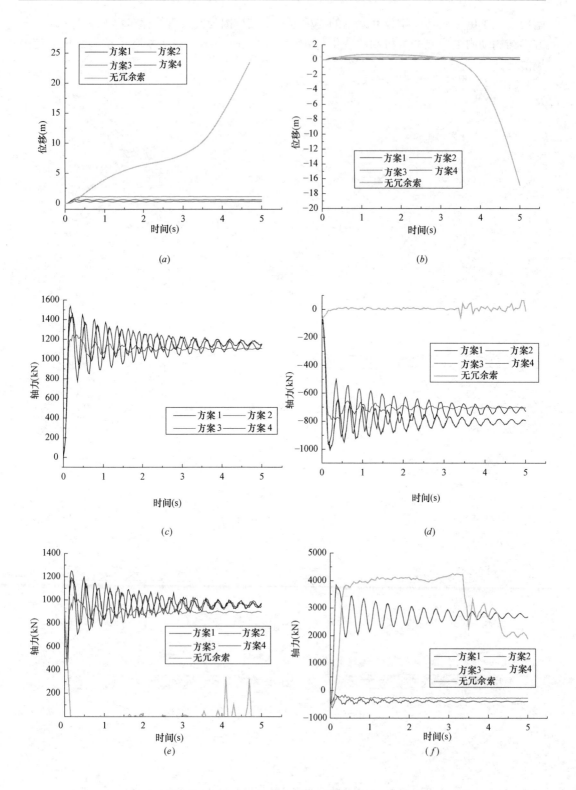

图 2.3-6　各方案结构节点位移及构件轴力时程曲线（$q = 2.5 \text{kN/m}^2$）（一）

（a）A-Z；（b）B-X；（c）冗余索最大索力；（d）撑杆最大轴力；（e）下部拉索最大索力；（f）XXG-7 轴力

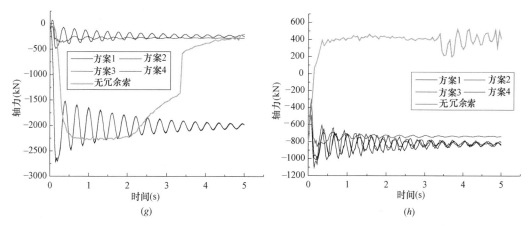

图 2.3-6 各方案结构节点位移及构件轴力时程曲线（$q=2.5\text{kN}/\text{m}^2$）（二）
（g）SXG-6 轴力；（h）XXG-12 轴力

对 S-4 失效后各方案上部桁架的动力响应进行考察，如表 2.3-3 所示，并对各方案进行对比，其具体情况及结论如下：

① 位移控制

方案 1 剩余结构中桁架跨中节点 A 竖向位移为 287mm，节点 C 竖向位移最大，为 375mm；方案 2 剩余结构中桁架跨中节点 A 竖向位移最大，为 551mm；方案 3 剩余结构中桁架跨中节点 A 竖向位移为 1108mm，节点 C 竖向位移最大，为 1441mm；方案 4 剩余结构中桁架跨中节点 A 竖向位移最大，为 554mm。

综上所述，方案 1 对结构变形控制最好，剩余结构竖向位移最小；方案 2 和方案 4 对结构变形的控制效果相当，次于方案 1；方案 3 中结构变形最大，效果不如另外三个方案。

② 构件内力控制

方案 1 剩余结构中节点 C 附近下弦杆所受拉力及上弦杆所受压力最大，分别为 2480kN 和 1864kN；方案 2 剩余结构中轴力最大的杆件集中在桁架跨中附近，桁架跨中下弦杆所受拉力及上弦杆所受压力最大，分别为 2736kN 和 2013kN；方案 3 剩余结构中节点 C 附近特别是左侧下弦杆所受拉力及上弦杆所受压力较大，分别为 3463kN 和 1938kN；方案 4 剩余结构中轴力最大的杆件集中在桁架跨中附近，桁架跨中下弦杆所受拉力及上弦杆所受压力最大，分别为 2739kN 和 2022kN。

综上所述，方案 1 对结构构件内力控制最好；方案 2 和方案 4 控制效果其次，两方案效果相当；方案 3 中构件内力较大，效果不如另外三个方案。

S-4 失效后各方案中上部桁架结构响应（$q=2.5\text{kN}/\text{m}^2$） 表 2.3-3

上部桁架结构响应	方案 1	方案 2	方案 3	方案 4
A-Z(mm)	287	551	1108	554
B-X(mm)	74	113	317	114
节点最大竖向位移(mm)	375	558	1441	560
杆件最大轴压力(kN)	1864	2013	1938	2022
杆件最大轴拉力(kN)	2480	2736	3463	2739

由上述分析可知，相比传统张弦结构，在下部拉索失效后，4 种冗余索方案结构中的冗余索均发挥了有效作用，与剩余结构中部分撑杆、下部拉索形成局部的弦支体系，继续对上部桁架起支撑作用，改变了剩余结构的传力路径，能够有效控制剩余结构的变形，改善结构中构件内力，显著提高了结构的抗连续倒塌能力。其中，方案 1 对结构变形及构件内力控制最好，剩余结构竖向位移及构件内力最小；方案 2 和方案 4 的控制效果相当，次于方案 1；方案 3 虽然也对结构变形及构件内力有明显改善效果，但效果不如另外三个方案。

与普通钢框架结构等相比，张弦结构抗连续倒塌设计有其自身特点，已有抗连续倒塌措施不全适用于该结构。基于降低 $P(\text{C/LD})$ 对提高张弦结构抗连续倒塌性能的措施进行了研究。

（1）提出了一种增设冗余索改进张弦结构抗倒塌性能的措施，针对具体结构提出了 4 种冗余索方案，通过数值模拟分析验证了四种方案的可行性，并对比选出了最佳方案，该方案能较好得控制结构位移和内力：$q=1.3\text{kN/m}^2$ 时，该方案较传统张弦结构上部桁架杆件最大轴压力减小 14.6%，杆件最大轴拉力减小 31.1%，最大节点位移减小 88.5%；$q=2.5\text{kN/m}^2$ 时，传统张弦结构发生倒塌破坏，而该方案未发生倒塌，较好地改善了结构抗倒塌性能。

（2）增设冗余索提高了张弦结构的冗余度，在下部拉索失效后，冗余索的存在为剩余结构提供了备用荷载传递路径，与部分下部拉索及中部撑杆形成了局部弦支结构体系，影响剩余结构内力重分布过程，改变了剩余结构受力机制，显著提高了张弦结构的抗连续倒塌能力。因此，增设冗余索是一种形式简单、有效的提高张弦结构抗连续倒塌能力的措施，且冗余索构造方便，易于实现，适合应用于实际工程中。

（3）对张弦结构增设冗余索，在下部拉索失效后，因不同冗余索布置方案为结构提供了不同的备用荷载传递路径，各方案剩余结构内力重分布过程及受力状态不同，张弦结构抗连续倒塌能力的改善效果不同。因此，对张弦结构增设冗余索应根据具体结构及要求等进行冗余索布置并对比分析选出最合理布置方案。

第3章 预应力张弦结构损伤识别及性能评价技术

本章全面地介绍了张弦结构损伤识别分析方法，给出了针对张弦结构的损伤组合识别方法；以两榀张弦结构缩尺模型为实例，验证损伤组合识别方法的有效性，结合张弦结构实际工程案例，对各指标在实际工程损伤诊断中的应用进行了阐述。

3.1 预应力张弦结构损伤识别基本理论

基于振动的损伤识别方法是一种整体检测方法，因其弥补了静态检测的不足而发展起来。结构发生损伤会引起结构的动力特性发生改变，目前获取结构动力特性改变量的技术手段已经相当成熟，这就为基于结构动态特性变化测量的损伤识别方法奠定了基础。基于振动的检测方法较静态检测更加简单、更加容易实施、更加贴近实际，并且可以得到更为全面、精确的损伤信息。

结构损伤识别方法一般按以下原则分类：按照模态参数不同，可分为基于频率、曲率模态、应变模态等的损伤识别方法；按照结构物理参数不同，可分为柔度矩阵和刚度矩阵的损伤识别方法；按照运用的结构振动响应不同，可分为时域损伤分析法、频域损伤分析法以及时频损伤分析法。结构的模态参数（振型、频率）或物理参数（刚度矩阵、柔度矩阵、阻尼矩阵）等均可以作为损伤指标，但是无论损伤识别方法如何分类，损伤指标的选取必须遵循以下三个基本原则：

(1) 能够反映结构的局部损伤；

(2) 损伤指标在损伤位置坐标处呈现单调性；

(3) 损伤指标变化量在损伤位置处呈现较大的峰值变化。

对结构进行损伤识别之前，应选择合适的损伤识别指标，即所选识别指标可以很好地识别损伤位置和损伤程度。研究表明，损伤识别指标对张弦结构各组成体系具有不同的识别效果。因此，本章对张弦结构各组成体系选用不同的损伤识别指标，即损伤组合识别方法：索撑体系选取正则化频率变化率指标，上部桁架结构选取曲率模态差与模态柔度差曲率两种指标。

3.1.1 基于固有频率的损伤识别理论

结构固有频率最早被应用于结构的损伤识别研究。1978 年，Cawley 和 Adams 最早开展了基于频率变化率的结构损伤识别方法研究，并在之后的研究中不断改进与完善。基于固有频率的损伤识别方法因具有以下优点而得到广泛的应用研究：① 相比于结构其他动力特性，固有频率易于测量且测量方法趋于成熟；② 固有频率具有很好的测量噪声鲁棒性，能够较为准确的测得；通常情况下，低阻尼结构的频率识别分辨率可以达到 0.1%。

虽然基于固有频率的损伤识别方法具有较高的识别精度，但是该损伤指标能否准确识别张弦结构的损伤，仍需针对不同的结构，探索研究合适的频率损伤识别方法。

根据结构动力学基本原理，结构损伤会引起原始结构动力响应特性发生变化，从而影响该结构的模态参数（如固有频率、模态振型、应变模态、阻尼等），即无损结构与损伤结构具有不同的结构动力响应特性。因此，结构损伤可通过结构固有特性的变化来诊断。即基于固有频率的损伤识别方法的基本原理是：通过结构损伤前后固有频率的变化进行结构损伤识别。

（1）频率变化比

假设刚度的变化和频率相互独立，记 $\Delta\omega_i^2$、$\Delta\omega_j^2$ 为同一工况下第 i 阶、第 j 阶振型所对应的特征值，则有：

$$RCF_{ij}=\frac{\Delta\omega_i}{\Delta\omega_j}=\frac{\Delta K g_i(0,r)}{\Delta K g_j(0,r)}=\frac{g_i(r)}{g_j(r)}=h(r) \tag{3.1-1}$$

由上式可以看出，两阶频率的变化比是仅与损伤位置有关的函数。

（2）频率平方变化比

$\Delta\omega_i^2$、$\Delta\omega_j^2$ 为同一工况下第 i 阶、第 j 阶振型所对应的特征值，则与此相对应的频率平方变化比可以表示为：

$$\frac{\Delta\omega_i^2}{\Delta\omega_j^2}=\frac{\dfrac{\{\phi_i\}^{\mathrm{T}}[\Delta K_n]\{\phi_i\}}{\{\phi_i\}^{\mathrm{T}}[M]\{\phi_i\}}}{\dfrac{\{\phi_j\}^{\mathrm{T}}[\Delta K_n]\{\phi_j\}}{\{\phi_j\}^{\mathrm{T}}[M]\{\phi_j\}}} \tag{3.1-2}$$

由上式可以看出：频率平方变化比仅与结构损伤位置有关，且满足损伤位置到频率平方变化比的映射关系，因此，结构的损伤位置可通过比较结构损伤前后的频率平方变化比得到。

（3）正则化频率变化率损伤识别指标

频率平方变化比虽然测量方便，计算方法简单，但也有其自身缺陷：难以实现多处不同程度损伤的损伤定位，并无法判断损伤程度，因此只适用于结构单处非对称位置的损伤识别。考虑上述局限性，对频率平方变化比进行改进，得到了正则化频率变化率的损伤识别方法。

上述推导得到了 $\Delta\omega_i^2$，由此可以计算出频率变化率 FCR_i：

$$FCR_i=\frac{\Delta\omega_i}{\omega_i}=\sqrt{\frac{\{\phi_i\}^{\mathrm{T}}[\Delta K_n]\{\phi_i\}}{\{\phi_i\}^{\mathrm{T}}[K]\{\phi_i\}}}=\sqrt{\frac{\alpha_n\{\phi_i\}^{\mathrm{T}}[K_n]\{\phi_i\}}{\{\phi_i\}^{\mathrm{T}}[K]\{\phi_i\}}} \tag{3.1-3}$$

从式（3.1-3）可以看出，频率变化率是损伤位置与损伤程度 α_n 的函数。因此，采用第 i、j 两阶振型特征值，可以得到频率变化率的比值 $FCR_{i,j}$：

$$FCR_{i,j}=\frac{\Delta\omega_i/\omega_i}{\Delta\omega_j/\omega_j}=\sqrt{\frac{\{\phi_i\}^{\mathrm{T}}[K_n]\{\phi_i\}}{\{\phi_i\}^{\mathrm{T}}[K]\{\phi_i\}}\Big/\frac{\{\phi_j\}^{\mathrm{T}}[K_n]\{\phi_j\}}{\{\phi_j\}^{\mathrm{T}}[K]\{\phi_j\}}} \tag{3.1-4}$$

因此，由式（3.1-4）可知频率变化率的比值仅与损伤位置有关，与损伤程度无关，且满足损伤位置到频率变化率比值的映射关系。在此基础之上，将式（3.1-3）简化表达成：

$$FCR_i = g_i(n)h_i(\alpha_n) \qquad (3.1\text{-}5)$$

式中，$g_i(n)$ 为损伤位置函数，$h_i(\alpha_n)$ 为损伤程度函数。

由此得到正则化频率变化率 $NFCR_i$：

$$NFCR_i = \frac{FCR_i}{\sum_{k=1}^{N} FCR_k} = \frac{h_i(\alpha_n)g_i(n)}{h_i(\alpha_n)\sum_{k=1}^{N} g_i(n)} = l_i(n) \qquad (3.1\text{-}6)$$

式中，N 表示用于损伤识别的频率阶数。由上述可知：正则化频率变化率 $NFCR_i$ 仅与损伤位置有关。

3.1.2 基于曲率模态的损伤识别理论

基于曲率模态的损伤识别方法属于受弯结构动态特征的特殊表现形式，其可以很好地反映结构局部几何尺寸、机械性能等结构局部特性的变化，对结构损伤更加敏感。曲率模态法识别损伤主要有以下优点：① 定位准确，可以直接研究某些关键节点；② 计算简便，可间接经各阶位移模态运算得到，且与位移模态相比，具有更高的结构局部敏感性。本章将基于该方法对张弦结构进行损伤识别分析。

根据模态理论，系统的模态是模态坐标系的基向量，是结构无阻尼振动变形能的固有动态平衡条件。各质点间的相容条件以及平衡条件可由固有动态平衡状态满足，各固有平衡状态间相互独立，互不依存，模态之间不耦合，这称为模态间的正交性。模态的叠加性指的是固有模态响应可由各模态的贡献值叠加得到。位移模态具有叠加性和正交性，曲率模态可由位移模态得到，因此也具有上述性质。

（1）曲率模态的理论依据

图 3.1-1 中，梁抗弯刚度为 $EI(x)$，$I(x)$ 代表梁的截面惯性矩，$A(x)$ 表示梁横截面面积，ρ 为梁材料密度，在梁上施加分布荷载 $p(x, t)$，产生的横向位移表示为 $y(x, t)$。

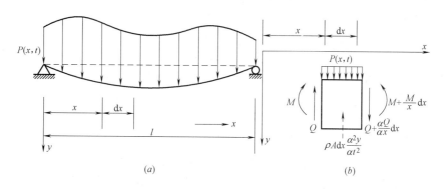

图 3.1-1 梁弯曲振动受力图

（a）单跨梁；（b）微元体受力分析

图 3.1-1（b）为微元体受力分析图，其中 $M(x, t)$ 代表弯矩（以梁下侧受拉为正），$Q(x, t)$ 代表剪力（以顺时针为正）。假设微元体上作用惯性力为 $\rho A\mathrm{d}x\partial^2 y/\partial t^2$，根据达朗贝尔原理建立振动平衡微分方程。

$$-Q+Q+\frac{\partial Q}{\partial x}dx-\rho A dx\frac{\partial^2 y}{\partial t^2}+p(x,t)dx=0 \tag{3.1-7}$$

经过整理后可得到：

$$\frac{\partial Q}{\partial x}-\rho A\frac{\partial^2 y}{\partial t^2}+p(x,t)=0 \tag{3.1-8}$$

由梁曲率的定义可得到：

$$\rho(x,t)=\frac{\partial\theta}{\partial x}=\frac{\partial^2 y}{\partial x^2}=\sum_{n=1}^{N}\phi''_n(x)q_n(t) \tag{3.1-9}$$

式中，$q_n(t)$ 表示广义振型坐标；$\phi''_n(x)$ 表示第 n 阶曲率模态振型。

假设梁中性面到某一点的距离为 $z(x)$，由材料力学可知：

$$\varepsilon_{z,x}=\frac{\partial u}{\partial x}\approx\frac{\partial^2 y}{\partial x^2}z(x)=\phi''_n(x)z(x)q(t) \tag{3.1-10}$$

式中，$\varepsilon_{z,x}$ 表示该点 x 方向的应变，u 表示该点 x 方向的变形位移，上式展示了曲率模态与应变之间的关系。

经过整理，得：

$$\int_0^l\phi_k(x)\frac{d^2}{dx^2}\left[EI(x)\frac{d^2\phi_n(x)}{dx^2}\right]dx=\phi_k(x)\frac{d}{dx}\left[EI\frac{d^2\phi_n(x)}{dx^2}\right]-\phi'_k(x)EI(x)\frac{d^2\phi_n(x)}{dx^2}$$

$$+\int_0^l\phi''_n(x)\phi''_k(x)EI(x)dx=\int_0^l\phi''_n(x)\phi''_k(x)EI(x)dx \tag{3.1-11}$$

$$\int_0^l\phi''_n(x)\phi''_k(x)EI(x)dx=\begin{cases}0 & n\neq k\\\omega_k^2 m_k & n=k\end{cases} \tag{3.1-12}$$

对于离散体系有 $EI(x)=[K]$，则上式转化为：

$$[\Phi'']^{\mathrm{T}}[K][\Phi'']=[\omega^2 m] \tag{3.1-13}$$

式中，K 表示离散体系的刚度；$\omega^2 m=\mathrm{diag}\left[\omega_1^2 m_1,\ \omega_2^2 m_2,\ \cdots,\ \omega_n^2 m_n\right]$ 表示体系的模态刚度矩阵。

（2）曲率模态在结构损伤识别中的应用原理

由材料力学可知：

$$\rho(x)=\frac{M}{EI(x)} \tag{3.1-14}$$

式中，M 表示梁截面弯矩；$EI(x)$ 表示梁的抗弯刚度；$\rho(x)$ 表示梁曲率。经整理，得：

$$\frac{M}{EI(x)}=\sum_{n=1}^{N}\phi''_n(x)q_n(t) \tag{3.1-15}$$

由上述公式可知，梁结构发生局部损伤必然会导致结构刚度 $EI(x)$ 的下降，从而引起结构损伤位置处梁曲率 $\rho(x)$ 变大。由式（3.1-15）可知：局部振型 $\phi''_n(x)$ 将会因结构刚度的减小而产生突变。不同结构刚度 $EI(x)$ 都有特定的曲率 $\phi''_n(x)$ 与之相对应，结构刚度的变化位置即为曲率的突变位置。因此，结构损伤位置可由曲率突变位置确定，结构的损伤程度可定性地由曲率突变幅度判断。

在实际工程中，非结构损伤也同样可导致结构刚度变化（比如，变截面梁不同截面处刚度不同；桥梁支座以及结构集中荷载作用等位置结构刚度可能发生变化），其会影响损伤识别的准确性，甚至产生误判的行为。基于此，学者提出运用曲率模态绝对差 $D\phi''$ 解决损伤识别误判的问题。

$$D\phi'' = |\phi''_o - \phi''_d| \tag{3.1-16}$$

式中，$D\phi''$ 表示曲率模态绝对差；ϕ''_o 表示无损结构的曲率模态；ϕ''_d 表示损伤结构的曲率模态。

由式（3.1-14）、式（3.1-15）可以得到结构未损伤时的曲率模态值的表达式：

$$\phi''_o = \rho_o(x) = \frac{M}{E_o I(x)} \tag{3.1-17}$$

在实际结构中，结构损伤对结构刚度影响较大，但对截面特性以及结构质量影响较小，因此损伤因子 $D(x)$ 定义如下：

$$D(x) = \frac{E_d(x)}{E_o(x)} \tag{3.1-18}$$

式中，$D(x)$ 表示损伤因子；$E_o(x)$ 表示无损结构的弹性模量；$E_d(x)$ 为损伤结构的弹性模量。

结构无损情况下 $D(x)=1$，如果结构发生损伤，那么可以得到 $D(x)<1$。

将式（3.1-18）代入式（3.1-17）可得到结构损伤后的曲率模态值的表达式：

$$\phi''_d = \rho_d(x) = \frac{M}{E_d I(x)} = \frac{M}{D(x)E_o I(x)} \tag{3.1-19}$$

根据式（3.1-16），将式（3.1-17）、式（3.1-19）代入曲率模态绝对差的表达式可以得到：

$$D\phi''(x) = |\phi''_o - \phi''_d| = \left|\frac{M}{E_o I(x)} - \frac{M}{D(x)E_o I(x)}\right| = \left|\frac{M}{E_o I(x)}\left(1 - \frac{1}{D(x)}\right)\right| = \left|\phi''_o\left(1 - \frac{1}{D(x)}\right)\right| \tag{3.1-20}$$

由上式可以看出：无损结构的 $D(x)=1$，即 $D\phi''(x)=0$；结构发生损伤时，损伤因子 $D(x)<1$，曲率模态绝对差 $D\phi''(x)>1$，即曲率模态绝对差在损伤位置产生突变，且突变值随着损伤程度的增加而增加，因此结构损伤程度可定性地由曲率模态绝对差判断。

由上述分析可知：损伤因子 $D(x)$ 与损伤位置一一对应，且曲率模态绝对差值 $D\phi''(x)$ 与损伤因子 $D(x)$ 一一对应，因此曲率模态绝对差值 $D\phi''(x)$ 也与损伤位置 x 有关，即曲率模态绝对差值可以识别结构损伤位置。

（3）曲率模态的获取方法

结构曲率模态无法通过直接测量得到，目前一般通过以下两种方法间接获得：

① 对于浅梁结构，当结构发生小变形时，曲率受平行中性面距离的测量误差影响较小。因此，可任选平行于梁中性面的平面测量应变，再通过上述公式计算曲率模态。但在实际工程中，需在各点布置充足的应变片才能获取详细的应变信息，操作麻烦且因受气温影响测量精度不能满足要求。

② 结构位移模态通过动态信号采集仪以及相应的模态分析软件获得，再根据差分原理得到曲率模态值：

$$\phi''_i = \frac{\phi_{i-1} - 2\phi_i + \phi_{i+1}}{l^2} \tag{3.1-21}$$

式中，ϕ''_i表示曲率模态；ϕ_i表示位移模态；i表示第i个测点；l表示相邻测点之间的距离。

该方法测量方法简便，符合工程实际，因此本章选取第二种方法获得曲率模态。

3.1.3 基于柔度矩阵的损伤识别理论

结构损伤不仅会引起结构动力特性（如频率、振型等）的改变，也会导致结构参数（刚度、柔度、质量等）发生变化。本章将阐述基于柔度矩阵的柔度差值法、柔度曲率差法等损伤识别方法的基本原理。首先阐述结构刚度、柔度与模态参数之间的各种关系，并由结构损伤前后的前几阶模态参数计算得到柔度矩阵，其具有结果较为准确、误差较小的优点。柔度矩阵比刚度矩阵有更好的适用性，可以将结构发生损伤前、后的柔度矩阵变化差值作为判断结构是否损伤的判别指标，以此展开基于柔度矩阵的柔度差值法、柔度曲率差法等的损伤识别方法研究。

一般实际应用与有限元分析中，得到的都是质量归一化后的模态振型参数，以此建立的柔度矩阵是振型的函数，且与频率呈反相关关系。因此与高阶频率相关的柔度矩阵值可以忽略不计，仅通过前几阶低阶模态振型即可得到满足精度要求的柔度矩阵，在此基础上构造基于柔度矩阵的损伤识别指标。这一特性也完全符合实际工程的情况，实际工程结构中通常无法获得完备的模态参数，主要体现如下：① 模态观测不完整，受到模态分析仪器的限制，许多高阶模态参数无法测得，或者测得的数据不满足精度要求；② 自由度观测不完整，由于传感器布置受到工程实际条件的限制，不能涵盖所有自由度，且布置间距较大，实际观测自由度将小于结构真实自由度，因此通过分析获得的位移模态自由度也小于结构真实自由度。

（1）结构柔度矩阵的基本原理

根据多自由度体系无阻尼自由振动，可将该体系的特征方程写为：

$$K\Phi = M\Phi\Lambda \tag{3.1-22}$$

式中，K为结构的整体刚度矩阵；$\Phi = [\Phi_1\Phi_2\cdots\cdots\Phi_n]$代表位移模态矩阵，$\Phi_i$表示第$i$阶位移模态向量；$\Lambda$表示频率矩阵，$\Lambda = \text{diag}(\omega_i^2)$，$\omega_i$表示第$i$阶固有频率。

由此可以得到结构柔度矩阵（模态参数表示形式）：

$$F = \Phi\Lambda^{-1}\Phi^{\text{T}} = \sum_{i=1}^{N}\frac{\Phi_i\Phi_i^{\text{T}}}{\omega_I^2} \tag{3.1-23}$$

（2）刚度、柔度与模态参数的关系

结构的刚度矩阵受高阶模态参数影响较大，因此需要测量高阶试验模态数据来得到满足精度要求的结构刚度矩阵。但目前的观测技术仅能获取结构的低阶模态，无法得到满足精度要求的结构刚度矩阵。与此相反，仅用低阶模态数据就可以得到误差较小的结构柔度矩阵。因此，利用柔度矩阵进行损伤识别就避免了刚度矩阵带来的一系列问题。

结构的柔度矩阵是结构非常重要的物理参数，本章通过比较损伤前、后结构的柔度矩阵的改变来确定损伤发生的位置。在相同的实验条件下，首先要获得损伤前、后的柔度矩阵的差值矩阵，再经过构造基于柔度矩阵的损伤识别指标来进行损伤定位以及损伤程度定性评估。

（3）模态柔度差曲率损伤识别指标

由式（3.1-23）可知，利用模态数据，损伤结构的柔度矩阵可以容易得到：

$$F = \Phi\Lambda^{-1}\Phi^{\mathrm{T}} = \sum_{i=1}^{N}\frac{\Phi_i\Phi_i^{\mathrm{T}}}{\omega_I^2} \tag{3.1-24}$$

式中，ω_i 是结构的第 i 阶固有频率，Φ_i 为相应的模态质量归一化振型（$\Phi^{\mathrm{T}}M\Phi = I$）。

柔度矩阵的列元素代表单位力作用在结构相应自由度上所产生的所有节点位移。结构损伤会降低结构局部刚度，进而引起柔度矩阵改变，且矩阵变化量随着损伤程度的增大而增大。假设 F^{d}、F^{u} 为无损结构以及损伤结构的柔度矩阵，则柔度矩阵变化量为：

$$\Delta F = F^{\mathrm{u}} - F^{\mathrm{d}} \tag{3.1-25}$$

在此仅选用结构竖向振动的振型分量构成柔度矩阵，再由矩阵每列元素的最大值构成一组 N 维向量 δF：

$$\delta F = \{\delta F_j\} = \{\mathrm{MAX}|\Delta F_{ij}|\} \qquad (i,j=1,2,3,\cdots,n) \tag{3.1-26}$$

损伤位置附近结构的柔度变化量最大，而 δF_j 代表了测量位置处柔度的最大改变量，因此能够实现结构损伤识别。

该方法虽然简单、易理解，但在实际应用中损伤识别效果较为一般。鉴于此，需对基于柔度矩阵的损伤识别方法进行改进。改进是在模态柔度矩阵的基础上构造的，在得到损伤前后模态柔度矩阵之后先求得模态柔度差矩阵，该矩阵最早由 Pandey 和 Biswas 提出，将模态柔度差矩阵对角线元素组成损伤识别数列，再运用差分法求得其曲率绝对值作为损伤识别指标，即模态柔度差曲率来指示其损伤位置，该指标具体定义如下：

$$\Delta = F_{\mathrm{u}} - F_{\mathrm{d}} \tag{3.1-27}$$

$$\delta_j = |\delta_{ij}|\ (j=1,2,\cdots,n;\ i=j) \tag{3.1-28}$$

$$MFDC_j = \left|\frac{\delta_{j+1} - 2\delta_j + \delta_{j-1}}{2\Delta l^2}\right| \tag{3.1-29}$$

式中，Δ 为模态柔度差矩阵，δ_j 为模态曲率差矩阵对角线元素，Δl 为两个计算点之间的距离。

$MFDC_j$ 指标中的元素与结构节点一一对应，将 $MFDC_j$ 指标绘制成曲线，曲线峰值处认为是结构发生损伤的位置，从而达到损伤定位的效果。

3.1.4 张弦结构损伤组合识别应用实例

结合某火车站张弦结构模型，通过缩尺简化得到简化的张弦结构有限元分析模型，该模型由上部刚性桁架、中间刚性支撑以及下部柔性拉索组成的索撑体系构成（图 3.1-2 为单榀张弦桁架简化模型尺寸）。模型的跨度为 6m，上弦桁架结构采用倒三角立体桁架，每两个节点之间由四角锥基本单元构成，宽度为 0.25m，模型结构矢高为 0.4m，垂度为 0.4m。结构中部均匀布置 5 根撑杆，跨中撑杆高度为 0.65m，其余撑杆尺寸如图 3.1-2 所示，下弦为近似抛物线形的拉索。分析中，一端支座设置为铰支座，另一端设置为滑动支座，与张弦桁架屋盖所采用的支座约束形式相同。同时，为防止分析时模型形成机构，在模型上弦处设置了 6 个约束平面外自由度的支撑。

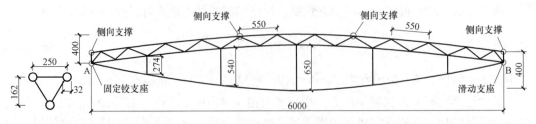

图 3.1-2　单榀张弦结构简化模型尺寸（mm）

采用 ANSYS 有限元建模，共设置 96 个关键节点，在节点 A 约束 X、Y、Z 三个方向位移，模拟固定铰支座，在节点 B 处约束 X、Z 两个方向位移，模拟滑动支座。分析模型为单榀结构，因此在支座以及上弦各处施加平面外约束。采用 BEAM4 单元模拟上、下弦杆、桁架腹杆，采用 LINK10 单元模拟下方的拉索，中间均匀布置 5 根撑杆，采用 LINK8 单元模拟。采用 MASS21 模拟上弦杆节点单元质量。上下弦杆节点位置处建有 8mm 焊缝单元，采用 BEAM4 模拟。结构中杆件均为圆钢管，尺寸见表 3.1-1。

结构主要构件截面规格　　　　　　　　　　　表 3.1-1

杆件名称	最大截面(mm)
上弦杆	$\phi32\times2.5$
下弦杆	$\phi32\times2.5$
腹杆	$\phi20\times2$
拉索	$\phi8$
竖向撑杆	$\phi32\times2.5$

在模态分析中，钢材不屈服，因此只考虑钢材弹性阶段本构模型，钢材的弹性模量 $E=2.06\times10^{11}\mathrm{Pa}$，密度 7900kg/m³。模型所受荷载是原结构在正常使用阶段的屋面荷载，模态分析时将其等效为节点质量，下方索力采用施加初应变方式施加至 2kN 的预应力。

3.1.4.1　杆件敏感性分析

张弦结构在前期加工制造、中期安装、后期使用阶段杆件会受各种环境因素影响，产生不同程度的损伤，因此对结构整体性能产生影响，那么哪些杆件会对结构整体动力特性影响较大，哪些杆件的影响不是很显著，以及一定损伤程度下影响结构整体性能的程度如何，本章将针对这些问题对结构进行损伤识别，即研究结构敏感性问题。

根据已有文献对张弦结构的研究，得出了结构静力性能对结构各部分杆件损伤灵敏度的分析，上弦桁架腹杆部分除跨中杆件对结构静力性能有一定影响之外，大部分杆件对结构的静力性能没影响，另外中部弦杆与支座处桁架杆件对结构静力性能影响较大。根据已有文献对张弦结构各设计参数以及节点定位误差对各阶频率的敏感性分析，可知上部桁架杆件单元的弹性模量 E 改变对结构整体第一阶频率影响较小，对其他各阶频率影响相对较大，下部拉索的弹性模量 E 以及索截面面积 A 对第一阶频率影响较大，对其他阶频率影响很小，且杆件壁厚对各阶频率影响较小。本节将对张弦结构各部分构件对结构固有频率的影响进行分析，为后期模型试验挑选结构损伤发生位置做铺垫。

（1）ANSYS 概率设计模块介绍

概率设计模块是基于有限元的概率设计，用来评估输入参数的不确定性对于输出结果的影响行为及其特性。在确定性的有限元分析中，有限元问题的所有参数都是确定不变的，因此计算结果也是确定不变的，而有限元概率设计技术是针对有限元分析过程的某些不确定性的输入参数对分析结果参数的影响方式以及影响程度。

蒙特卡罗模拟技术是概率分析中最常用的方法，它能清楚模拟实际问题的真实行为特征。蒙特卡罗方法属于试验数学的一个分支，利用随机数进行统计试验，以求得的统计特征值作为待解问题的数值解，是分析复杂问题最强有力的工具之一，且能够预测已知变量或者可描述的未知变量的一个系统的将来行为。运用该方法解决实际问题时主要有两个步骤：① 根据参数已有的概率分布产生一系列的随机变量；② 用统计方法估计模型的数字特征，得到实际问题的数值解。

（2）结构分析参数设置

本节主要研究张弦结构模型各单元刚度变化对结构整体固有频率产生的影响。为模拟杆件刚度变化即杆件损伤，将各杆件单元的弹性模量 E 以及拉索预应力设置为不确定值，取值均采用截断高斯分布，上限值 E 取 2.06×10^{11}Pa，预应力取 2kN，即为结构无损状态下取值。分析杆件设计参数对各阶频率的敏感性，结构各单元编号分布如图 3.1-3 所示，各输入参数的统计分布特性如表 3.1-2 所示，输入变量参数分布类型如图 3.1-4 所示。

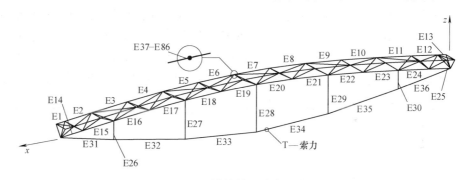

图 3.1-3　结构单元分布示意图

结构分析参数分布规律　　　　　　　　　　　　　　表 3.1-2

变量参数	参数编号	分布类型	均值	方差	上限	下限
弦杆弹性模量	E1～E25	截断高斯分布	2.06E+11Pa	1.03E+10Pa	2.06E+11Pa	0
撑杆弹性模量	E26～E30	截断高斯分布	2.06E+11Pa	1.03E+10Pa	2.06E+11Pa	0
拉索弹性模量	E31～E36	截断高斯分布	1.90E+11Pa	0.95E+10Pa	1.90E+11Pa	0
焊缝弹性模量	E37～E86	截断高斯分布	2.06E+11Pa	1.03E+10Pa	2.06E+11Pa	0
拉索预应力	T	截断高斯分布	2kN	0.1kN	2kN	0

（3）PDS 模块分析结果

基于所输入参数的分布规律，利用 ANSYS 有限元软件 PDS 模块蒙特卡罗模拟技术的 LHS 方法，在参数分布空间内进行了 30000 次随机抽样，并对参数每次抽样进行结构模型有限元模态分析计算，分析各输入参数对结构固有频率的灵敏度。经过计算确认抽样

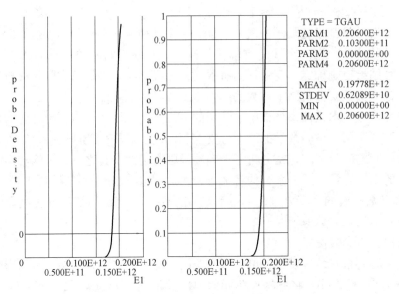

图 3.1-4 输入参数分布类型

30000 次计算以后前三阶频率样本均差与方差波动较小，即样本满足后续分析要求。

使用 PDCDF 命令，查看的设计变量、置信水平等可得到累积分布函数。累积分布函数是一个查看事件可靠性或者失效概率的初级查看工具。可靠性是指没有失效的概率，从数学角度讲可靠性和失效是同一事件的两种说法。累积分布函数在任一点的数值等于数据出现在该点之下的概率，此外，累积分布函数同样可以看到当改变设计的允许极限时可靠性或者失效概率的变化，图 3.1-5 表示了输出变量结构一阶频率（MODEFQ1）、二阶频

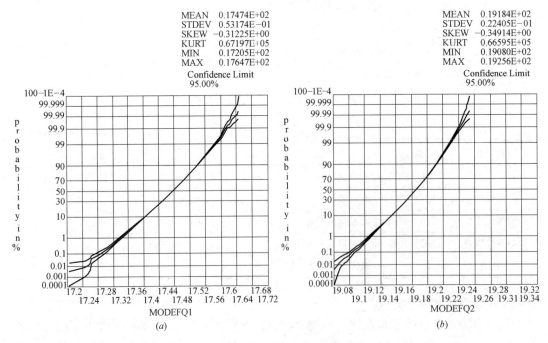

图 3.1-5 输出变量的累积分布函数（一）

(a) MODEFQ1；(b) MODEFQ2

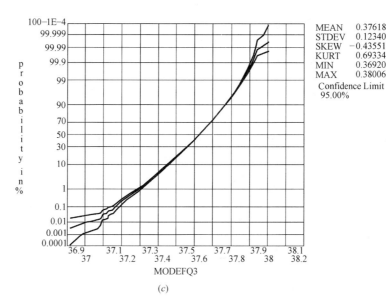

图 3.1-5 输出变量的累积分布函数 (二)

(*c*) MODEFQ3

率 （MODEFQ2）、三阶频率 （MODEFQ3）的累积分布函数 （其中置信水平均为 0.95）。

各输入参数之间设定为线性无关，即相互独立，得到各输入参数对结构前三阶固有频率的灵敏度，将张弦结构模型分为上弦杆、下弦杆、撑杆、拉索、焊缝以及预应力六部分进行分析，具体分析结果如下。

① 弦杆部分（表 3.1-3、图 3.1-6、图 3.1-7）

弦杆对固有频率的灵敏度　　　　　　　　　表 3.1-3

	Out\Inp	E1	E2	E3	E4	E5	E6	E7
上弦杆灵敏度	MODEFQ1	0.005	0.005	0.108	0.213	0.14	0.093	0.047
	MODEFQ2	0.007	0.013	0.001	0.001	0.003	0.014	0.048
	MODEFQ3	0.012	0.01	0.141	0.127	0.01	0.022	0.209
	Out\Inp	E8	E9	E10	E11	E12	E13	
	MODEFQ1	0.012	0.091	0.124	0.19	0.005	0.002	
	MODEFQ2	0.03	0.022	0.003	0.002	0.008	0.001	
	MODEFQ3	0.05	0.013	0.07	0.093	0.024	0.001	
	Out\Inp	E14	E15	E16	E17	E18	E19	
下弦杆灵敏度	MODEFQ1	0.04	0.016	0.148	0.28	0.223	0.046	
	MODEFQ2	0.051	0.108	0.172	0.279	0.364	0.439	
	MODEFQ3	0.01	0.186	0.433	0.157	0.021	0.375	
	Out\Inp	E20	E21	E22	E23	E24	E25	
	MODEFQ1	0.001	0.128	0.32	0.409	0.316	0.146	
	MODEFQ2	0.443	0.361	0.279	0.174	0.106	0.045	
	MODEFQ3	0.428	0.049	0.115	0.478	0.318	0.037	

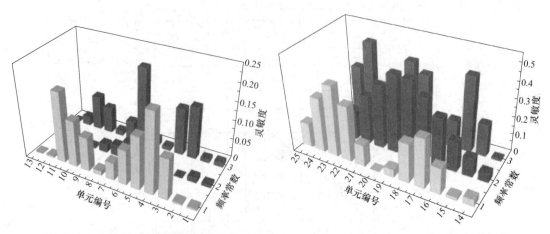

图 3.1-6　上弦杆与频率线性相关系数　　　图 3.1-7　下弦杆与频率线性相关系数

从图 3.1-6 可以得出以下结论：（a）上弦杆各单元对一阶频率影响最大的位置是 E4、E11，即上弦杆的三分之一处附近，对二阶频率影响最大的位置是 E6、E7、E8 位置，对三阶频率影响最大的位置是 E7 与 E4 位置；（b）上弦杆杆件单元弹性模量变化对二阶频率影响稍小，对一、三阶频率影响较大，总体来看，上弦杆对频率影响是偏小的；（c）从整体趋势来看，上弦杆对频率影响呈大致左右对称，以 E7 为分界。

从图 3.1-7 可以得出以下结论：（a）下弦杆各单元对一阶频率影响最大的位置是 E23、E24，即下弦杆的靠近支座杆件，对三阶频率影响较大的位置也在 E24 附近；（b）下弦杆杆件单元弹性模量变化对一、二、三阶频率影响较大，总体来看，相较于上弦杆对频率的影响，下弦杆对频率影响更为显著；（c）从整体趋势来看，下弦杆对频率影响呈大致左右对称，对称性较上弦杆更为明显。

② 撑杆部分（表 3.1-4、图 3.1-8）

撑杆对固有频率的灵敏度　　　　　　　　　　表 3.1-4

Out\Inp	E26	E27	E28	E29	E30
MODEFQ1	0.05	0.05	0.18	0.03	0.1
MODEFQ2	0.01	0.14	0.21	0.02	0.1
MODEFQ3	0.07	0.12	0.17	0.03	0.04

由图 3.1-8 可以得出以下结论：（a）对一、二、三阶频率影响最大的位置是 E28，即中间撑杆位置；（b）从整体上趋势来看，撑杆对频率影响并未呈左右对称分布。

③ 拉索截面（表 3.1-5、图 3.1-9）

下部拉索损伤分为拉索预应力损失与拉索截面损伤两种情况，图 3.1-9 为拉索截面对固有频率影响分析结果，因此得出：（a）拉索单元弹性模量改变对于一、二阶频率有较大影响，对三阶频率影响不大；（b）对一阶频率影响最大的位置是 E33，即拉索中间单元。

④ 拉索初始预应力（表 3.1-6）

对于全柔性结构，拉索预应力对结构整体刚度、频率的影响会很大。由于张弦结构是半刚性结构，上部桁架结构刚度较大，下部拉索中预应力对整体刚度贡献较少，因此当拉索预应力存在损失较小时,张弦桁架结构整体频率变化很小。这与本章 PDS 分析得出的结论一致,拉索预应力参数 T 对于一阶频率的灵敏度仅为 0.005,由此进行预应力损失情况下的数值模拟,对结论进行验证,具体参考结果如表 3.1-6 所示。

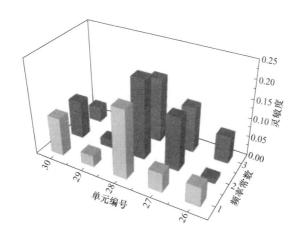

图 3.1-8　撑杆与频率线性相关系数

拉索截面对固有频率的灵敏度　　　　　　　　　　　　表 3.1-5

Out\Inp	E31	E32	E33	E34	E35	E36
MODEFQ1	0.189	0.246	0.255	0.242	0.255	0.191
MODEFQ2	0.086	0.125	0.139	0.121	0.124	0.095
MODEFQ3	0.007	0.021	0.035	0.025	0.037	0.019

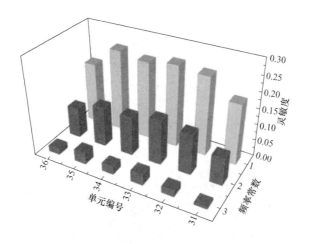

图 3.1-9　拉索与频率线性相关系数

　　由表 3.1-6 可知,张弦结构模型预应力损失会影响结构固有频率,但影响程度较小,尤其是对结构二阶频率,几乎不存在影响。

拉索预应力对结构频率影响　　　　　　　　　　表 3.1-6

工况	预应力值	预应力损失	一阶频率（Hz）	二阶频率（Hz）	三阶频率（Hz）
无损	2kN	（0%）	8.9205	19.366	36.144
Y1	1.6kN	20%	8.0436	19.366	36.175
Y2	1.3kN	35%	7.4025	19.366	36.195
Y3	1.2kN	40%	7.0954	19.366	36.205
Y4	1.0kN	50%	6.8526	19.366	36.213

⑤ 焊缝部分（表 3.1-7，图 3.1-10）

焊缝单元对固有频率的灵敏度　　　　　　　　　　表 3.1-7

Out\Inp	E37	E38	E39	E40	E41	E42	E43	E44	E45	E46
MODEFQ1	0.001	0.002	0.006	0.002	0.004	0.015	0.005	0.005	0.001	0.001
MODEFQ2	0.001	0.002	0.002	0.008	0.008	0.013	0.013	0.01	0.013	0.001
MODEFQ3	0.003	0.009	0.012	0.005	0.007	0.016	0.01	0.005	0.002	0.005
Out\Inp	E47	E48	E49	E50	E51	E52	E53	E54	E55	E56
MODEFQ1	0.006	0.01	0.001	0.002	0.001	0.004	0.005	0.002	0.003	0.013
MODEFQ2	0.006	0.017	0.005	0.01	0.004	0.006	0.002	0.008	0.004	0.003
MODEFQ3	0.008	0.014	0.002	0.001	0.002	0.007	0.007	0.001	0.001	0.021
Out\Inp	E57	E58	E59	E60	E61	E62	E63	E64	E65	E66
MODEFQ1	0.001	0.002	0.001	0.008	0.012	0.012	0.001	0.003	0.006	0.009
MODEFQ2	0.008	0.001	0.004	0.004	0.008	0.012	0.002	0.005	0.009	0.009
MODEFQ3	0.003	0.008	0.007	0.003	0.009	0.002	0.001	0.001	0.003	0.005
Out\Inp	E67	E68	E69	E70	E71	E72	E73	E74	E75	E76
MODEFQ1	0.005	0.008	0.006	0.008	0.011	0.003	0.003	0.006	0.003	0.006
MODEFQ2	0.001	0.003	0.004	0.006	0.004	0.006	0.015	0.004	0.008	0.016
MODEFQ3	0.001	0.014	0.006	0.007	0.005	0.001	0.004	0.003	0.006	0.007
Out\Inp	E77	E78	E79	E80	E81	E82	E83	E84	E85	E86
MODEFQ1	0.008	0.008	0.006	0.015	0.006	0.005	0.009	0.001	0.012	0.011
MODEFQ2	0.001	0.005	0.001	0.011	0.002	0.002	0.003	0.011	0.011	0.013
MODEFQ3	0.004	0.011	0.001	0.004	0.005	0.003	0.01	0.002	0.011	0.005

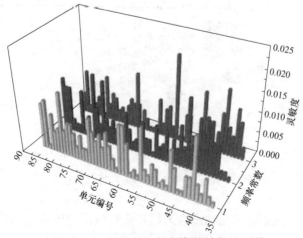

图 3.1-10　焊缝单元与频率线性相关系数

由表 3.1-7 及图 3.1-10 可知，焊缝单元损伤对于结构模态参数的影响较小，除非焊缝单元彻底失效，即焊缝连接的杆件与节点断开，这种情况对于结构影响较大。

3.1.4.2 张弦结构损伤组合识别

传统的损伤识别往往采用单一方法。但是每种方法都会存在不足，从而使损伤识别的精度不高。虽然张弦结构造型优美，但是其结构相对复杂，杆件繁多，因此可能发生损伤的位置众多。在实际运用损伤识别方法的时候很难一次性检测出结构各处的健康程度。因此，本章提出针对张弦结构的损伤组合识别方法，利用不同损伤识别方法对结构不同部位进行损伤识别。在此前提下，按照前面分析的张弦结构单元敏感性，将上部桁架与下部撑杆拉索分为两部分，分别运用不同的损伤识别方法进行结构损伤诊断。其中，① 桁架部分杆件损伤对结构整体频率影响较小，且杆件连续，更加适用基于曲率模态以及柔度矩阵的损伤识别方法；② 撑杆与拉索单元损伤将对结构固有频率影响较大，杆件相互独立，且单元数量相对较少，建立动力损伤识别指纹库相对简单。

结合前文所述的几种损伤识别方法的特点，本节提出一种针对张弦结构的损伤组合识别方法：运用基于曲率模态以及柔度矩阵的损伤识别方法诊断上部桁架结构部分，运用基于固有频率的方法诊断撑杆与拉索部分。具体张弦结构损伤组合识别流程如图 3.1-11 所示。

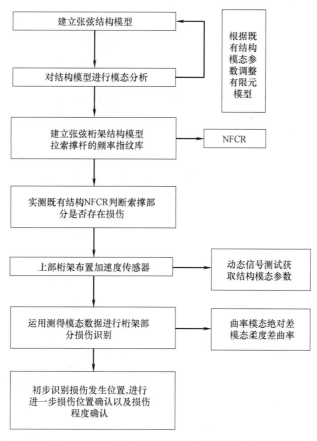

图 3.1-11 张弦结构损伤组合识别流程图

3.1.4.3 数值模拟结果分析

考虑到该模型后期试验条件限制，并结合杆件对结构固有频率的敏感性分析，将结构模拟损伤位置确定如图 3.1-12 所示，上部桁架上弦杆 S1、S2、S3 为模拟损伤发生位置。具体做法是修改损伤杆件截面参数以模拟杆件损伤，对出现损伤的杆件刚度进行折减，具体单元类型以及单元分布如图 3.1-12 所示，所有损伤工况如表 3.1-8 所示。

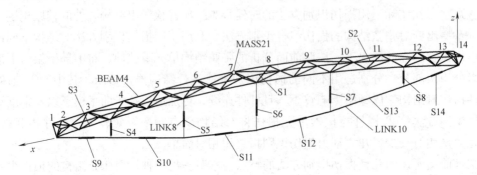

图 3.1-12 损伤杆件示意

损伤模拟工况 表 3.1-8

工况	损伤类型	损伤单元	原杆件尺寸(mm)	损伤模拟方式
N1	无损	无损	—	—
N2		S4	$\phi32\times2.5$	拆除原杆件
N3		S5	$\phi32\times2.5$	拆除原杆件
N4	撑杆损伤	S6	$\phi32\times2.5$	拆除原杆件
N5		S7	$\phi32\times2.5$	拆除原杆件
N6		S8	$\phi32\times2.5$	拆除原杆件
N7		S9	$\phi8$	原杆件换 $\phi4$
N8		S10	$\phi8$	原杆件换 $\phi4$
N9	拉索截面损伤	S11	$\phi8$	原杆件换 $\phi4$
N10		S12	$\phi8$	原杆件换 $\phi4$
N11		S13	$\phi8$	原杆件换 $\phi4$
N12		S14	$\phi8$	原杆件换 $\phi4$
N13		S1	$\phi32\times2.5$	原杆件换 $\phi20\times2$
N14	弦杆单损伤	S3	$\phi32\times2.5$	原杆件换 $\phi20\times2$
N15		S1	$\phi32\times2.5$	原杆件换 $\phi15\times1.5$
N16		S1	$\phi32\times2.5$	原杆件换 $\phi10\times1$
N17	弦杆多损伤	S1、S2	$\phi32\times2.5$	原杆件换 $\phi20\times2$
N18		S1、S2	$\phi32\times2.5$	原杆件换 $\phi10\times1$
N19	焊缝损伤	弦杆中间焊缝		损伤 50%
N20	撑杆弦杆多损伤	S1、S11		S1 换 $\phi20\times2$、S11 换 $\phi4$

（1）张弦结构撑杆拉索频率指纹库建立

为建立张弦结构撑杆拉索部分的频率指纹库，本节拟对张弦结构进行数值模拟，并通过降低撑杆拉索处的刚度来模拟损伤情况。根据此前介绍的基于固有频率的损伤识别指标是与损伤程度无关，仅与损伤位置相关，因此建立频率指纹库时将撑杆各单元由$\phi32\times2.5$改变为$\phi20\times2$来模拟损伤，拉索单元由$\phi8$钢丝绳替换成$\phi4$钢丝绳。

在结构的固有频率中，低阶模态对整个结构振动的能量贡献更多，且其在实际工程中测量难度和误差较之高阶模态也更低，故而在损伤识别分析过程中，仅需考虑结构的低阶模态建立相应的频率指纹库。本节选取了结构的前三阶固有频率作为研究对象，分析计算得到各种工况下的结构固有频率以及各项频率指纹识别量如表 3.1-9 所示。

由于张弦结构模型具有对称性，因此正则频率变化率的指纹曲线在工况 N2～N6（撑杆单元指纹库）与工况 N7～N12（拉索单元指纹库）呈对称性分布，与实际情况相符，且对称工况正则频率变化率损伤识别指标曲线具有良好的单调性，有利于损伤识别，对结构损伤的位置变化较为敏感。

撑杆拉索部分频率指纹库 表 3.1-9

工况	一阶频率	二阶频率	三阶频率	FCR$_1$	FCR$_2$	FCR$_3$	NFCR$_1$	NFCR$_2$	NFCR$_3$
N1	8.9205	19.366	36.144	—	—	—	—	—	—
N2	9.0429	19.299	36.154	0.0137	0.0035	0.0003	0.7859755	0.1981763	0.0158482
N3	8.8718	18.606	36.22	0.0055	0.0392	0.0021	0.1166373	0.838439	0.0449237
N4	9.1736	16.873	36.271	0.0284	0.1287	0.0035	0.1766487	0.8014749	0.0218764
N5	8.8719	18.542	36.222	0.0054	0.0426	0.0022	0.1086259	0.8483468	0.0430273
N6	9.0429	19.284	36.154	0.0137	0.0042	0.0003	0.7525849	0.2322401	0.0151749
N7	6.7629	19.159	36.148	0.2419	0.0107	0.0001	0.9572584	0.0423037	0.0005380
N8	4.6777	14.835	36.154	0.4756	0.2340	0.0003	0.6700179	0.3295924	0.0003898
N9	6.7788	14.543	36.161	0.2401	0.2490	0.0005	0.4903722	0.5086672	0.0009607
N10	6.7784	14.542	36.162	0.2401	0.2491	0.0005	0.4903394	0.5086437	0.0010169
N11	4.6770	14.846	36.156	0.4757	0.2334	0.0005	0.6705350	0.3289935	0.0004680
N12	6.7625	19.482	36.149	0.2419	0.0060	0.0001	0.9572937	0.0421486	0.0005577

备注：表中 FCR、NFCR 分别为频率变化比和正则化频率变化率。

由正则化频率变化率指标计算获得的索撑体系频率指纹库，由图 3.1-13 可以明显看出，一阶正则化频率变化率、二阶正则化频率变化率、三阶正则化频率变化率均在撑杆的 5 个单元以及拉索的 6 个单元上表现出了较强的对称性，这也与结构对称相符，后期通过获取实际损伤结构前三阶频率，计算出一阶正则化频率变化率、二阶正则化频率变化率、三阶正则化频率变化率，从而与指纹库中的工况对比，确定结构损伤位置。

（2）桁架部分损伤识别分析

1）单损伤工况分析

单损伤情况通过对上部桁架结构部分 S1、S3 进行分析，分别考虑不同工况、前不同阶次模态数据、同一位置不同损伤程度下的损伤识别效果。

① 曲率模态差指标分析

工况 N13 模拟损伤发生位置在节点 7、8 之间，从图 3.1-14（a）可知，用前一阶模态数据

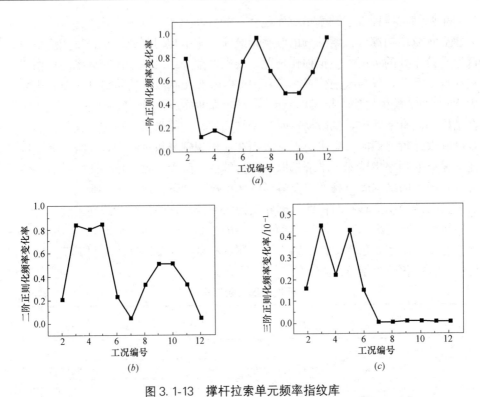

图 3.1-13　撑杆拉索单元频率指纹库

（a）一阶正则化频率变化率；（b）二阶正则化频率变化率；（c）三阶正则化频率变化率

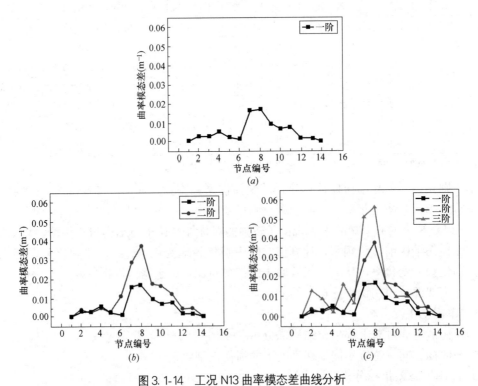

图 3.1-14　工况 N13 曲率模态差曲线分析

（a）一阶曲率模态差曲线；（b）前二阶曲率模态差曲线对比；（c）前三阶曲率模态差曲线对比

计算得到的曲率模态差值最大值在节点 8 位置，而节点 11 曲率模态差值也较大，因此仅用前一阶模态数据进行基于曲率模态差的损伤识别效果一般，存在干扰项，即曲线小突变。

图 3.1-14（b）和（c）是对比运用前二阶、前三阶模态数据进行基于曲率模态差的损伤识别效果，可以明显看出结合前三阶模态数据进行损伤识别效果最佳，曲线峰值出现在节点 7、8 越来越明显，而曲线其他位置相对平缓。因此，可以明显识别出损伤发生位置。

由此得出：曲率模态差损伤识别指标对于张弦结构有较好的识别效果；运用一阶模态参数进行损伤识别效果一般，运用前三阶模态参数进行损伤识别有较好的效果。

工况 N14 是模拟上部桁架结构下弦杆支座附近发生损伤（节点 2、3 之间），从图 3.1-15 所示曲线可以看出，最大峰值确实是发生在节点 2、3 处。但此时同时出现了两个较大波峰，会影响损伤识别的初步判断，因而工况 N14 的识别效果不如工况 N13 明显。这是由于结构的损伤识别与结构模型以及杆件位置有关，下弦杆受力情况复杂，受力较大，因此损伤识别效果一般。

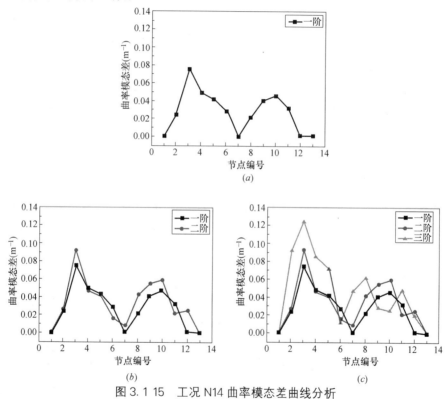

图 3.1 15　工况 N14 曲率模态差曲线分析

（a）一阶曲率模态差曲线；（b）前二阶曲率模态差曲线对比；（c）前三阶曲率模态差曲线对比

同一位置发生不同程度损伤的损伤识别分析（第三阶振型数据）结果如图 3.1-16 所示，从图（a）可以看到曲线在节点 7、8 处发生了明显突变，从图（c）可以看到不同损伤程度曲率模态差值曲线突变程度不同，损伤越大突变程度越高，因此可以根据曲线突变程度大小进行损伤程度的定性判断。

② 模态柔度差曲率指标分析

图 3.1-17 是基于模态柔度差曲率的单损伤识别效果，模拟损伤位置发生在节点 7、8之间，从图（a）可以看出曲线峰值出现在节点 8 处，但是其他局部位置也出现了较大的

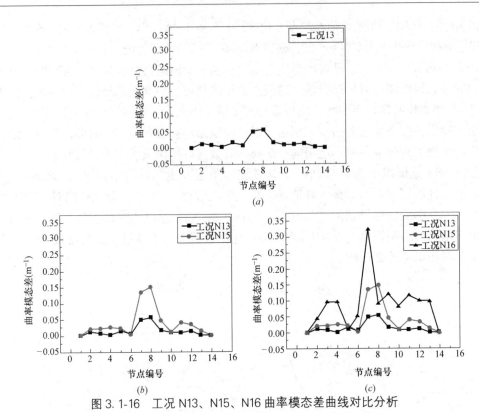

图 3.1-16 工况 N13、N15、N16 曲率模态差曲线对比分析

(a) 工况 N13 曲率模态差曲线；(b) 工况 N13、N15 曲率模态差曲线；(c) 工况 N13、N15、N16 曲率模态差曲线

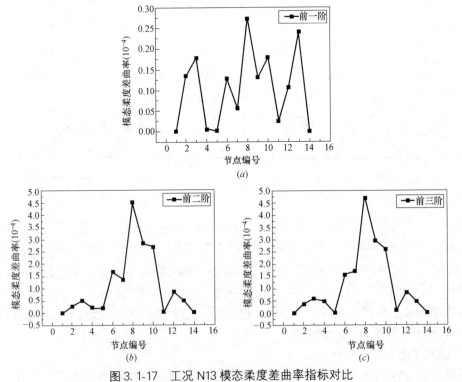

图 3.1-17 工况 N13 模态柔度差曲率指标对比

(a) 前一阶模态柔度差曲率曲线；(b) 前二阶模态柔度差曲率曲线；(c) 前三阶模态柔度差曲率曲线

峰值，因此仅运用一阶模态参数进行损伤识别效果不佳。对比图（b）与图（c）可以看到，模态柔度差曲率曲线越来越趋于稳定，明显可以判断损伤发生在节点 7、8 之间，运用前二、三阶模态参数损伤识别效果较好。

图 3.1-18 是三种工况下运用前一阶、前二阶、前三阶模态参数进行模态柔度差曲率指标的损伤识别效果对比，结果表明：提取模态参数阶数越多损伤识别效果越好，损伤位置判断越准确。

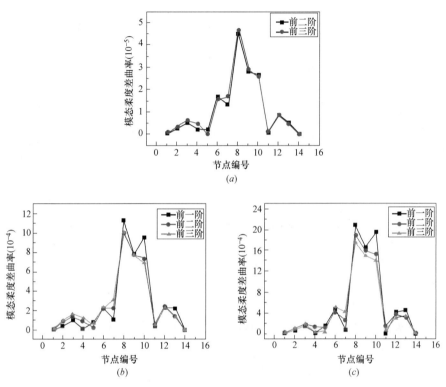

图 3. 1-18　工况 N13、N15、N16 模态柔度差曲率指标

（a）工况 N13 模态柔度差曲率指标；（b）工况 N15 模态柔度差曲率指标；（c）工况 N16 模态柔度差曲率指标

图 3.1-19 为采用模态柔度差曲率指标对同一位置不同损伤程度进行损伤识别的结果，结果表明：模态柔度差曲率指标可以准确判断出同一位置所受损伤程度，损伤程度可以由曲线突变程度大小来判断，即模态柔度差曲率损伤识别指标能定性判断损伤程度。

2）多损伤工况分析

① 曲率模态差指标分析

图 3.1-20、图 3.1-21 分别是工况 N17、N18 情况下曲率模态差的损伤识别效果，模拟损伤位置设定在节点 7、8 之间与节点 10、11 之间，可以看到损伤位置的曲率模态差值出现了

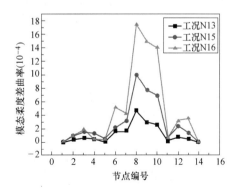

图 3. 1-19　工况 N13、N15、N16 模态柔度差曲率指标对比

两个很明显的峰值点，由此可判断出损伤位置，识别效果较好，且由图 3.1-22 还可以看出随着损伤增大，曲线突变程度增加。

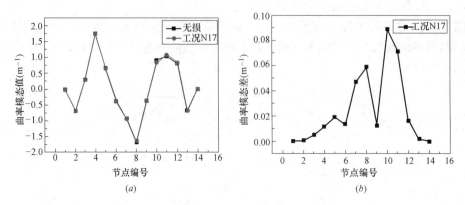

图 3.1-20　工况 N17 曲率模态分析

（a）工况 N17 曲率模态值；（b）工况 N17 曲率模态差

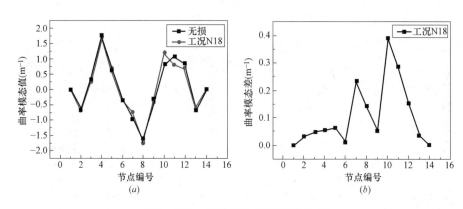

图 3.1-21　工况 N18 曲率模态分析

（a）工况 N18 曲率模态值；（b）工况 N18 曲率模态差

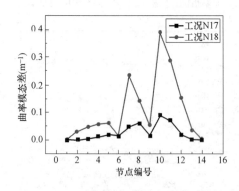

图 3.1-22　多损伤曲率模态差对比分析

② 模态柔度差曲率指标分析

图 3.1-23、图 3.1-24 为工况 N17、N18 模态柔度差曲率指标的损伤识别效果，前一阶、前二阶、前三阶模态数据都具有较好的损伤识别效果。

（3）焊缝损伤识别分析

由于实际工程中难以在焊缝周围密集布置加速度传感器，因此焊缝损伤在实际工程中想要运用损伤识别方法进行精确定位较为困难，导致损伤识别无法精确到焊缝所在小区域。本节焊缝损伤识别利用焊缝弹性模量改变进行损伤模拟，损伤位置预设于 7 号节点左侧，将弹性模量折减 50%，运用曲率模态差指标进行焊缝损伤识别。

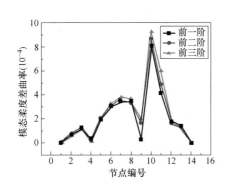

图 3.1-23 工况 N17 模态柔度差曲率曲线

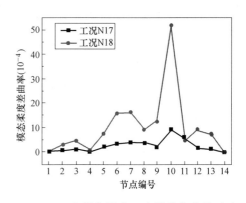

图 3.1-24 多损伤模态柔度差曲率曲线对比

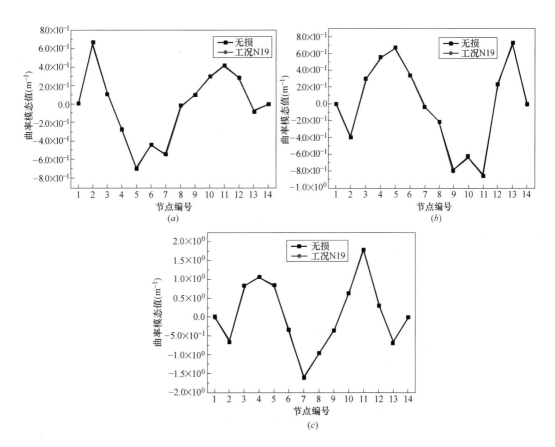

图 3.1-25 弦杆中间焊缝损伤 50% 曲率模态值对比

(a) 一阶曲率模态值对比；(b) 二阶曲率模态值对比；(c) 三阶曲率模态值对比

损伤识别结果如图 3.1-25 所示，焊缝刚度损伤 50% 对于曲率模态值影响极其小，曲线甚至重合，这也与敏感性分析相符，焊缝单元对于结构整体模态参数影响很小。

（4）拉索弦杆组合损伤识别分析

工况 N20 为上弦杆单元 S1 与拉索单元 S11 同时发生损伤的损伤组合工况，利用该工况模态分析所得前三阶频率以及无损工况前三阶频率计算所得正则化频率变化率指标如表

3.1-10 所示，工况 N20 损伤识别如图 3.1-26 所示。

无损、工况 N20 前三阶频率　　　　　　表 3.1-10

工况	一阶频率	二阶频率	三阶频率	FCR$_1$	FCR$_2$	FCR$_3$	NFCR$_1$	NFCR$_2$	NFCR$_3$
1	8.9205	19.366	36.144						
2	6.1342	14.120	36.165	0.3123	0.2709	0.0006	0.535032	0.463968	0.001

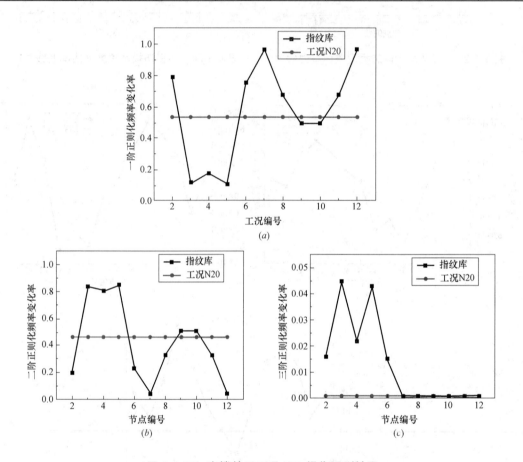

图 3.1-26 索撑单元工况 N20 损伤识别结果

(*a*) 一阶正则化频率变化率识别效果；(*b*) 二阶正则化频率变化率
识别效果；(*c*) 三阶正则化频率变化率识别效果

从图 3.1-26 可以综合判断工况 N20 与指纹库中对应工况 9、10 所得正则化频率变化率指标最为接近，因此可以判断拉索中部单元发生损伤，且识别效果较好。

利用工况 N20 中所得前三阶频率与振型数据，可以计算出相应曲率模态差以及模态柔度差曲率指标，通过曲线突变位置进行损伤位置的判断，如图 3.1-27 所示。

从图 3.1-27 （*a*）、（*b*）中看出曲线在节点 7、8 位置发生明显突变，从而判断上弦杆 7、8 节点之间杆件单元发生损伤，与工况预设损伤位置相符，损伤识别效果较好。

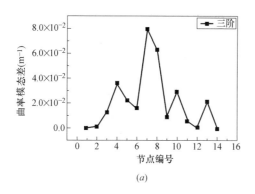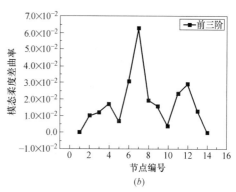

图 3.1-27　桁架单元工况 N20 损伤识别结果

（a）工况 N20 曲率模态差曲线；（b）工况 N20 模态柔度差曲率曲线

3.2　预应力张弦结构损伤组合识别试验研究

基于振动理论的损伤诊断技术相比传统损伤诊断方法具有更加经济、安全、易操作等优点。各种传感器、测试分析设备以及模态分析技术经过多年的研究与发展，已经具备相当丰富的经验。本节主要介绍张弦结构损伤识别试验过程，并对试验结果进行分析，验证正则化频率变化率、曲率模态绝对差以及模态柔度差曲率这三种损伤识别方法的有效性。

3.2.1　试验模型

张弦结构试验模型尺寸如图 3.2-1 所示，该模型参照某火车站雨棚结构简化而来，由于试验现场条件限制，将模型结构设计为总长 6m，矢高 0.4m，垂度 0.4m，由具有张弦梁结构特点的三部分组成，上部是空间管桁架结构，中部是撑杆，下部是拉索。上面部分为剖面呈倒三角形的空间圆管桁架，上部桁架是由四角锥基本单元组成。中间撑杆为 5 根圆钢管，均匀布置，长度分别为 0.274m、0.54m、0.65m。下部拉索为钢丝绳，直径 8mm，该模型结构一端设计为固定铰支座，另一端设计为滑动铰支座。此外，在结构两侧还设置了 2m 宽、3m 高的刚架，刚架锚固在地面，与花篮螺丝等构件构成结构侧向支撑体系。

为了配合后续的张弦结构连续倒塌试验，第一榀损伤识别实验模型的上弦桁架杆件选用稍小管径的圆管，中间腹杆选用圆钢筋，具体尺寸如表 3.2-1 所示。将原来 $\phi20\times2$ 的杆件替换成 $\phi8$ 圆钢筋来模拟上弦杆件损伤，该榀桁架模型不进行加载。

第二榀损伤识别试验在第一榀试验基础上进行了改进，主要有以下几点：①上弦杆件尺寸变大，上弦杆选用 $\phi32\times2.5$，腹杆选用 $\phi20\times2$，具体截面尺寸如表 3.2-2 所示；②在结构模型上弦杆均匀布置质量块，以模拟该结构在实际使用中的恒活荷载；③损伤模拟工况增多，可以将原来 $\phi32\times2.5$ 的杆件替换成 $\phi20\times2$ 的圆管以及 $\phi8$ 圆钢筋。

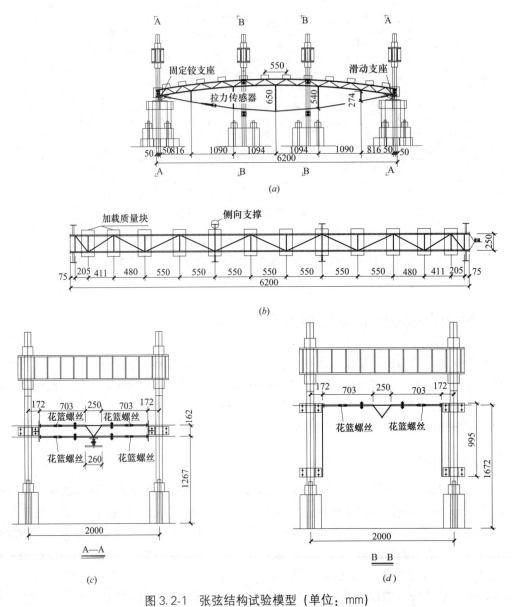

图 3.2-1 张弦结构试验模型 (单位：mm)

(a) 立面图；(b) 俯视图立面图；(c) 端部剖面图；(d) 中部剖面图

第一榀结构主要构件截面规格　　　　　　　　　　　　　　　表 3.2-1

杆件名称	最大截面(mm)
上弦杆	$\phi 20 \times 2$
下弦杆	$\phi 20 \times 2$
腹杆	$\phi 8$
拉索	$\phi 8$
竖向撑杆	$\phi 32 \times 2.5$

第二榀结构主要构件截面规格 表 3.2-2

杆件名称	最大截面(mm)
上弦杆	$\phi 32 \times 2.5$
下弦杆	$\phi 32 \times 2.5$
腹杆	$\phi 20 \times 2$
拉索	$\phi 8$
竖向撑杆	$\phi 32 \times 2.5$

水平侧向支撑体系、支座约束体系、连接节点体系和材性试验同第 3 章有关内容。

3.2.2 试验原理及测试系统

（1）模态分析理论

模态分析理论主要解决的是如何对结构力学方程进行解耦，利用结构本身物理特性参数（M、K、C）求解模态参数，即建立起结构的动力学分析模型，进而分析结构动态特性（系统动态响应和稳定性）。而试验模态分析解决的是动力学分析的"逆问题"，即通过对结构的动态测试获取的响应信号进行分析，从而确定被测系统本身的模态参数。其理论基础是系统频响函数同模态参数之间的关系。

通常，结构系统的动力学方程可以表示为：

$$M\ddot{x}(t) + C\dot{x}(t) + Kx(t) = f(t) \tag{3.2-1}$$

对式（3.2-1）进行傅里叶变换，并根据传递函数的公式可以得到表示系统输入和输出关系的频响函数：

$$H(\omega) = [(K - \omega^2 M) + j\omega C]^{-1} \tag{3.2-2}$$

$$H_{ij} = \frac{X_i(\omega)}{F_j(\omega)} \tag{3.2-3}$$

式（3.2-3）表示频响函数矩阵中第 i 行第 j 列的元素等于第 j 点激励时，第 i 点响应与第 j 点激励力之比。

对比例阻尼情况 $C_r = \phi^T C\phi$，频响函数式可用固有振型 ϕ 作如下变换：

$$H(\omega) = [(K - \omega^2 M) + j\omega C]^{-1}$$

$$= \phi^T\{\phi[(K - \omega^2 M) + j\omega C]^{-1}\phi^T\}\phi \tag{3.2-4}$$

$$= \phi^T[(k_r - \omega^2 m_r) + j\omega c_r]^{-1}\phi \tag{3.2-5}$$

$$= \phi^T \text{diag}\left[\frac{1}{(k_r - \omega^2 m_r) + j\omega c_r}\right]^{-1}\phi \tag{3.2-6}$$

$$= \sum_{r=1}^{N} \frac{\phi_r \cdot \phi_r^T}{m_r[(\omega_r^2 - \omega^2) + j2\zeta_r\omega_r\omega]} \tag{3.2-7}$$

频响函数矩阵第 i 行第 j 列的元素为：

$$H_{ij}(\omega) = \sum_{r=1}^{N} \frac{\phi_r \cdot \phi_r^{\mathrm{T}}}{m_r[(\omega_r^2 - \omega^2) + j2\zeta_r\omega_r\omega]} \tag{3.2-8}$$

式中　ω_r——第 r 阶固有频率，$\omega_r = \sqrt{\dfrac{k_r}{m_r}}$；

$\quad\quad\zeta_r$——第 r 阶模态阻尼比，$\zeta_r = \dfrac{c_r}{2m_r\omega_r}$；

$\quad\quad\phi_r$——第 r 阶固有振型向量。

由此可知，N 自由度系统频响函数应等于 N 个单自由度系统频响的线性叠加，因此只需频响函数矩阵的第一列即可确定全部的模态参数。

（2）试验步骤设计

对两榀杆件尺寸不同的张弦结构模型进行损伤识别试验，根据损伤识别的原理，首先在安装完试验模型之后需对完善结构进行测试，以获得完善结构的模态数据，然后按照工况不同对不同模拟损伤杆件进行替换，直至完成所有损伤工况的测试，获得所有工况的模态数据并进行分析，具体试验步骤如图 3.2-2 所示。

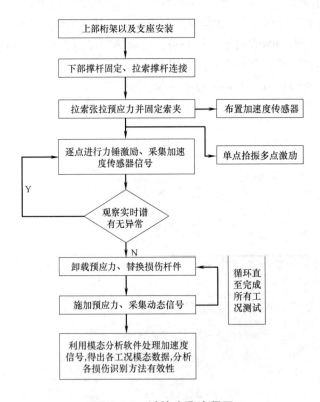

图 3.2-2　试验步骤流程图

（3）测试系统

本试验用到的测试设备有：IEPE 型加速度传感器、动态信号采集系统、冲击力锤以及模态分析软件等，具体参数如下。

① 动态信号采集系统

采用 TST3000 动态信号测试分析系统进行加速度信号采集（图 3.2-3），该系统由于采用全屏蔽机箱结构，现场抗干扰能力强，最高采样频率可达到 20kHz 同步采样，实时传输，实时显示，实时存储。系统可对应变（应力）、速度、加速度、位移等各种物理量进行精确测量和分析，控制分析软件功能丰富，因此可方便采集数据，并对数据进行即时操作和处理。主要技术指标如表 3.2-3 所示。

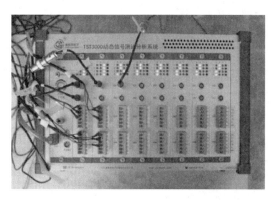

图 3.2-3　TST3000 动态信号测试分析系统

TST3000 动态信号测试分析系统主要技术指标　　　　　　　　　表 3.2-3

并行通道数目	4
A/D 转换器	24 位
最高采样频率	20kHz
抗混叠滤波	(1)滤波方式:每通道独立的模拟滤波 ＋ DSP 数字滤波
	(2)截止频率:采样速率的 1/2.56 倍,设置采样速率时同时设定
	(3)阻带衰减:约 . 150dB/oct
	(4)平坦度(分析频率范围内):小于±0.05dB

② 加速度传感器

采用泰斯特电子公司生产的 TST.188IEPE 型加速度传感器，如图 3.2-4 所示。该传感器中集成了灵敏的电子器件，将其尽量靠近传感器以保证更好的抗噪性。相对一些高阻抗的传感器，低阻抗的 IEPE 加速度传感器具有明显的优势，对复杂试验环境的适应性更强。主要技术指标如表 3.2-4 所示。

图 3.2-4　TST. 188 IEPE 型加速度传感器

TST. 188 IEPE 型加速度传感器主要技术指标

表 3.2-4

轴向灵敏度(20±5℃)	500mV/g±5％
测量范围(峰值)	$100ms^{-2}$
最大横向灵敏度	≤5％
频率响应(±5％)	0.3～2500Hz
安装谐振频率	8000Hz
噪声	<0.08mg

③ 冲击力锤

采用力锤激励方式，使用泰斯特电子公司生产的 LC.02A 型力锤（图 3.2-5），锤头包含有不锈钢、铝、尼龙、橡胶四种不同材质的缓冲头，针对不同结构，使用不同锤头。LC.02A 中型力锤锤体设计精良，操作简单，适合对本试验的结构施加冲击力。主要技术指标如表 3.2-5 所示。

LC.02A 型力锤主要技术指标　表 3.2-5

指标	LC.02A
力传感器灵敏度(pC/N)	4
最大冲力(kN)	5
锤头直径(mm)	$\phi25$
锤柄长(mm)	280
锤头质量(g)	200
附加锤头质量(g)	120

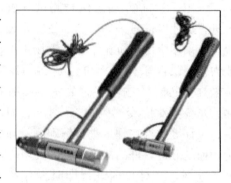

图 3.2-5　LC.02A 型力锤

（4）损伤实施

为了验证各损伤识别方法的有效性，模型试验中充分考虑了各种工况，包括单损伤、多损伤、不同程度损伤的模拟，损伤杆件位置如图 3.2-6 和表 3.2-6 所示。一般来说，试验时改变杆件刚度就可以模拟杆件损伤，有如下几种损伤实施方式：①切割杆件改变杆件刚度；②安装变刚度杆件；③替换小尺寸损伤杆件改变杆件刚度。本试验通过改变杆件截面尺寸来模拟杆件不同的刚度，从而模拟杆件不同的损伤程度，这是在试验现场较为容易实现的。具体方法就是将损伤杆件替换成尺寸较小的杆件，替换之后根据其弯曲截面系数 W_x 丧失程度来定损伤程度，如表 3.2-7 所示。

由于在试验过程中需要不断替换损伤杆件，并要保证替换损伤杆件与原结构是刚性连接，因此设计如图 3.2-7 所示的连接接头，通过损伤杆件两端的端板与螺栓进行连接，这样设计既可以保证试验效果，又方便安装。

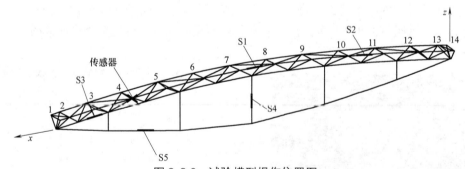

图 3.2-6　试验模型损伤位置图

损伤位置简介　表 3.2-6

损伤位置描述	损伤单元编号
上弦杆跨中单元	S1
上弦杆三分之一跨单元	S2
下弦杆支座处单元	S3
中间撑杆单元	S4
索单元	S5

损伤程度表 表 3.2-7

第一榀	损伤程度	0%	85%	100%	
	截面尺寸	$\phi20\times2$	$\phi20\times2$ 换 $\phi8$	拆除 $\phi20\times2$	
第二榀	损伤程度	0%	70%	95%	100%
	截面尺寸	$\phi32\times2.5$	$\phi32\times2.5$ 换 $\phi20\times2$	$\phi32\times2.5$ 换 $\phi8$	拆除 $\phi32\times2.5$

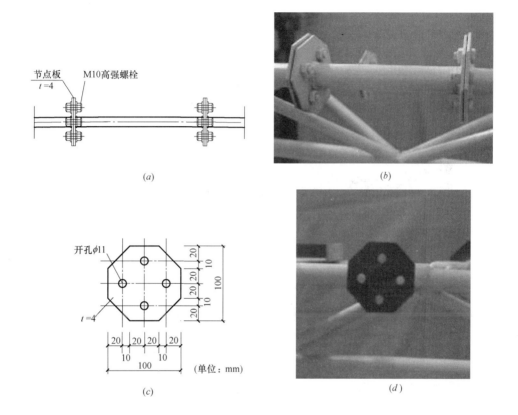

图 3.2-7 损伤替换杆件连接示意

(a) 损伤杆件连接设计图；(b) 损伤杆件连接示意图；
(c) 损伤杆件端板设计图；(d) 损伤杆件端板示意图

试验基本思路：

① 无损工况下针对锤头材质不同、传感器布置方式不同、激励方式不同等情况进行试验测试，确定适合本结构的情况。

② 损伤程度相同时，对位置不同的损伤单元进行识别效果对比。

③ 单损伤情况下，比较同一单元在不同损伤程度情况下，能否识别相对损伤程度以及不同损伤识别方法的灵敏度。

④ 有两处损伤同时发生时，对损伤识别方法的识别效果进行分析。

⑤ 分析拉索预应力损失之后对拉索频率的影响。

针对试验的基本思路，对两榀结构模型设计了以下试验工况，如表3.2-8所示。

损伤工况表　　　　　　　　　　　　　　　表 3.2-8

	损伤类型	损伤工况	杆件替换
第一榀	上下弦杆单损伤	T1	S1 替换成 $\phi 8$
		T2	去掉杆件 S1
		T3	S2 替换成 $\phi 8$
		T4	去掉杆件 S2
		T5	S3 替换成 $\phi 8$
		T6	去掉杆件 S3
	上弦杆多损伤撑杆损伤	T7	S1、S2 同时替换成 $\phi 8$
		T8	去掉杆件 S4
第二榀	上弦杆单损伤	T9	S1 替换成 $\phi 20 \times 2$
		T10	S1 替换成 $\phi 8$
		T11	S2 替换成 $\phi 20 \times 2$
		T12	S2 替换成 $\phi 8$
	上弦杆多损伤	T13	S1、S2 同时替换成 $\phi 20 \times 2$
	下弦杆单损伤	T14	S3 替换成 $\phi 20 \times 2$
		T15	S3 替换成 $\phi 8$
	撑杆损伤	T16	去掉杆件 S4
		T17	去掉 S4 左侧杆件
	拉索预应力损失	T18	S5 预应力损失 25%
		T19	S5 预应力损失 50%
		T20	S5 预应力损失 75%

3.2.3　试验方案设计

进行动力特性测试用的设备是动态信号采集仪（TST3000），分析为 TSTMP 模态分析软件，该动态测试系统是由江苏泰斯特电子设备制造有限公司生产的。整个试验测试过程概括为四个步骤：①选择试验所需设备；②在 TSTMP 模态分析软件中建立试验几何模型；③采集动态信号；④模态分析以及参数识别。前三个步骤需要人为选择设置，第四个步骤可由模态分析软件自动实现，包括模态频率识别、曲线拟合、约束方程、振型归一化等，下面针对测试过程进行具体介绍。

（1）激励方式的选择

振动系统在任何一种激励之下都能反映出系统特性，但不同的激励方式，适用不同的结构形式，且所用的测试仪器与理论基础也有很大差别，会导致测试结果的精度不同。因此，对张弦结构采用何种激励方式最为合适需要综合考虑。

一般情况下，激振方式的选择主要考虑测试精度、测试速度和方便程度等几个方面的因素。激振方式主要有：正弦稳态扫频激振、随机激振、力锤脉冲激振等。各激振方式优缺点如下：①正弦稳态扫频激振具有能量集中、信噪比高等优点，因而在线性系统动态特性测试时精度非常高，但其测试速度很慢，成本较高；②随机激振对弱非线性具有线性化作用，可以消除非线性偏度误差，但会引入随机误差，而且难以发现；③力锤脉冲激振操作简单，成本较低，不会因为对结构产生附加质量、附加刚度而产生误差，且激振点的选择不会受敲击锤本身结构的限制，测试速度快，效率高，但由于信噪比偏低，测试精度偏低，限制了其应用。

由于张弦结构模型结构整体体积小，杆件细小且繁多，因此选用操作简单、不产生副作用的力锤脉冲激振，且本实验损伤工况众多，力锤激振可以为试验节约很多时间与资源，具体流程见图 3.2-8。

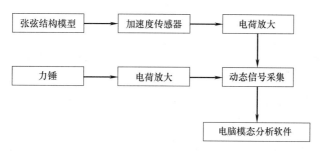

图 3.2-8　脉冲法动力测试流程图

（2）力锤材质的选择

力锤性能决定了激振脉冲的幅值和持续时间，进而就确定了频域中力脉冲的幅值和频率范围。重量和锤头硬度是力锤两个重要性能，力锤类型的选择不仅涉及需要关心的频率范围，而且与被测结构的刚度有关。因此在试验之前，先对不同大小和材质力锤的激励结果进行比较，以找到最符合试验目的的力锤类型。针对同一工况采用不材质的力锤进行激励和采集所获得的频谱曲线如图 3.2-9 所示。

由图 3.2-9 可以看出，锤头越硬碰撞的时间就越短，力脉冲越窄，频率范围越宽。对于张弦结构模型结构来说，橡胶锤头敲击出的频谱质量最高，波峰波谷都较为平滑，铝制锤头与铁质锤头在相对高的频率范围内敲击出的频谱效果最好。而力锤的重量则可以影响激励力的大小，锤头越重，可以提高脉冲激励的信噪比，频谱的平滑度越高，以张弦桁架结构作为研究对象，激励力不宜过大，因此选用锤头质量较小的橡胶锤头来进行力锤激励。

（3）提高精度措施

① 控制激励力的大小

激励力的大小决定激起各阶模态所需的能量水平，但是过大的冲击力会造成局部非线性，所以锤击时要控制冲击力大小，同时锤击动作要迅速，不能抖动并且要防止反弹造成的二次冲击。

② 传递函数可信性检验

所有时域信号均在电脑上显示，正常时才向下进行，每个传递函数都用相干函数检验，相干系数绝大多数都在 0.85 以上。

3.2.4　试验步骤及预期结果

第一步：连接动态信号采集仪、力锤等仪器，安装加速度传感器。

第二步：采集仪设置试验采样频率为 200Hz，采样时间为 80s，触发方式为自由触

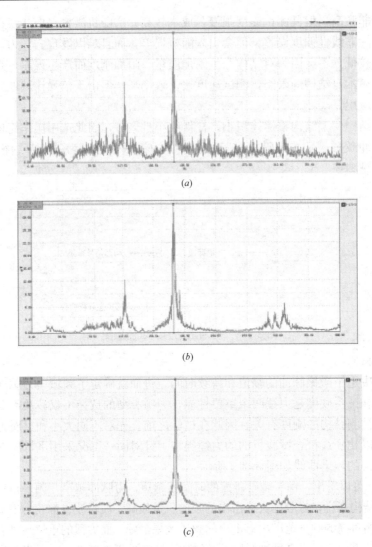

图 3.2-9　不同材质锤头敲击所得频率谱

(*a*) 铁质锤头；(*b*) 铝制锤头；(*c*) 橡胶锤头

发，对个通道单位进行设置、调平，按照无损情况进行信号采集，采用单点拾振、多点激励的方式进行试验，上弦杆件分为 14 个节点，将加速度传感器安装在桁架上弦杆件的 3 号节点处，然后用力锤对 1～14 号节点进行锤击，每个节点锤击激励大约 1～2min，进行数据采集，也可以采用单点激励、多点拾振的方式进行试验，在所需拾振节点布置传感器，在结构激励点上持续激励 1～2min。

第三步：根据不同工况替换相应损伤杆件，依次进行动态信号采集，敲击模型并且记录数据。

第四步：将每个工况采集的动态信号进行模态分析，识别出每个工况的频率与振型等模态参数。

第二步中所说数据采集方式有两种，一种是单点拾振多点激励，另一种是单点激励多点拾振，在信号采集仪中实时监测到的响应谱如图 3.2-10 所示。

以上试验步骤中，第三步最为关键，由于外部环境、测试系统误差等因素的影响，每次采样之前都必须对测试信号进行调平，否则很容易导致采样信号的整体波动，如图 3.2-11 所示，对模型的损伤识别造成困难。正确调平后得到的加速度信号如图 3.2-12 所示。

3.2.5 数据分析

首先对张弦结构模型无损状态下的实测加速度信号进行试验模态分析，得到无损结构前三阶频率，将结果与第 2 章数值模拟得到的频率进行对比，以验证设计模型的可靠性，再对张弦结构模型各种损伤工况下的加速度信号进行模态分析，获取各试验工况模态数据，利用各工况模态数据对正则化频率变化率、曲率模态绝对差以及模态柔度差曲率这三种损伤识别方法的有效性进行验证。

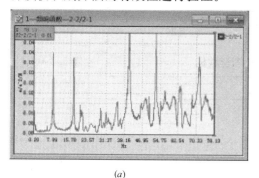

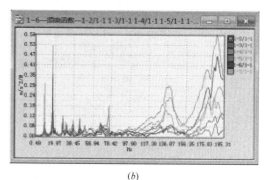

(a)   (b)

图 3.2-10 响应谱对比

(a) 单点拾振响应谱；(b) 多点拾振响应谱

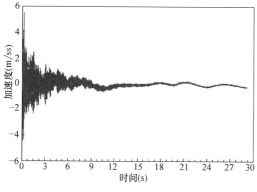

图 3.2-11 未调平信号整体波动

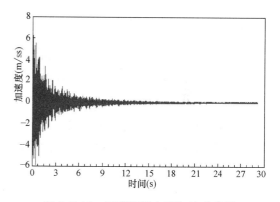

图 3.2-12 正确调平之后加速度信号

3.2.5.1 数据初处理

（1）无损工况可靠性分析

为了验证张弦结构模型的可靠性，对模型前三阶频率的数值模拟结果和试验数据分析结果进行对比，频率对比结果如表 3.2-9 所示。

张弦结构前三阶频率对比 表 3.2-9

阶数	数值模拟结果（Hz）	试验分析结果（Hz）	差异率（%）
1	8.921	8.3	7.5
2	19.366	17.58	10
3	36.144	37.79	4.4

由表 3.2-9 可以看出，数值模拟结果与试验分析结果之间最大差异率在 10% 以内，即张弦结构数值模型与试验模型动力特性相似。

第二榀张弦结构无损工况下 TSTMP 模态分析软件将结构前三阶振型数据与振型动画导出，振型曲线如图 3.2-13 所示，结构前三阶振型数据如表 3.2-10 所示。

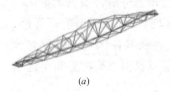 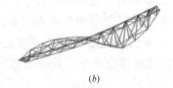 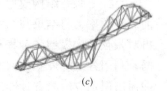

(*a*)　　　　　　　　　　　(*b*)　　　　　　　　　　　(*c*)

图 3.2-13　试验模型振型图

(*a*) 一阶振型；(*b*) 二阶振型；(*c*) 三阶振型

张弦桁架结构前三阶振型数据　　　　　　　　　　表 3.2-10

节点编号	一阶 (Hz)	二阶 (Hz)	三阶 (Hz)
1	0	0	0
2	0.15	0.25	0.33
3	0.46	0.63	0.93
4	0.49	0.79	0.94
5	0.78	0.7	0.54
6	0.9	0.41	0.13
7	1	0.03	0.44
8	0.85	0.38	0.25
9	0.77	0.63	0.26
10	0.54	0.88	0.76
11	0.47	1	1
12	0.24	0.79	0.89
13	0.07	0.49	0.51
14	0	0	0

（2）振型归一化处理

试验实测模态振型都是位移归一化振型，在利用基于柔度矩阵的损伤识别方法时要求计算所用的振型为质量归一化振型，因此需要对实测振型转化成质量归一化振型，设位移归一化振型为：

$$\{\overline{\Phi}\}_i = \{\overline{\Phi}_{i1}, \overline{\Phi}_{i2}, \cdots, \overline{\Phi}_{in}\}^{\mathrm{T}} \tag{3.2-9}$$

令 $c = [\{\overline{\Phi}\}_i^{\mathrm{T}} [M] \{\overline{\Phi}\}_i]^{1/2}$。

$$\{\Phi\}_i = \{\overline{\Phi}\}_i / c \tag{3.2-10}$$

将每一个位移归一化振型按照以上方法处理，即可得到质量归一化振型，为后续振型数据处理做准备。

3.2.5.2　损伤识别

（1）索撑单元

采用工况 T16、T17 对正则化频率变化率指标进行验证，计算工况 T16、T17 所得一阶正则化频率变化率（NFCR$_1$）、二阶正则化频率变化率（NFCR$_2$）、三阶正则化频率变化率（NFCR$_3$）如表 3.2-11 所示，结合第 2 章有限元模型建立的索撑单元频率指纹库，可以得到图 3.2-14、图 3.2-15 所示的损伤识别结果。

工况 T16、T17 正则化频率变化率指标 表 3.2-11

工况	NFCR1	NFCR2	NFCR3
T16	0.1542	0.8201	0.0259
T17	0.1304	0.8315	0.0381

中间撑杆运用正则化频率变化率指标进行的损伤识别的结果如图 3.2-14 所示，两条线交点附近单元即为损伤单元，从图（a）及图（b）可见第 2、3、4 根撑杆均有可能是损伤撑杆，可见采用一阶正则化频率变化率曲线以及二阶正则化频率变化率曲线的识别效果并不明显。但从图（c）可以明显看出中间撑杆即为损伤杆件，因此利用前三阶频率进行损伤识别取得良好效果。

图 3.2-15 为工况 T17 的损伤识别结果，可以看出，第 2、4 根撑杆均有可能为损伤杆件，这是由于撑杆与拉索单元均具有对称性，说明该指标无法判断对称位置是否发生损伤，需要进一步考证。

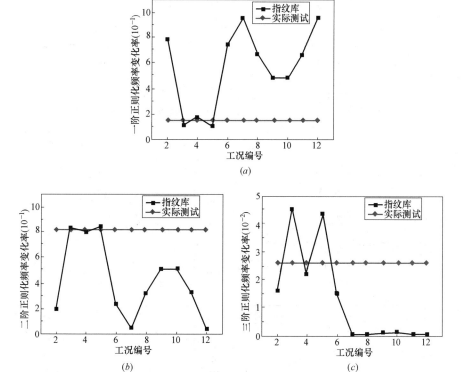

图 3.2-14 索撑单元工况 T16 损伤识别结果

（a）一阶正则化频率变化率识别效果；（b）二阶正则化频率变化率识别效果；
（c）三阶正则化频率变化率识别效果

（2）桁架单元

1）单损伤识别

图 3.2-16 是第一榀试验 T1~T6 工况的曲率模态差曲线，可以得到如下分析结果：

① 图（a）、（c）所示工况 T1、T3 前三阶曲率模态差曲线，曲线突变最明显的位置

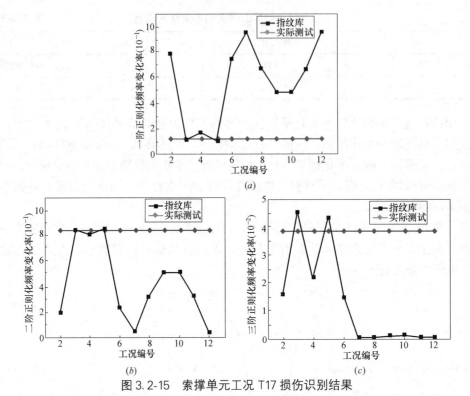

图 3.2-15　索撑单元工况 T17 损伤识别结果

(*a*) 一阶正则化频率变化率识别效果；(*b*) 二阶正则化频率变化率识别效果；(*c*) 三阶正则化频率变化率识别效果

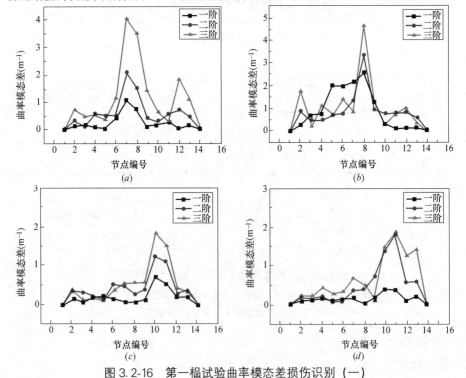

图 3.2-16　第一榀试验曲率模态差损伤识别 (一)

(*a*) 工况 T1 曲率模态差曲线；(*b*) 工况 T2 曲率模态差曲线；

(*c*) 工况 T3 曲率模态差曲线；(*d*) 工况 T4 曲率模态差曲线

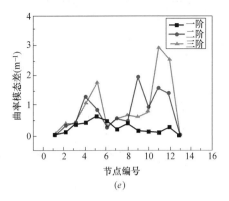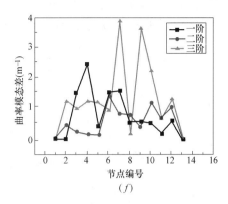

图 3.2-16 第一榀试验曲率模态差损伤识别（二）

(*e*) 工况 T5 曲率模态差曲线；(*f*) 工况 T6 曲率模态差曲线

是节点 7、8 处与 10、11 处，即预设损伤位置，说明识别效果较好，另外越高阶振型数据得到的曲率模态差曲线损伤位置突变越明显，但是越高阶带来的干扰也越大，这是模态试验获取模态参数时带来的误差，越高阶模态参数越难获取。

② 图 (*b*)、(*d*) 为工况 T2、T4，即上弦杆大损伤情况，虽然最大的突变处也与预设损伤位置吻合，但是大损伤情况曲线突变位置明显增多，可见曲率模态差曲线对于大损伤情况识别效果一般。

③ 图 (*e*)、(*f*) 为工况 T5、T6，即下弦杆损伤情况，曲线突变较无规则，影响了对损伤位置的判断，由此可见曲率模态差曲线对于下弦杆损伤识别效果不佳。

④ 不同位置曲率模态差曲线呈现的状态不一样，曲率模态差损伤识别指标对于结构不同部位的损伤识别效果也不一样，虽然损伤位置突变很明显，但是其余干扰因素也会引起无规则的突变。且由于下弦杆受力复杂，导致损伤识别难度增大。

图 3.2-17 为第二榀试验曲率模态差损伤识别效果，由于第二榀试验在试验模型节点处加入了质量块，导致结构动态特性发生了变化，尽管模态试验获取模态参数的影响因素增多，但还是仍可明显得出损伤识别的判断，损伤识别效果较好。

由图 3.2-18 所示第一榀试验模态柔度差曲率曲线，可以得出如下结论：

① 工况 T1～T4 前三阶模态柔度差曲率曲线损伤识别效果图，曲线突变最明显的位置是节点 7、8 处与 10、11 处，与预设损伤位置吻合，说明损伤识别效果较好，与曲率模态差曲线相比，模态柔度差曲率曲线更稳定，且干扰项较少。

② 越多阶振型数据获得的模态柔度差曲率曲线损伤位置突变越明显，只用一阶模态数据获得的模态柔度差曲率曲线损伤识别效果，没有利用前三阶模态数据获得的模态柔度差曲率曲线损伤识别效果好，且利用前三阶模态数据完全可以满足损伤识别的精度要求。

③ 图 (*b*)、(*d*) 为工况 T2、T4，也即上弦杆大损伤情况，损伤识别效果较好。

④ 图 (*e*)、(*f*) 为工况 T5、T6，即下弦杆损伤情况，曲线除了损伤预设位置处有明显突变，在其他位置也出现了影响判断的干扰突变，结果表明模态柔度差曲率指标对于下弦杆损伤识别效果一般。

图 3.2-19 为第一榀试验同一位置不同损伤程度曲率模态差曲线，结果表明损伤程度越大，曲率模态差曲线突变程度越大，由此可得到结论：曲率模态差曲线可以定性判断损

伤程度的大小。但越高阶曲率模态曲线不同程度损伤引起的突变程度差距越小，因此利用一阶、二阶模态数据就可以定性判断损伤程度。

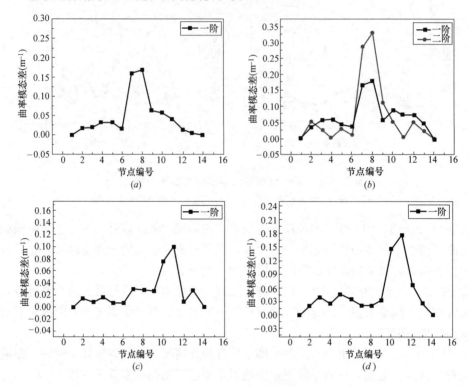

图 3.2-17　第二榀试验曲率模态差损伤识别

（*a*）工况 T9 曲率模态差曲线；（*b*）工况 T10 曲率模态差曲线；
（*c*）工况 T11 曲率模态差曲线；（*d*）工况 T12 曲率模态差曲线

图 3.2-20 为第一榀试验同一位置不同损伤程度模态柔度差曲率曲线，也可得到类似曲率模态差指标的结论，即模态柔度差曲率曲线可以定性判断损伤程度的大小。

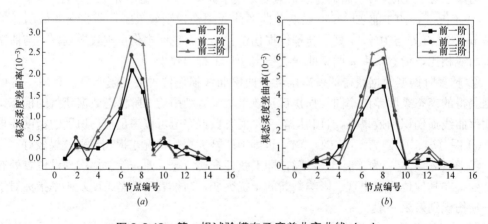

图 3.2-18　第一榀试验模态柔度差曲率曲线（一）

（*a*）工况 T1 模态柔度差曲率曲线；（*b*）工况 T2 模态柔度差曲率曲线

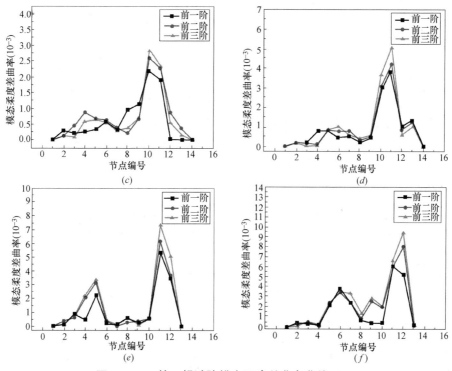

图 3.2-18　第一榀试验模态柔度差曲率曲线（二）

（c）工况 T3 模态柔度差曲率曲线；（d）工况 T4 模态柔度差曲率曲线；
（e）工况 T5 模态柔度差曲率曲线；（f）工况 T6 模态柔度差曲率曲线

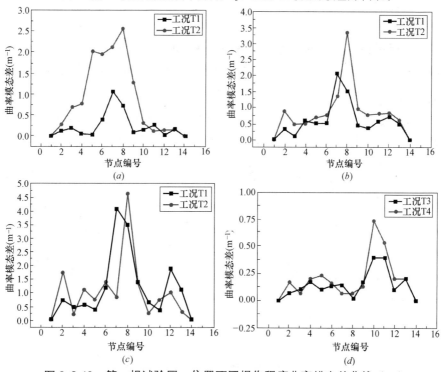

图 3.2-19　第一榀试验同一位置不同损伤程度曲率模态差曲线（一）

（a）工况 T1、T2 一阶曲率模态差曲线；（b）工况 T1、T2 二阶曲率模态差曲线；
（c）工况 T1、T2 三阶曲率模态差曲线；（d）工况 T3、T4 一阶曲率模态差曲线

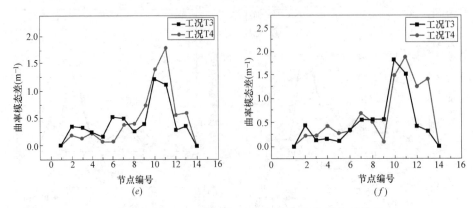

图 3.2-19　第一榀试验同一位置不同损伤程度曲率模态差曲线（二）

(*e*) 工况 T3、T4 二阶曲率模态差曲线；(*f*) 工况 T3、T4 三阶曲率模态差曲线

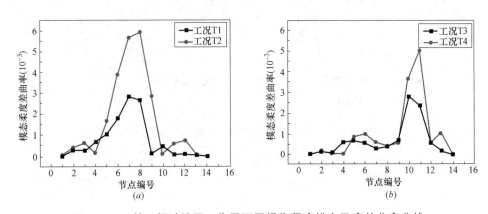

图 3.2-20　第一榀试验同一位置不同损伤程度模态柔度差曲率曲线

(*a*) 工况 T1、T2 前三阶模态柔度差曲率曲线；(*b*) 工况 T3、T4 前三阶模态柔度差曲率曲线

2）多损伤识别

图 3.2-21 为工况 T7、T13 曲率模态差曲线图，为上弦杆多损伤情况下的损伤识别效果，可以明显看到曲线在节点 7、8 与节点 10、11 处突变明显，多损伤损伤识别效果较

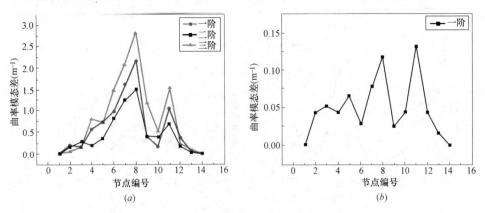

图 3.2-21　曲率模态差曲线多损伤识别

(*a*) 工况 T7 曲率模态差曲线；(*b*) 工况 T13 曲率模态差曲线

好。其中图（b）为第二榀试验多损伤识别效果，在节点 5 处发生了较为明显的小突变，会影响损伤识别效果。

图 3.2-22 为工况 T13 模态柔度差曲率曲线图，为上弦杆多损伤情况下的损伤识别效果，可以明显看到曲线在节点 7、8 与节点 10、11 处突变明显，多损伤损伤识别效果较好。

（3）拉索预应力

试验过程中通过转动螺杆与套筒，调节预应力拉索的长度，相当于对拉索施加初应变，来调整拉索预应力的大小，实现拉索预应力损失的模拟。本试验利用 T18、T19、T20 三个工况进行拉索预应力损伤识别的验证，可知拉索预应力对于结构整体频率影响较小，具体如表 3.2-12 所示。

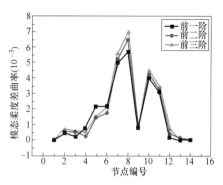

图 3.2-22 工况 T13 模态柔度
差曲率曲线多损伤识别

预应力对结构频率影响   表 3.2-12

工况	预应力值	预应力损失	一阶频率（Hz）	二阶频率（Hz）	三阶频率（Hz）
无损	2kN	无	8.3	17.58	37.79
T18	1.5kN	25％	8.2	17.15	38.67
T19	1kN	50％	8.11	16.14	38.34
T20	0.5kN	75％	7.69	16.25	39.56

3.2.5.3 分析结论

通过对张弦结构缩尺模型进行损伤识别试验，并与损伤识别数值模拟进行对比分析，得出以下结论：

（1）试验中存在诸多不确定因素，事先不一定能考虑周全。比如各构件的加工缺陷、滑动铰支座不理想、侧向支撑摩擦影响等，这些影响因素或多或少都会对试验结果产生影响，其中影响较大的应该是滑动铰支座以及侧向支撑的摩擦问题，使其与模拟时采用的约束形式不太一致。因此如果需要更加精确的模拟或者测试张弦结构的模态数据，应该进一步考虑这方面的影响。

（2）试验测试设备调试是试验成功与否的关键因素，需要对动态信号测试系统各参数进行调试，选取正确的参数，并且还需要对锤头材质、激励方式、传感器布置形式进行一一对比，确定最适合的测试方案。

（3）试验通过端板连接采用替换不同尺寸杆件来模拟杆件损伤，在实际操作过程中，每一次替换杆件都需要对结构进行卸载，再进行杆件替换。因此替换杆件制作尺寸需要非常精确，不然替换杆件会出现较大困难。

（4）损伤工况设计时应该充分考虑在无损结构上进行测试系统对比调试，在全面了解结构测试方法的情况下再进行其他损伤工况的测试，因此工况设计时应该尽可能多考虑对比因素，比如本试验包括对锤头材质、传感器布置方式、激励方式、损伤位置与损伤程度等因素进行了对比，取得了不错的效果。

（5）通过试验可以对张弦结构有更为全面的了解，也为后期张弦结构模拟提供很好的参考价值。结构损伤识别试验本身也是防患于未然，研究结构存在的隐患，将危害扼杀在初始阶段，因此对既有结构进行损伤检测、加固是很有必要的。

（6）采用前三阶频率针对正则化频率变化率指标进行损伤识别，可以取得良好效果，但是由于撑杆与拉索单元均具有对称性，正则化频率变化率指标无法判断对称单元的损伤情况，这也是该指标识别损伤的一个缺点，对称位置的损伤识别需要进一步考证。

（7）曲率模态差指标损伤识别方法对于张弦结构损伤识别效果较好，尤其上弦杆效果较好，对于下弦杆损伤识别效果一般，不同位置损伤识别效果不同，但是整体效果都比较理想。每一阶曲率模态差曲线都可以进行损伤识别，越高阶曲线突变程度越大，但是高阶曲线也会带来更多误差影响因素，一般运用前两阶曲率模态差曲线就可以得到较好的损伤识别效果。曲率模态差对于张弦结构大损伤的识别一般，会产生较多影响判别的曲线突变。对于同一位置发生不同程度损伤的情况来看，损伤程度越大曲线突变程度越大，因此该损伤识别方法可以进行结构损伤程度定性判别。对于结构多损伤情况，曲率模态差曲线可以较好地进行损伤识别，识别效果较好。

（8）与曲率模态差曲线相比，模态柔度差曲率曲线更稳定，干扰项较少。越多阶振型数据获得的模态柔度差曲率曲线损伤位置突变越明显，但只用一阶模态数据获得的模态柔度差曲率曲线损伤识别效果没有利用前三阶模态数据获得的模态柔度差曲率曲线损伤识别效果好，而且利用前三阶模态数据完全可以满足损伤识别的条件。对于杆件大损伤情况，模态柔度差曲率指标也具有良好的损伤识别效果。

（9）由于下弦杆受力较为复杂，而且其损伤对模态数据影响较大，因此对于下弦杆损伤识别效果较为一般，可以在后续工作中进行深入研究。

（10）试验模态分析由于约束条件、实际材料属性与有限元模拟条件存在一定差异，并且预设损伤以及集中质量均存在一定离散性。因此，对于试验模态分析频率数据与有限元分析吻合较好，但振型数据有一定误差。尤其是第二榀试验模型，因为在上弦部位加入了质量块，使得试验误差增大，试验效果一般。

3.3　非接触式损伤识别及性能评价技术

目前的损伤识别研究工作均以接触式的测量系统为基础，对于大跨度的预应力钢结构，接触式传感器在现场实测的使用中测点选择少，有线布置工作量大、走线困难，这些实际问题成为大跨度空间结构损伤诊治的难题。本章介绍了一种非接触式的损伤识别技术，在实际测量中更为便捷、快速，尤其对于预应力张弦结构的损伤诊治具有明显的实际工程优势。

3.3.1　基于传递函数的损伤识别理论

通过模态试验可获取传递函数，但由于不同参数识别方法具有不同的要求，对传递函数中的信息要求也不一样，故而对所选取的激励方式也将有所不同。因此，想要使得测量得到的传递函数具备足够的模态信息，就必须先对传递函数的性质进行研究。

目前，通过结构振动测试来进行损伤识别的方法，均要求同时测得所施加结构的激励和响应，由此来获取有效的结构动力特征。由结构的物理参数模型，结合模态参数模型，分析得到结构的非参数模型，从而能够提取到有效的损伤信息，进行损伤识别。综上，结构动力特征参数涉及振动测试的直接目的，也奠定了结构损伤识别的基础，故而如何选择结构的动力特征参数就尤为重要。

根据前文的文献综述，国内外学者大多由结构的模态分析建立针对结构的损伤识别方法，识别的基本变量均为模态参数。但在实际测量过程中，测试结果会受到待测系统、外部激励源、张弦结构边界条件以及预应力松弛程度等诸多因素的干扰，得到的测试结果大多存在噪声，出现模态丢失、模态偏移、模态虚假等现象。除此之外，试验中所用的张弦结构尺寸较小，模态的低阶频段密集。因此，在实际测量过程中，模态参数的评定会受到诸多因素的影响，模态的拟合、处理效果不佳，存在一定的误差，这对张弦结构的损伤识别质量带来了较大的干扰。但对于传递函数而言，其函数本身包含的有关结构模态参数的信息更加直接、丰富，因此从这些原始的数据信息中提取有关的损伤识别参数将会更加准确。基于此，本章将针对传递函数的基本概念和基本意义，结合张弦结构的结构特征，从中提取出有效的损伤识别参数，即结构的固有频率，为后续的损伤识别以及与频率指纹库的对比打下基础。

3.3.1.1 传递函数概念与物理意义

对于一个黏性阻尼系统，若其自由度为 n，则该系统的振动微分方程可以按下式表示：

$$[M]\{\ddot{x}\}+[C]\{\dot{x}\}+[K]\{x\}=\{f(t)\} \tag{3.3-1}$$

其中：

$$[C]=\alpha[M]+\beta[K] \tag{3.3-2}$$

其中 $[C]$ 为黏性阻尼矩阵，是正定或者半正定对称矩阵，$n \times n$ 阶；α 和 β 分别为表征系统外、内阻尼的相关常数。显然，可对 C 进行对角化。

$\{x\}$ 为位移列阵，n 阶。可将其看作无限个模态振型的线性组合，即：

$$\{x\} = \sum_{r=1}^{N} q_r\{\varphi_r\} \tag{3.3-3}$$

经整理，可得：

$$m_s \ddot{q}_s + c_s \dot{q}_s + k_s q_s = \{\varphi_s\}^{\mathrm{T}}\{f(t)\} \tag{3.3-4}$$

式中，m_s、c_s、k_s 分别为模态质量、模态阻尼和模态刚度。令：

$$\{f(t)\}=\{F\}e^{\mathrm{jox}} \tag{3.3-5}$$

$$q_s - Q_s e^{\mathrm{jox}} \tag{3.3-6}$$

Q_s 为在某阶模态力下对应的结构响应位移。经整理，可得：

$$Q_s = \frac{\{\varphi_s\}^{\mathrm{T}}\{F\}}{-\omega^2 m_s + j\omega c_s + k_s} \tag{3.3-7}$$

在不考虑初始条件的情况下，结构的响应可通过式（4.4-8）表示。

$$\{x\} = \begin{Bmatrix} X_1 \\ X_2 \\ \vdots \\ X_N \end{Bmatrix} e^{\mathrm{jox}} = \sum_{r=1}^{N} q_r \{\varphi_r\} = \sum_{r=1}^{N} Q\{\varphi_r\} e^{\mathrm{jox}} \tag{3.3-8}$$

$$\{x\} = \begin{Bmatrix} X_1 \\ X_2 \\ \vdots \\ X_N \end{Bmatrix} e^{\mathrm{jox}} = \sum_{r=1}^{N} q_r \{\varphi_r\}$$

$$= \sum_{r=1}^{N} \frac{\{\varphi_r\}^{\mathrm{T}} \{F\} \{\varphi_r\}}{-\omega^2 m_r + j\omega c_r + k_r} = \sum_{r=1}^{N} \frac{\{\varphi_r\} \{\varphi_r\}^{\mathrm{T}}}{-\omega^2 m_r + j\omega c_r + k_r} \{F\} \tag{3.3-9}$$

通过式（3.3-9）即可计算得到多自由度阻尼系统中系统响应与激励的模态模型。经过变换，式（3.3-9）可表达如下式：

$$\{X\} = \sum_{r=1}^{N} \frac{\{\varphi_r\} \{\varphi_r\}^{\mathrm{T}} \{F\}}{k_r \left[1 - \left(\frac{\omega}{\Omega_r} \right)^2 + j2\zeta_r \left(\frac{\omega}{\Omega_r} \right) \right]} = \sum_{r=1}^{N} \frac{\{\varphi_r\} \{\varphi_r\}^{\mathrm{T}} \{F\}}{k_r \left[1 - \lambda_r^2 + j2\zeta_r \lambda_r \right]} \tag{3.3-10}$$

式中，$\Omega_r = \sqrt{k_r/m_r}$，$\lambda_r = \omega/\Omega_r$。假定只在结构的 j 点作用有激振力 F_j，则：

$$\{F\} = \{0 \quad 0 \quad \cdots \quad F_j \quad 0 \quad \cdots \quad 0\}^{\mathrm{T}} \tag{3.3-11}$$

$$X_i = \sum_{r=1}^{N} \frac{\varphi_{ir} \varphi_{jr} F_j}{k_r \left[1 - \lambda_r^2 + j2\zeta_r \lambda_r \right]} \tag{3.3-12}$$

这样，任意 i 点处的响应为：

$$X_i = \sum_{r=1}^{N} \frac{\varphi_{ir} \varphi_{jr} F_j}{k_r \left[1 - \lambda_r^2 + j2\zeta_r \lambda_r \right]} \tag{3.3-13}$$

于是可得：

$$\frac{X_i}{F_j} = \sum_{r=1}^{N} \frac{\varphi_{ir} \varphi_{jr}}{k_r \left[1 - \lambda_r^2 + j2\zeta_r \lambda_r \right]} \tag{3.3-14}$$

定义：

$$H_{ij}(\omega) = X_i / F_j \tag{3.3-15}$$

上式中的 $H_{ij}(\omega)$ 即定义为 i、j 之间的传递函数。表征了稳态系统与激励力幅值的比值，亦即在 j 点施加单位荷载时，i 点处产生的响应，是结构系统固有特性的一种体现，是通过模态参数分析得到的非参数模型，其参变量为外部激励与结构自身的响应。

根据实际测试过程中响应物理量的不同，可以分为位移、速度、加速度传递函数。也可根据激励点与响应点的相对位置，分为原点传递函数（激励点与拾振点重合）、跨点传递函数（激励点与拾振点不重合）。

传递函数的测量是在选定激励点与拾振点后，在激励点施加激励，并在拾振点测得结构的实时响应，获取系统输入输出样本，系统的传递函数利用系统分析处理模块得到。

（1）传递函数的矩阵形式

当系统仅有单个激励力 F_j 作用时，传递函数为：

$$X_i = H_{ij} F_j \tag{3.3-16}$$

若激励力为：

$$\{F\}=\{F_1 \quad F_2 \quad \cdots \quad F_N\}^{\mathrm{T}} \tag{3.3-17}$$

根据线性叠加原理，应有：

$$X_i = H_{i1}F_1 + H_{i2}F_2 + \cdots + H_{iN}F_N = [H_{i1} \quad H_{i2} \quad \cdots \quad H_{iN}]\begin{Bmatrix} F_1 \\ F_2 \\ \vdots \\ F_N \end{Bmatrix} \tag{3.3-18}$$

从而有：

$$\{X\}=\begin{Bmatrix} X_1 \\ X_2 \\ \vdots \\ X_N \end{Bmatrix}=\begin{bmatrix} H_{11} & H_{12} & \cdots & H_{1N} \\ H_{21} & H_{22} & \cdots & H_{2N} \\ \vdots & \vdots & \cdots & \vdots \\ H_{N1} & H_{N2} & \cdots & H_{NN} \end{bmatrix}\begin{Bmatrix} F_1 \\ F_2 \\ \vdots \\ F_N \end{Bmatrix}=[H]\{F\} \tag{3.3-19}$$

$$[H]=\begin{bmatrix} H_{11} & H_{12} & \cdots & H_{1N} \\ H_{21} & H_{22} & \cdots & H_{2N} \\ \vdots & \vdots & \cdots & \vdots \\ H_{N1} & H_{N2} & \cdots & H_{NN} \end{bmatrix} \tag{3.3-20}$$

其中式（3.3-20）即为传递函数的矩阵表达形式。

由 Maxwell 互等原理可得：

$$H_{ij}=H_{ji} \tag{3.3-21}$$

因而传递函数矩阵是一对称阵。该原理可以检查、纠正系统测试过程中是否存在明显的错误和偏差。

（2）传递函数的测量方法

根据激励力施加位置不同以及拾振点布置方式不同，传递函数的测量方法可分为：

① 固定拾振点法

$[H_{i1} \quad H_{i2} \quad \cdots \quad H_{iN}]$ 为传递函数矩阵表达式中的任一行元素，其物理意义为依次对系统中每一测点 j（$j=1, 2, \cdots, N$）进行激励，在一固定拾振点 i 的响应，由此得到的 N 条传递函数曲线。

故而在实际测量过程中，可以选取一固定的拾振点，在特定方向布置传感器，依次对结构测点施加激励，该系统传递函数的某一行元素可通过计算传感器上的响应得到。固定拾振点法常用于激励点便于移动，响应点或传感器难以移动的结构。根据文献可知，根据这一行元素即可对系统进行模态参数分析，得到所需的模态参数，进而得到非模态参数。

② 固定激励点法

在式（3.3-20）的矩阵中，对于传递函数的任一列元素 $[H_{1i} \quad H_{2i} \quad \cdots \quad H_{Ni}]^{\mathrm{T}}$，其物理意义为对系统中一固定测点 j（$j=1, 2, \cdots, N$）进行激励，依次在测点 i（$i=1$, $2, \cdots, N$）同时测得系统的响应，由此得到的 N 条传递函数曲线。

故而在实际测量过程中，可以选取一固定的激励点，在各个测点的特定方向布置传感器，依次测得不同测点的响应，由此计算得到该系统传递函数的某一列元素。固定激励点法适用于激励系统移动不便，响应点或者传感器移动方便时。根据文献可知，根据这一列元素即可对系统进行模态参数分析，得到所需的模态参数，进而得到非模态参数。

3.3.1.2　传递函数的实虚频曲线

对于多自由度的传递函数而言，一系列单自由度系统的传递曲线经过线性叠加之后即可获得该系统的传递函数。对某一测点的传递函数 H_{ij} 而言，变换后的实部和虚部可用式（3.3-22）表示：

$$
\begin{aligned}
H_{ij} &= \sum_{r=1}^{N}({_rR_{ij}} + j_rI_{ij}) \\
&= \sum_{r=1}^{N}\varphi_{ir}\varphi_{jr}\left[\frac{1-\lambda_r^2}{k_r[(1-\lambda_r^2)^2+(2\zeta_r\lambda_r)^2]}+j\frac{-2\zeta_r\lambda_r}{k_r[(1-\lambda_r^2)^2+(2\zeta_r\lambda_r)^2]}\right] \\
&= \sum_{r=1}^{N}\varphi_{ir}\varphi_{jr}({_rR}+j_rI)
\end{aligned}
\tag{3.3-22}
$$

式中：

$$
{_rR}=\frac{1-\lambda_r^2}{k_r[(1-\lambda_r^2)^2+(2\zeta_r\lambda_r)^2]}
\tag{3.3-23}
$$

$$
{_rI}=\frac{-2\zeta_r\lambda_r}{k_r[(1-\lambda_r^2)^2+(2\zeta_r\lambda_r)^2]}
\tag{3.3-24}
$$

由式（3.3-23）和式（3.3-24）可分别绘制出该测点 H_{ij} 的幅频曲线、实频曲线和虚频曲线，这些曲线的物理意义如下：

（1）在小阻尼情况下，固有频率 Ω_r 为虚频曲线峰值，半功率点 ω_a、ω_b 为实频曲线峰值所对应的频率。

（2）某阶模态振型在测点处的坐标之比为幅频曲线在该阶模态频率处峰值之比。

（3）某阶模态振型在各测点处的坐标之比为虚频曲线（或速度传递函数实频曲线）在该阶模态频率处峰值之比。

（4）某阶模态振型在各测点处的坐标之比为各测点传递函数在某阶模态频率处的导纳圆直径之比。

测点间互功率谱的相位关系可确定测点处的振型坐标符号，采用同象同号、异象异号的符号准则。

3.3.1.3　实测传递函数质量评价

在通过 FFT 及平均技术等信号处理技术之后，获取了结构的传递函数，此时通过平函数的估算形式即可求得被测结构的相干函数。相干函数考察了实测的传递函数中噪声和其他干扰因素的影响程度，以及传递函数的信噪比，这对后续其他参数的识别结果有着重要的意义。

式（3.3-25）为谱相干函数的定义：

$$
\gamma_{fx}^2(f)=\frac{[G_{fx}(f)]^2}{G_{ff}(f)G_{xx}(f)}
\tag{3.3-25}
$$

式中，$f(t)$ 为激励信号，$x(t)$ 为响应信号，$G_{fx}(f)$ 为 $f(t)$、$x(t)$ 的单边互功率谱密度函数，$G_{ff}(f)$、$G_{xx}(f)$ 分别为 $f(t)$、$x(t)$ 的单边自功率谱密度函数。

在振动测试中，激励以及响应信号的相干程度、相干关系可由相干函数表示，其对振动测试具有重要的意义。$\gamma_{fx}^2(f)=1$ 时，代表测得的响应信号完全由相应激励直接产生，中间不存在干扰、噪声等影响；$\gamma^2_{fx}(f)=0$ 时，则代表测得的响应信号与所施加的激励毫无关系。

若 $\gamma^2_{fx}(f)<1$，则可考虑以下几个因素：

（1）在动测过程中，激励 $f(t)$ 和响应 $x(t)$ 信号之后，存在不相关的噪声干扰；

（2）分析测试系统时，响应和激励之间的延迟现象尚未得到补偿；

（3）分析测试系统过程中，响应或者激励信号存在泄漏；

（4）对测试系统本身而言，激励和响应信号之间的关系为非线性。

对于一个测试系统而言，同时存在共振区与反共振区。共振区中，激励信号即便较小，也会引起较大的响应信号，此时较弱的激励信号将受到更多的噪声污染；反共振区中，激励信号即便很大，也难以造成较大的响应信号，此时较弱的响应信号将受到较大的干扰。故而即便在测试过程中，噪声的干扰一定，两个区域信号的强弱也将出现巨大差异，这种情况下求得的相关函数值也将较小。

除此之后，相干函数还与结构的非线性程度、信号截断后的频率泄露等因素有关。

3.3.1.4 张弦结构传递函数测试

根据张弦结构的结构形式特点，其传递函数的测试方法也应根据其结构形式的特点来确定，应考虑以下几点：

（1）激励设备选用。对于测试系统受到的激励而言，一般可分为人工激励和自然激励。试验过程中使用的多为人工激励，这种激励可控性强，并且能够有效测得。考虑到较为复杂的激励设备不便移动，不满足本次试验固定拾振点的方式，故而选择较为便捷的力锤激励方法。力锤激励下，将对测试系统施加瞬态激励，且实际操作便捷，适用于张弦结构的动测试验。

（2）激励方式。在振动测试系统中，不同的激励方式下获取到的传递函数也将有所不同，这将直接影响到所选取的参数识别方法的有效性。通常情况下，可选取的激励方式有单点激励、多点激振与单点分激振。其中单点激励最为常见。在测试过程中，仅对系统的一个测点的一个方向施加激励，而在系统的其他测点、其他方向均不施加激励。单点激励其信号可控性高，因此选择单点激励的方式。使用固定拾振点法，经过单点激励法（SISO 参数识别法，）可测得传递函数的一行元素。

（3）测点布置。本次试验中仅考虑张弦结构的竖向振动，故而只需选取竖直方向的振动响应信号。

（4）传递函数。在获得系统某一测点的激励和响应信号后，即可求得该测点的传递函数。

$$H_{ef}=\frac{X_e(\omega)}{F_f(\omega)} \qquad (3.3\text{-}26)$$

由此，按固定拾振点法，依次激励结构的各测点，由式（3.3-26）即可求得该系统传递函数的一行元素 H_{1f}，H_{2f}，$\cdots$，H_{nf}，n 为测点数。由这一行元素即可获得系统的参数模态信息，从而求得系统的非参数模态信息。

（5）实测传递函数的评价。根据相关理论分析，由某一测点的激励与响应信号，即可得到该测点激励和响应的相干函数，由此可对传递函数的估算进行评价。通常情况下，判断传递函数可靠的条件是相干系数不小于 0.8。若传递函数的质量不可靠，则应对其原因进行分析。一般而言，测量信号中噪声、激励点的选择、结构非线性因素、激振力的大小都会对传递函数的质量造成影响。因此，对相干系数质量欠佳的测点，应对上述因素进行适当调整以获得满意的测量结果。

3.3.2 非接触式损伤识别试验研究

本节针对张弦结构，同时使用接触式加速度传感器和非接触式激光位移传感器，来研究结构的动力特性。同时使用两种测试手段，保证了后期动力特性对比的有效性。并通过构件截面面积减小、预应力损失、构件连接刚度降低来模拟构件发生的损伤，在桁架节点上安放质量块来模拟结构的真实荷载（包括恒载和静载），并使用冲击力锤进行激励的方式来模拟结构的动载。通过实际测量，来总结非接触式测试手段的优点和不足，完善预应力张弦结构的损伤诊治和结构安全性能评估，提出一套适用于预应力张弦结构损伤诊治的动测方法。

针对张弦结构的振动测试试验的目的如下：

（1）验证张弦结构提取动测信号、去噪声等信号采集与处理方法的有效性；

（2）考察了预应力张弦结构非接触式损伤识别方法，为其提供了有力的试验依据和数据支撑；

（3）考察使用非接触式激光位移传感器测量结构振动的可行性，并将该测试手段与接触式加速度传感器的测试结果分析比较；

（4）研究使用冲击力锤激励来测量预应力张弦结构的可行性、可靠性；

（5）初步建立一套可用于实际的非接触式结构损伤诊治的动测方法；

（6）通过试验来研究结构的动力特性，结合试验中出现的问题，分析预应力张弦结构损伤识别手段的优缺点，并提出相应的解决方法。

3.3.2.1 试验模型及设备

本次试验以张弦结构为研究对象，研究结构在完好与有损伤的情况下的动力特性，通过布置加速度传感器和激光位移传感器来测量结构的振动，试件的设计应满足以下要求：

① 张弦结构模型的形式、约束以及模拟荷载应具备较强的代表性；

② 试验模型的动力特性应尽量与实际结构相符，能够真实的反映张弦结构的动力特性；

③ 张弦结构模型的杆件应拆卸方便，以满足结构的损伤设计要求；

④ 张弦结构模型的设计应考虑在实际振动测试过程中，两种不同采集方式下的数据采集以及试验操作。

根据上述要求，试验模型采用前文损伤组合识别试验中的第一榀结构作为试验对象。

为探讨传统接触式测试与非接触式测试的损伤识别诊治效果，分别选择了激光传感器和加速度传感器作为动力采集设备，配合信息采集系统与力锤共同完成动力测试，具体仪器选择如下：

（1）激光位移传感器

采用英国真尚友 ZLDS100 激光位移传感器，具有数字集成一体化结构，0.01%分辨率，0.05%线性度，180kHz 响应。该传感器抗干扰能力较强，能够实现在恶劣环境中的位移测量。其基本工作原理是光学三角法，如图 3.3-1 所示。

（2）加速度传感器

由于本次试验为考察激光位移传感器在预应力张弦结构损伤识别中的应用，故拟用加速度传感器作为另一种拾振器对比两种拾振设备的有效性。本次使用的加速度传感器为 TEST3000 低频加速度传感器，该传感器输出信号为电压，灵敏度高，实测中所选用的传感器如图 3.3-2 所示，其具体参数如表 3.3-1 所示。

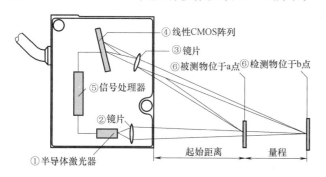

图 3.3-1 光学三角法原理图　　　　　　　　图 3.3-2 TEST3000 低频传感器

test3000 低频传感器参数表　　　　　　　　　　　　　　　表 3.3-1

灵敏度（V）	最大量程（m/s²p）	分辨率（m/s²）	拾振方向
～0.3	20	3×10^{-6}	竖直

（3）信号采集及处理设备

采用 TEST3000 动态信号测试分析系统，该系统能对速度、加速度进行精确的测量和分析，可实时显示信号、采样以及存储。信号采集及处理设备如图 3.3-3 所示。

（4）冲击力锤

冲击力锤的选用应考虑试验模型的刚度、振动特性，要产生足够的激振能量，除此之外，灵敏度等还应满足一定的要求。本次试验中使用的冲击力锤为低频，该力锤的量程为50kN，本次敲击的力度大约在 10kN 附近，如图 3.3-4 所示。

图 3.3-3 信号采集设备

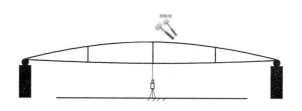

图 3.3-4 冲击力锤示意图

3. 3. 2. 2 试验设计和测试方法

（1）试验损伤工况设计

在实际服役期间，外部环境的变化、荷载等诸多因素均会对张弦结构产生影响，并且之后结构本身的预应力在使用过程中也会出现不同程度的损耗。因此个别杆件会不可避免的出现不同程度的损伤，包括连接节点的松动、杆件的锈蚀和磨损、开裂等现象。这些质量问题都可能对结构的安全性造成影响。根据实际损伤的可能情况，并同时考虑到试验过程中拆装的便利，对张弦结构的损伤工况按以下情况设计。

主要的损伤工况为上弦中间杆件损伤 51%，即截面减少 51%，预应力加载 248kg。将拼装完好的张弦结构作为无损的结构模型。将待更换杆件设计为可拆卸的，试验中通过更换特定杆件来模拟结构的局部损伤。

（2）试验加载设计

1）加载设计

试验拟通过激光位移传感器和加速度传感器，测量张弦结构在不同工况下的动力响应（位移和加速度），得到结构的动力特性，来反演结构的模态参数，识别其损伤。故试验拟模拟结构在真实情况下的静力荷载工况，考察其在持荷工况下的动力响应。根据结构损伤研究的目的，现设计如下两种荷载工况：

① 空载工况。在结构侧向支撑、支座约束等均拼装完成，并对拉索施加预应力后，但未施加模拟静载。此时结构除了支座与水平侧向支撑的约束、自重以及预应力外，自身不受其余外荷载影响，结构的固有特性能够较为准确地测得。

② 持荷工况。在结构完成拼装之后，在上桁架各节点通过放置质量块，模拟结构在真实情况下的静载，此时结构已处于正常工作状态。由于受到了模拟静载的作用，结构的质量、刚度以及阻尼等动力影响因素都随之增加，结构的模态特征发生了改变，故而此时测量的动力特性，能够更好地反映结构在正常工作状态下的模态特征。

2）试验模型

① 空载模型。试验中结构的支座固定在刚性千斤架上，桁架的杆件均已拼装完成，拉索的预应力施加完毕，质量块尚未放置，结构的质量仅为结构自重，结构刚度仅与所施加的预应力和杆件的空间属性有关。

② 持荷模型。基于空载模型，采用定量堆载的方式，在上弦杆各节点放置质量为20kg的钢块。

（3）传感器布置

试验中采用了两种传感器，一种为加速度传感器，一种为激光位移传感器，应对两种传感器选择合适并相容的布置方式，以达到各自的测量目标，并能够实现互相参照的试验目的。

① 激光位移传感器的布置

为了满足 SISO 参数识别要求，本试验选用单点激励的单输入单输出方式配置激光传感器。在设置测点时，需保证激励点与各阶模态的振型节点不重合，且激励力需具备适宜的能量（过大或过小均不利于测试），确保各测点的输出信号能够涵盖各阶模态的信息，从而保证测试信号的有效性。将激光位移传感器安置于某一固定节点，如图 3.3-5 所示。选择若干激励点后，使用力锤依次敲击，分别测得激励对应测量点的响应，经后续计算处理得到结构上各激励点的传递函数。为了得到清晰的某阶模态振型特征，需将拾振点布置在该阶模态的振幅点上，此时传感器能够获取明显的响应；而将拾振点布置在振幅为 0 的该阶模态节点上，传感器获取的响应不明显，将降低模态振型特征的准确性。由此可知，传感器位置的选取十分重要，这将直接影响响应信号的优劣，甚至影响模态振型特征的有效性。

图 3.3-5　激光位移传感器布置

② 加速度传感器的布置

加速度传感器安放原理和激光位移传感器相似，同样需要放置在结构振型的振幅点，以清晰准确地反映结构的模态特征。但加速度传感器的放置相对简便。本试验针对加速度传感器，采用了单输入多输出的参数识别方法，即单点激励，多点拾振。

针对单跨简支梁结构，其模态振型中，一阶的模态振型为 1/2 周期的正弦曲线，如图 3.3-6 所示，结构跨中为最大振幅点，结构两端支座是模态节点；二阶的模态振型呈现为完整的正弦周期曲线，如图 3.3-7 所示，最大振幅点位于 1/4 跨与 3/4 跨处，模态节点位于跨中与两端支座处；三阶振型为 3/2 周期的正弦曲线，如图 3.3-8 所示，最大振幅点位于 1/6，1/2，5/6 跨，模态节点位于 1/3、2/3 与两端节点处。故而针对

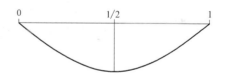

图 3.3-6　第一阶振型

前 3 阶频率而言，为了得到较为清晰准确的响应效果，拾振点不应设置于梁跨的 1/3、2/3、1/2 处。除此之后，其余各点均可设置为拾振点。

本次试验中的结构模型为三维空间结构，根据文献，结构的整体模态由三个方向（水平 X、竖直 Y、整直 Z）的模态组合得到，而结构整体模态阶数不小于单方向模态阶数。由上述结论可得，整体模态阶数等于 10 时，结构的单方向模态阶数为 3。因此本试验中传感器的布置仅需考虑竖直 Y 方向的 3 阶模态，避开前 3 阶振型的模态节点即可。

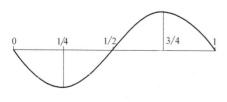

图 3.3-7　第二阶振型

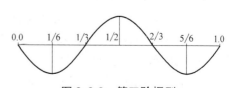

图 3.3-8　第三阶振型

（4）测试内容

针对预应力张弦结构，分别通过布置加速度传感器和激光位移传感器实测其传递函数，并实现对结构的损伤识别。结构的激励信号和响应信号是获得传递函数的基础。因此，在实测过程中，张弦结构试验的具体测试内容如下：

① 测量张弦结构在受荷状态下，拉索在全过程中的预应力值；

② 测量结构在无损状态下，各测点的加速度时程响应信号、位移时程响应信号和激励的时程信号；

③ 测量结构在有损状态下，各测点的加速度时程响应信号、位移时程响应信号和激励的时程信号。

（5）测试方法及步骤

对张弦结构而言，用 SISO（单输入、单输出）频域法作参数识别时，使用冲击力锤得到的结果可满足试验要求。冲击力锤在 1972 年由 PCB 和辛辛那提大学联合提出。冲击力锤一般带有力传感器，用以测量冲击激励信号，锤体和锤柄为一体，锤头可以更换，以达到不同的激振能量。

对冲击激励而言，对结构产生的是一种脉冲信号。理想的脉冲信号，又叫做 δ 函数，其傅里叶谱为一水平直线，能够涵盖所有的频率成分。然而实际试验过程中，冲击激励信号是宽度有限、高度有限的脉冲信号。脉冲激励信号的宽度代表了激励的作用时间，高度代表了激励的幅值大小。可以看出，在低频段能量近似均匀分布，而在高频段能量逐步衰减。可见，实际冲击激励的力谱总是有限带宽上的频谱，其有效频带只是低频部分。

理论上，冲击力时域信号可近似用半个正弦波表示，即：

其傅氏变换（力谱）为：

$$f(t) = \begin{cases} A_0 \sin \dfrac{\pi}{\tau} t & t \in [0, \tau] \\ 0 & t \notin [0, \tau] \end{cases} \tag{3.3-27}$$

实测的冲击力锤力谱为：

$$s(f) = \frac{4A_0^2 \tau^2 \cos^2 \pi f \tau}{\pi^2 (1 - 4\tau^2 f^2)^2} \tag{3.3-28}$$

本次试验中考虑到激励信号的敲击频率较小，故使用低频锤头，达到更好的测量精度。

结合本章试验设备和信号处理的研究情况，并参考已有文献中的动测方法，现将张弦结构动测的基本步骤总结如下：

① 根据试验目的，设计相关试验的方案、模型；

② 使用 ANSYS 有限元分析软件，利用数值分析的方法，估算张弦结构前 10 阶的固有频率范围以及相关的振动特性，为后续的试验做准备；

③ 试验模型的定做、安装并保证其安装精度和相应支撑的有效性，保证各节点能够正常工作，保证拉索预应力能够得到有效控制和监测；

④ 确保激光位移传感器、加速度传感器以及激励力锤能够有效工作，并通过校准保证其测量精度和正常工作；

⑤ 在结构模型的节点放置质量块，模拟结构正常使用过程中的持荷状态；

⑥ 对拉索施加预应力，并监测预应力在动测过程中的变化；

⑦ 确定两种传感器的布置位置，并安装传感器；

⑧ 检查力锤、各传感器的连接情况，确保能够正常测量，采集数据；

⑨ 按照 SISO 方法，对各个激励点逐个施加激励，并记录相应激励下的拾振点位移和加速度响应，并根据激励和响应的强弱以及噪声的大小，进一步确定激励的强度；

⑩ 通过对不同锤帽逐次试敲，选择能够最好激励张弦结构前几阶频率的锤帽；

⑪ 因响应信号与激励信号的频谱不一样，频谱的范围也存在一定的差异，应采用变时基采样模式，即响应和激励的采样频率不一样。除此之外，尚应对各测量通道的参数、信号强弱等进行检测和校核；

⑫ 选择模型中具有典型代表性的测点试敲，观察测得的信号是否符合响应信号和激励信号的基本形式，并检测噪声是否在接受范围内，并对噪声、信号较差的激励点分析原因，并进行校核；

⑬ 按照确定好的敲击顺序，对张弦模型的敲击点进行逐次激励；测量并采集相应的激励信号和响应信号。敲击时，确保每次敲击力度均在 40kN 左右，保证敲击的稳定和相对固定的敲击间隔，尽量保证每次敲击的能量保持一致；

⑭ 对采集到的信号进行整理和存储。

3.3.2.3 信号的采集和处理

运用两种传感器（激光位移传感器和加速度传感器），采集被测机械量（位移和加速度）并转换成电信号，经前置放大和微积分变换转换成可供分析仪器使用的连续模拟信号。进行数字信号处理的第一步是对连续模拟信号在时间域上的离散化（即采样）；第二步是将时间上离散、幅值上连续的信号，转变得到幅值域离散的数字信号（即量化）。经过一系列放大、离散、量化后得到的测试量，即可用于分析结构的动力特性。

（1）信号采集

采样是将无限长连续信号在时间域上进行离散，即在每个时间间隔 Δt 下对连续信号进行一次采集，得到一组离散脉冲信号。对无线长连续信号 $x(t)$，这一过程的数学表达式为：

$$\widetilde{x}(t_k) = x(t)\widetilde{\delta}(t_k) = \sum_{k=-\infty}^{\infty} x(t)\delta(t - k\Delta t) \tag{3.3-29}$$

其中：

$$\widetilde{\delta}(t_k) = \sum_{k=-\infty}^{\infty} \delta(t - k\Delta t) \tag{3.3-30}$$

单位时间内采集的次数（即采样频率）为：

$$f_s = \frac{1}{\Delta t} \tag{3.3-31}$$

根据采样定理，当采样频率大于或等于原信号中包含的最高频率成分 f_m 的两倍，则采样后离散信号频谱中不会出现频率混叠，保证采样信号的准确性。即：

$$f_s \geq 2f_m \tag{3.3-32}$$

在实际试验时，力锤的冲击信号持续时间较短，需要较高的采样频率才能满足信号的准确性；而张弦桁架结构响应频率的最高成分较低。因此，在采集激励信号与响应信号时，若采用同一种采样频率会出现较大误差。故而在采集试验数据时，应考虑以下几点确定采样频率：

① 对张弦结构模型进行有限元分析，估算其固有频率。使用 ANSYS 分析程序，根据张弦结构的边界支座情况、实际的布置等，进行仿真分析，估算出结构前几阶频率的分布范围；

② 根据估算得到的结构固有频率的分布，初步选择力锤单次脉冲的冲击能量以及激励信号的采样频率；

③ 通过试测得到的数据，分析结构的最高固有频率，确定激励和响应的采样频率。

通过结构试测之后发现，结构的前 6 阶固有频率均可认为是稳态，而第 7 阶及其以后的频率稳定性不能得到保证，故而响应信号的最高频率成分确定为结构的第 3 阶固有频率。

最终采用的采样频率为，激励采样频率为 2000Hz，响应通道采用频率为 1000Hz。

（2）动态测试后处理

通过信号采集得到实测激励和响应（位移和加速度）的时间历程后，需通过一定的方法来对信号进行处理，获得测试结构的非参数模型——传递函数等，这一过程即为动态测试后处理。

在信号处理的过程中，须对无限长连续信号截断（即截取测量信号中的一段）后所得有限长信号进行处理，这将带来截断误差，截取的有限长信号并不能完全反映原信号的频率特性。从能量角度来讲，这种现象相当于原信号各种频率成分处的能量渗透到其他频率成分上，也叫做功率泄露。故而，需对采样后得到的信号进行进一步的处理。

① 平均技术

在信号处理阶段，通过平均技术可降低噪声的影响，但平均技术应用的前提是将噪声视为随机信号。不同类型信号所用平均方法不同，对确定性信号，可采用时域平均技术，取多个等长度时域信号样本，采样后将对应数据进行平均，可得到噪声水平较小的有效信号。

本次试验中，在用力锤对结构施加激励时，每个激励点敲击 10 次，即每个激励点可获得 10 组激励的时域信号和 10 组响应的时域信号。信号处理过程中，须对当前组靠后部分的信号与下一组靠前部分的信号做平均处理——叠盖平均。这样可达到对信号进行部分消噪的效果，并有效降低噪声的偏差与波动，得到的时程曲线毛刺减少，更加平滑，但实际存在的噪声均值并没有得到消除，信噪比仍未得到提高。

② 窗函数去噪声

对无限长信号进行截断，取出其中有限长信号进行 FFT 分析时，相当于加了一个矩形窗，由于截取出的信号在首端和尾端部分不连续，存在差异，这样会导致频率发生泄露，出现"皱波现象"。使得频谱出现新的频率成分，谱值首尾部分的大小出现变化，对后续的数据分析增加难度。而如果改变这种突然截断的方式，泄露就可以得到改善，选择异于矩形窗的适当窗函数，对所取信号样本进行不等权处理，便是一种有效的措施。

为了保证加窗后信号的能量不会改变，要求窗函数和时间轴所围面积与矩形窗面积 T 相等。即对任意窗函数 $w(t)$，要求：

$$\int_0^T w(t)\mathrm{d}t = T \tag{3.3-33}$$

力窗是用于瞬态激励信号的窗函数。对冲击脉冲信号，主要信号为作用时间很短的猝发信号（冲击脉冲、随机猝发、扫频正弦猝发等），之后一般总伴随均值不为零的噪声信号。可采用截短的矩形窗，来消除这些噪声的影响。

$$w(t)=\begin{cases}1 & 0\leqslant t\leqslant T_1 \\ 0 & T_1\leqslant t\leqslant T\end{cases} \tag{3.3-34}$$

实际测量中，单次敲击的力锤冲击力时程曲线如图 3.3-9 所示。直接进行傅里叶变换后的力谱曲线如图 3.3-10 所示。

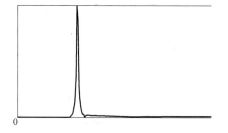

图 3.3-9 未加窗的力锤信号

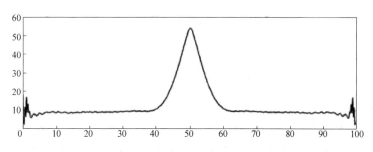

图 3.3-10 未加窗做 FFT 变换后的响应信号

现对激励信号加矩形窗，消除噪声并控制能量泄露。图 3.3-11 为加窗后力锤激励信号的时程曲线，图 3.3-12 为经过傅里叶变换后的力谱。

指数窗用于考察瞬态响应信号，当阻尼较小，自由衰减时间较长，（若）一次采集样本时间内信号不衰减至零，截断信号仍会带来泄露。为此，在截断时可人为给信号加上

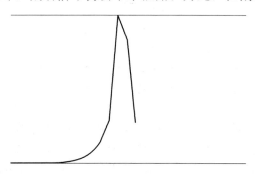

图 3.3-11 加窗后的力锤信号

"阻尼"，使截断信号在末尾近乎衰减至零，即可通过加指数窗实现。指数窗的窗函数为：

$$w(t)=e^{-ut} \tag{3.3-35}$$

其中，u 称为指数窗的衰减指数。未加窗的响应信号如图 3.3-13 所示。

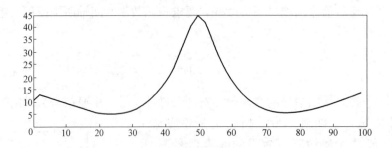

图 3.3-12　加窗后做 FFT 变换后的响应信号

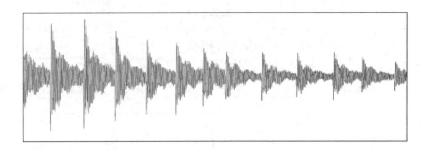

图 3.3-13　未加窗的响应信号

（3）传递函数的估计与评价

在通过 FFT 及评价技术求得激励和响应的自谱和互谱后，可进一步估算结构的传递函数和相干函数。并针对不同的噪声水平的影响，选择不同的传递函数进行估算。

$$H(\omega) = \frac{G_{fx}(\omega)}{G_{ff}(\omega)} \tag{3.3-36}$$

其中，$G_{fx}(\omega)$、$G_{ff}(\omega)$ 分别为通过振动信号求得的互功率谱和自功率谱估计，并用下式进行计算：

$$G_{fx}(\omega) = \frac{2}{nT} \sum_{i=1}^{n} X_i(\omega) F_i^*(\omega) \tag{3.3-37}$$

$$G_{ff}(\omega) = \frac{2}{nT} \sum_{i=1}^{n} F_i(\omega) F_i^*(\omega) \tag{3.3-38}$$

其中，$X_i(\omega)$、$F_i(\omega)$ 分别为响应和激励信号在第 i 个时间点经过傅里叶变换后的数据，$F_i^*(\omega)$ 是 $F_i(\omega)$ 的共轭复数；n 为单次测量中的采样数量（单次激励算一次），在本次试验中为 10。

在实际测试过程中，不可避免地会产生误差和噪声，对于噪声污染而言，可分为响应信号噪声和激励信号噪声。这些噪声都或多或少地会影响到传递函数的估算精度。通过不断增加平均次数，亦即对一个测点进行多次采样，这样计算得到的传递函数，可以消除一部分测量过程中的噪声。但不论是用平均技术还是窗函数来减小噪声的影响，都很难完全消除噪声。故仍需对估算得到的传递函数精度进行评估，可用相干函数 $\gamma^2(\omega)$ 来估计测试信号受噪声的影响情况，以及激励和响应两信号的相干关系，具体计算式如下：

$$\gamma^2(\omega) = \frac{\left| G_{fx}(\omega) \right|}{G_{ff}(\omega) G_{xx}(\omega)} = \frac{H_1(\omega)}{H_2(\omega)} \tag{3.3-39}$$

其中：
$$G_{xx}(\omega) = \frac{2}{nT}\sum_{i=1}^{n} X_i(\omega) X_i^*(\omega)$$

如果测试信号不受噪声影响，则 $H_1(\omega) = H_2(\omega)$，$\gamma^2(\omega) = 1$；如果测试信号完全被噪声淹没，$\dfrac{H_1(\omega)}{H_2(\omega)} \to 0$，$\gamma^2(\omega) = 0$。相干函数反映了测试信号受噪声污染的程度，相干函数越靠近 1，说明噪声污染越小，激励信号与响应信号的相干程度越大，测得的传递函数精度越高。除此之外，相干函数还与信号本身的强弱或信噪比有关。当使用随机激励时，即使噪声水平一定，在共振区和反共振区的强度相差悬殊，因而导致相干函数的值也较小。此外，相干函数还与结构的非线性程度、信号截断后的频率泄露等因素有关。

一般认为，在非共振区或非反共振区，$\gamma^2(\omega) \geqslant 0.8$ 时，传递函数质量是可靠的。如此相干函数就可用来对每一测点的传递函数质量进行评估。

3.3.2.4　数据分析

通过张弦结构的动测试验，采集了信号处理所需的位移响应信号和加速度响应信号。拟通过 matlab 对得到的激励和响应数据进行分析，经过傅里叶变换等处理，得到在加速度和位移响应下的幅频特性曲线和传递函数曲线。并由这些曲线的特性分析得到在两种响应下结构的低阶频率。由此，得到该试验模型的损伤指纹识别量，再与第 4 章中计算得到的频率指纹库进行对比，判断结构的损伤位置，为频率指纹库在损伤识别中的有效性提供验证手段。并对比加速度和位移两种不同响应下所求得的频率等模态信息，从精度、准确性、有效性等方面来评价接触式与非接触测试手段的优劣。

（1）传递函数曲线

对于传递函数的虚频曲线而言，结构阻尼较小时，其峰值对应于结构的各阶固有频率。根据理论分析，将激励信号与响应信号结合，求得结构的频响函数，再通过傅里叶变换，得到其虚频曲线，从中获取结构的频率信息，以此来作为判定结构损伤的标准。

其中，为提高激励和响应的相干性，消除一定的环境噪声，有关的激励和响应信号已做加窗去噪处理。

图 3.3-14 为结构完好无损的情况下，加速度响应时结构的传递函数虚频曲线，该曲线对应的前三个峰值较为明显，故选取这三个峰值所对应的频率为结构的固有频率，分别为 8.2Hz、17.1Hz、30.86Hz。

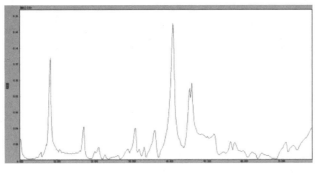

图 3.3-14　无损情况下的加速度传递函数虚频曲线

图 3.3-15 为在结构有损的情况下，加速度响应时结构的传递函数虚频曲线，同样，

选取其前三个峰值所对应的频率作为结构的固有频率。

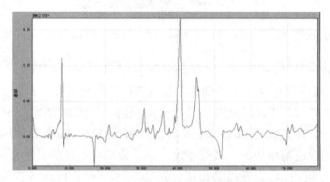

图 3.3-15　有损情况下加速度传递函数虚频

图 3.3-16 为结构在无损情况下，加速度响应时结构的传递函数实频曲线。

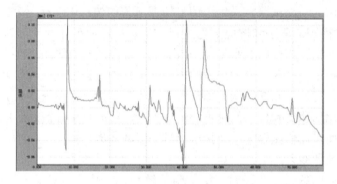

图 3.3-16　无损情况下加速度传递函数的实频

同样，针对由激光位移传感器测得的位移响应信号，使用 matlab 对其进行处理分析，得到有损与无损情况下的位移传递函数曲线，取其虚部对其峰值处的频率进行提取。图 3.3-17、图 3.3-18 分别为无损情况下位移传递函数的虚频和有损情况下位移传递函数的虚频。其前三个峰值所对应的频率分别为 8.12Hz、17.21Hz、30.76Hz；8.63Hz、17.43Hz、30.17Hz。

表 3.3-2 为结构在加速度传感器和位移传感器下有损和无损情况的固有频率。

无损、有损情况下加速度、位移响应下的结构频率　　　　表 3.3-2

阶频	第一阶（Hz）	第二阶（Hz）	第三阶（Hz）
无损加速度测试	8.20	17.10	30.86
无损位移测试	8.12	17.21	30.76
有损位移测试	8.63	17.43	30.17

（2）损伤识别量

根据传递函数的特性，当结构阻尼较小时，可以认为虚频曲线在峰值处所对应的频率即为结构的固有频率 Ω_r。故而对图 3.3-14 中分析得到的虚频曲线进行分析，采用不同的测试手段可以获得结构有损以及无损工况下的固有频率。

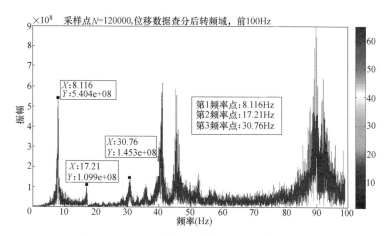

图 3.3-17 无损情况下位移传递函数的虚频

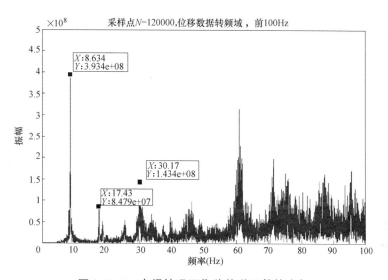

图 3.3-18 有损情况下位移传递函数的虚频

并根据本书 3.1.1 节固有频率的分析理论，通过分析虚频曲线获取结构的固有频率来进行损伤识，即频率变化比 RCF、频率变化平方比 SRCF、正则化频率变化比率 NFCR，如表 3.3-3 所示。

位移响应测试下频率变化比 RCF、变化平方比 SRCF、正则化变化比率 NFCR

表 3.3-3

阶频	RCF	SRCF	NFCR
2/1(1)	3.375	11.390	0.198
3/1(2)	9.29	86.335	0.315
3/2(3)	2.753	7.579	0.487

注：（ ）对应 NFCR 的 1、2、3 阶。

通过与前文建立的频率指纹库进行对照分析得：根据频率变化比 RCF，在 $x/L=$ 0.45 时，RCF 的试验值与频率指纹库的值相近；根据频率变化比 SRCF，在 $x/L=0.45$

时，SRCF 的试验值与频率指纹库的值相近；根据正则化频率变化比 NFCR，在 $x/L=$ 0.45 时，NFCR 的试验值与频率指纹库的值相近。如表 3.3-4～表 3.3-6 所示，上述 3 种频率指纹判定均与结构的实际损失位置相近。

频率变化比 RCF 在不同损伤位置的数据　　　　　　　　表 3.3-4

损伤位置 x/L	RCF_{21}	RCF_{31}	RCF_{32}
0.025	1.444444	1.936508	1.936508
0.050	2.152174	10.08696	10.08696
0.075	3.310345	19.41379	19.41379
0.100	5.25	24.64286	24.64286
0.125	7.888889	30.7037	30.7037
0.150	10.10345	33.82759	33.82759
0.175	11.75758	34.69697	34.69697
0.200	12.74359	33.89744	33.89744
0.225	15.14706	35.97059	35.97059
0.250	11.92683	18.80488	18.80488
0.275	9.666667	9.020833	9.020833
0.300	7.857143	3.714286	3.714286
0.325	6.4	1.492308	1.492308
0.350	5.253333	1.373333	1.373333
0.375	5.478261	2.333333	2.333333
0.400	3.726027	4.232877	4.232877
0.425	2.441558	6.714286	6.714286
0.450	1.512195	9.560976	9.560976
0.475	0.953488	12.90698	12.90698
0.500	0.67033	16.43956	16.43956

频率变化平方比 $SRCF_{ij}$ 在不同损伤位置的数据　　　　　　　表 3.3-5

损伤位置 x/L	$SRCF_{21}$	$SRCF_{31}$	$SRCF_{32}$
0.025	2.08642	3.750063	3.750063
0.050	4.631853	101.7467	101.7467
0.075	10.95838	376.8954	376.8954
0.100	27.5625	607.2704	607.2704
0.125	62.23457	942.7174	942.7174
0.150	102.0797	1144.306	1144.306
0.175	138.2406	1203.88	1203.88
0.200	162.3991	1149.036	1149.036
0.225	229.4334	1293.883	1293.883
0.250	142.2493	353.6234	353.6234
0.275	93.44444	81.37543	81.37543

损伤位置 x/L	$SRCF_{21}$	$SRCF_{31}$	$SRCF_{32}$
0.300	61.73469	13.79592	13.79592
0.325	40.96	2.226982	2.226982
0.350	27.59751	1.886044	1.886044
0.375	30.01134	5.444444	5.444444
0.400	13.88328	17.91725	17.91725
0.425	5.961208	45.08163	45.08163
0.450	2.286734	91.41225	91.41225
0.475	0.90914	166.59	166.59
0.500	0.449342	270.2591	270.2591

正则化频率变化比 NRCF 在不同损伤位置的数据 表 3.3-6

损伤位置 x/L	$NRCF_{21}$	$NRCF_{31}$	$NRCF_{32}$
0.025	0.61173	0.241811	0.146459
0.050	0.352603	0.207672	0.439725
0.075	0.232228	0.21038	0.557392
0.100	0.182368	0.262014	0.555618
0.125	0.143784	0.310414	0.545803
0.150	0.125831	0.347916	0.526253
0.175	0.117546	0.378217	0.504237
0.200	0.11523	0.401858	0.482912
0.225	0.10425	0.432135	0.463616
0.250	0.151772	0.495373	0.352856
0.275	0.210054	0.555678	0.234268
0.300	0.277053	0.595722	0.127225
0.325	0.340606	0.596552	0.062842
0.350	0.383519	0.551363	0.065118
0.375	0.358722	0.537795	0.103483
0.400	0.393236	0.400973	0.20579
0.425	0.400276	0.26745	0.332273
0.450	0.385225	0.159418	0.455357
0.475	0.350058	0.091342	0.558599
0.500	0.310953	0.057043	0.632005

（3）接触式与非接触测试手段的对比

通过图 3.3-19 所示 ANSYS 分析模型，计算得到的结构基频为 9.2Hz、19.1Hz。

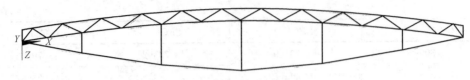

图 3.3-19　ANSYS 模型

表 3.3-7 为激光传感器、接触式传感器以及 ANSYS 理论分析得到的结构一阶、二阶频率对比，并以理论分析值为主，对二者的相对误差进行计算分析。

结构基频对比

表 3. 3-7

频率（Hz）	一阶	误差	二阶	误差
激光位移传感器	8.11	11%	17.1	10.4%
加速度传感器	8.2	10.8%	17.19	10%
ANSYS 理论分析	9.2	—	19.1	—

由表 3.3-7 可见，非接触式与接触的测量方法在最终计算结构模态时，与理论值相比，一阶频率相差 11%、10.8%，二阶频率相差 10.4%、10%。两种测试手段相差很小。说明二者在测试技术上是相通的，通过非接触式的手段来实现远距离、无损测量是可行的。分析结果可见，两种测试手段与理论分析结果相差 10% 左右，这是由于实际测量过程中，结构受到各种环境振动噪声的影响，会对最终的测量数据会产生一定的影响，但仍可看到非接触式测试手段已经能够达到接触式测试手段的精度。

通过试验验证激光位移传感器在预应力张弦结构损伤识别中的应用，以及损伤识别指纹在损伤识别中的有效性；分别以激光位移传感器和加速度传感器为测试手段，通过两种测试手段对比来验证激光传感器的有效性。得出以下结论：

① 针对预应力张弦结构，以具有代表性的张弦结构为例，研究了基于激光位移传感器的非接触式结构测试手段的损伤诊治方法，提出利用安装简便、便于携带的激光传感器来探测结构损伤的方法。

② 利用实测过程中得到结构的物理参数模型，包括结构的几何尺寸、力锤激励和位移响应信号；通过加窗去噪处理，得到该系统的传递函数；再利用传递函数的性质，从中提取出有效的模态参数信号；并结合基于固有频率的三种损伤识别量和相应的频率指纹库进行对照，对结构的实际损伤进行定位和分析。

③ 验证了非接触式传感器在检测结构损伤上和接触式传感器的一致性。通过同时测量加速度响应信号和位移响应信号，并通过两种不同的响应信号，分别得到结构的位移、加速度传递函数，将两种测试手段下得到的固有频率进行对照，验证了非接触式传感器在预应力张弦结构损伤识别中的有效性。

3.4　损伤识别及性能评价工程实例

目前我国铁路建设发展快速，铁路客运站的规模不断增大，结构本身跨度越来越大，造型越来越新颖。近年来，张弦结构在大跨度结构的应用逐渐增加，如会展中心、航站楼等，它可以使得整个结构（更加）轻盈通透、造型优美，且受力明确，稳定性较好。张弦结构在铁路客运站雨棚工程中应用也较多，但是与航站楼、会展中心等的张弦屋盖结构相比，张弦雨棚结构的受力还是有许多不同之处的，例如前者通常采用简支支承，而张弦雨棚结构多数采用独立柱支承，且雨棚结构屋面采用轻质材料，自重较小。表3.4-1列出了近年来我国一些具有代表性的无站台柱张弦雨棚工程。

典型站台张弦雨棚结构　　　　　　　　表3.4-1

建成时间	火车站名称	结构形式	覆盖面积（万 m²）	最大跨度（m）
2007 年 4 月	延安站	张弦梁	2.72	55.0
2008 年 8 月	天津站	张弦梁	7.7	48.5
2009 年 1 月	北京北站	张弦桁架	7.5	107.0
2010 年 2 月	徐州站	张弦桁架	4.7	66.5
2010 年 4 月	福州南站	张弦梁	7.8	61.7
2010 年	银川站	张弦桁架	3.8	44.0
2010 年 12 月	呼和浩特东站	张弦梁	4.0	54.0
2011 年 6 月	苏州北站	张弦梁	1.9	—
2011 年 7 月	济南西站	张弦梁	6.5	46.5
2011 年 12 月	聊城站	张弦桁架	3.4	65.5

3.4.1　工程概况

北京北站原名西直门站，位于北京市西城区，如图3.4-1（a）所示，始建于1905年，于2007年10月进行扩建，将原来的旧式雨棚改建为大跨度无站台柱雨棚，改建后的北京北站雨棚结构南北纵向长度680m，结构最大跨度为107m。

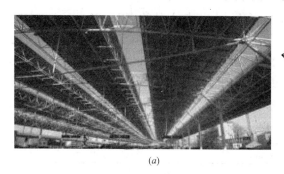
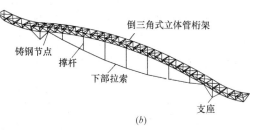

(a) 　　　　　　　　　　　　　　　*(b)*

图 3.4-1　张弦桁架示意图
（a）北京北站张弦雨棚结构；（b）单榀张弦桁架结构布置图

该雨棚结构共布置36榀横向张弦主桁架和8榀与之垂直相连的纵向通长连系桁架，每榀主桁架间距20m。每榀张弦桁架由倒三角式刚性立体管桁架和柔性钢索通过竖向撑杆及铸钢节点组装成力学自平衡体系。其中管桁架上下弦主管为通长圆钢管，腹杆通过相贯节点与主管连接。竖向撑杆均匀分布于管桁架与拉索之间，两端通过平面铰节点分别与桁架下弦和拉索相连，从而使两者能协同工作，共同受力，如图 3.4-1（b）所示。拉索则布置成平行双索的形式，目的是增强结构的可靠性及方便日后拉索的置换。

连系桁架也采用倒三角式的刚性管桁架，以增强雨棚结构的空间刚度，保证张弦桁架结构的平面外稳定，同时也减小了檩条的跨度。

3.4.2　数值分析

采用有限元软件模拟，对雨棚进行数值模型的建模和分析，通过模型确定雨棚结构的模态和自振特性，之后，通过建立撑杆拉索频率指纹库，对雨棚的上部桁架进行损伤识别分析。

3.4.2.1　有限元建模及模态分析

分析模型取自北京北站张弦桁架雨棚结构，去除了原结构的柱以及一些次要的构件，形成如图 3.4-2 所示的单榀张弦结构简化模型。模型宽度为 115.5m，跨度为 80.750m，上弦桁架采用倒三角立体桁架，宽度为 4m，下弦为近似抛物线型的拉索，中间均匀布置 7 根撑杆。分析中，一端支座设置为铰支座，另一端设置为滑移支座，与大跨张弦桁架屋盖所采用的支座约束形式相同。同时，为防止形成机构，在实际工程中，横向檩条处设置了 6 个约束平面外自由度的支撑。

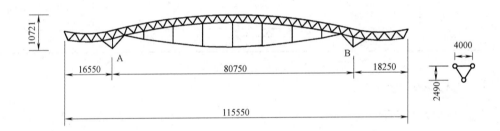

图 3.4-2　单榀张弦桁架简化模型（mm）

在 ANSYS 有限元建模中，该模型共 110 个节点，在节点 A 处约束 X、Y、Z 三个方向位移，为固定铰支座，节点 B 处约束 X、Z 两个方向位移，为滑动支座，与实际的支座约束形式相同。分析模型为单榀结构，因此在横向檩条处施加平面外约束。采用 BEAM188 单元模拟上、下弦杆，采用 LINK8 单元模拟桁架腹杆，采用 LINK180 单元模拟下方的拉索，采用 LINK8 单元模拟中间均匀布置 7 根撑杆。结构中杆件均为圆钢管，尺寸见表 3.4-2。

结构主要构件截面规格　　　　　　　　　　　　　　　　表 3.4-2

杆件名称	最大截面（mm）	最小截面（mm）
上弦杆	$\phi 325 \times 22$	$\phi 254 \times 14$
下弦杆	$\phi 325 \times 22$	$\phi 273 \times 16$
拉索	$\phi 7$	$\phi 7$
竖向撑杆	$\phi 180 \times 14$	$\phi 180 \times 14$

在模态分析中，钢材不屈服，只考虑钢材弹性阶段本构，钢材弹性模量 $E = 2.06 \times 10^5 \mathrm{MPa}$，密度 7850kg/m³。模型施加荷载是将原结构在使用阶段的荷载等效为节点质量

附加于节点上，采用施加初应变的方式在拉索上施加 200kN 的预应力。

对模型结构进行模态分析，得到原始结构模态数据，固有频率计算结果如表 3.4-3 所示，相对应的振型如图 3.4-3 所示。

固有频率计算结果 表 3.4-3

振型阶次	原结构振型频率 f_{qu}(Hz)
第一阶	2.3003
第二阶	2.9787
第三阶	4.7476
第四阶	6.6854

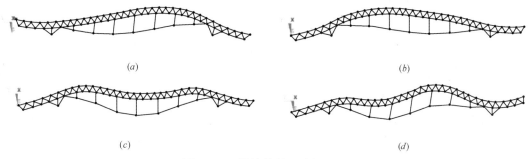

图 3.4-3 始结构前四阶振型图

（a）原始结构一阶振型；（b）原始结构二阶振型；（c）原始结构三阶振型；（d）原始结构四阶振型

3.4.2.2 建立撑杆拉索频率指纹库

根据损伤组合识别方法，首先对撑杆拉索部位建立频率指纹库，对撑杆拉索单元进行弹性模量折减，模拟单元损伤，逐一进行损伤后的模态分析，获取相应模态数据建立频率指纹库。本节选取了结构的前三阶固有频率作为研究对象，分析计算得到各种工况下的结构固有频率以及各项频率指纹识别量如表 3.4-4 所示。

撑杆拉索部分频率指纹库 表 3.4-4

损伤单元	一阶频率(Hz)	二阶频率(Hz)	三阶频率(Hz)	FCR_1	FCR_2	FCR_3	$NFCR_1$	$NFCR_2$	$NFCR_3$
无损	2.3003	2.9787	4.7476	—	—	—	—	—	—
C1	2.2956	2.9759	4.7314	0.002043	0.00094	0.0034123	0.319478	0.14698	0.5335418
C2	2.2988	2.9733	4.743	0.000652	0.0018129	0.0009689	0.189899	0.527938	0.2821628
C3	2.2808	2.9729	4.7467	0.008477	0.0019472	0.0001896	0.798686	0.183454	0.0178605
C4	2.2932	2.9734	4.6735	0.003087	0.0017793	0.0156079	0.150757	0.086906	0.7623368
C5	2.2908	2.9465	4.7094	0.00413	0.0108101	0.0080462	0.179669	0.470287	0.3500443
C6	2.2999	2.9763	4.7392	0.000174	0.0008057	0.0017693	0.063258	0.293104	0.6436387
C7	2.2975	2.9677	4.7435	0.001217	0.0036929	0.0008636	0.210823	0.639603	0.1495735
L1	2.2812	2.9398	4.7276	0.008303	0.0130594	0.0042127	0.324659	0.510625	0.1647157
L2	2.2708	2.9223	4.721	0.012824	0.0189344	0.0056028	0.34325	0.506788	0.149962
L3	2.2696	2.9215	4.7232	0.013346	0.019203	0.0051394	0.354115	0.509519	0.1363661

续表

损伤单元	一阶频率(Hz)	二阶频率(Hz)	三阶频率(Hz)	FCR_1	FCR_2	FCR_3	$NFCR_1$	$NFCR_2$	$NFCR_3$
L4	2.2688	2.9216	4.7254	0.013694	0.0191694	0.004676	0.364787	0.510649	0.1245639
L5	2.2675	2.9213	4.7273	0.014259	0.0192702	0.0042758	0.377173	0.509725	0.1131026
L6	2.2659	2.9204	4.7289	0.014955	0.0195723	0.0039388	0.388777	0.508825	0.1023986
L7	2.2648	2.9201	4.7305	0.015433	0.019673	0.0036018	0.398701	0.508247	0.093052
L8	2.2759	2.9376	4.7363	0.010607	0.013798	0.0023801	0.396011	0.51513	0.0888599

注：表中 FCF、NFCR 分别为频率变化比和正则化频率变化率。

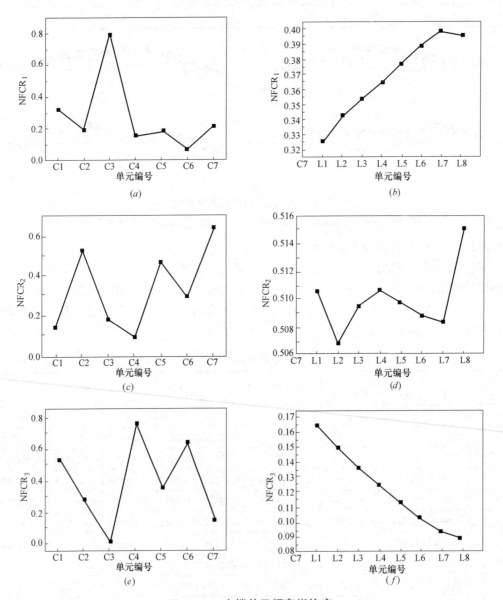

图 3.4-4　索撑单元频率指纹库

(a) 撑杆 $NFCR_1$；(b) 拉索 $NFCR_1$；(c) 撑杆 $NFCR_2$；(d) 拉索 $NFCR_2$；(e) 撑杆 $NFCR_3$；(f) 拉索 $NFCR_3$

由此得到 NFCR 指标的频率指纹库如图 3.4-4 所示，可得如下结论：

（1）NFCR 指标在随着损伤发生位置变化呈现出规律性的变化，尤其是拉索单元，$NFCR_1$ 和 $NFCR_3$ 表现出了很强的单调性，对于损伤位置识别作用很大。

（2）建立了指纹库之后，后期可以根据某种工况计算出的 $NFCR_1$、$NFCR_2$ 和 $NFCR_3$ 在图 3.4-4 中画出相应横线，根据横线与图 3.4-4 各曲线的交点，可以获取损伤位置的信息。

3.4.2.3 上部桁架损伤识别分析

参照第 2 章对于张弦结构的敏感性分析，位于上弦杆中部单元以及三分之一处单元对于结构频率的影响较大。因此，本节选取各损伤杆件如图 3.4-5 所示，通过结构杆件单元弹性模量折减来模拟结构杆件单元的损伤，设置的损伤工况如表 3.4-5 所示。

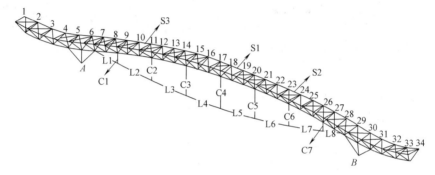

图 3.4-5 损伤杆件示意图

损伤模拟工况 表 3.4-5

工况	杆件	损伤程度
1	S1	20%
2	S1	50%
3	S1	80%
4	S1、S2	50%
5	S1、S2、S3	50%

通过各工况进行模态分析，得到各工况下结构前三阶固有频率如表 3.4-6 所示。

各工况下结构前三阶固有频率 表 3.4-6

工况	频率		
	一阶频率（Hz）	二阶频率（Hz）	三阶频率（Hz）
无损	2.3003	2.9787	4.7476
1	2.2998	2.9781	4.7386
2	2.2983	2.9765	4.7116
3	2.2931	2.9707	4.6125
4	2.2832	2.9764	4.7090
5	2.2822	2.9527	4.7087

图 3.4-6～图 3.4-8 所示为工况 1、4、5 的前三阶曲率模态绝对差曲线对比图，无论是在单处损伤还是多处损伤工况下，曲率模态绝对差均表现出较好的损伤识别效果，由此可得到如下结论：

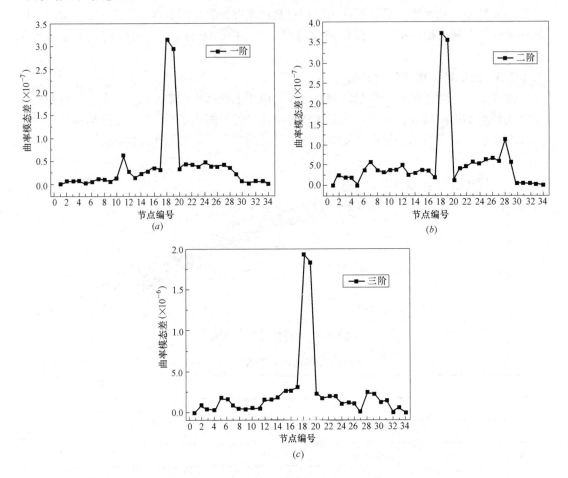

图 3.4-6　工况 1 前三阶曲率模态绝对差对比

（*a*）一阶曲率模态绝对差；（*b*）二阶曲率模态绝对差；（*c*）三阶曲率模态绝对差

（1）工况 1 情况下曲率模态绝对差识别效果良好，曲线能在损伤预设位置呈现较大突变，且阶数越高，曲线突变程度越高，但其余位置几乎没有突变，因此可准确识别出结构的损伤位置。

（2）工况 4 情况下，通过上弦杆两处损伤的曲率模态绝对差曲线图，可以很好地进行损伤识别，并且阶数越高虽然突变越明显，但是也会带来更多的突变干扰项，影响损伤识别判断。

（3）工况 5 上弦杆三处损伤的情况，可以看到，在预设的损伤位置处，一阶模态数据计算得出的曲率模态绝对差曲线有明显的三处突变，但是二阶、三阶的情况识别效果并不明显，且出现其他干扰项，因此采用高阶频率的曲率模态绝对差曲线对结构在多损伤工况的识别效果并不理想。

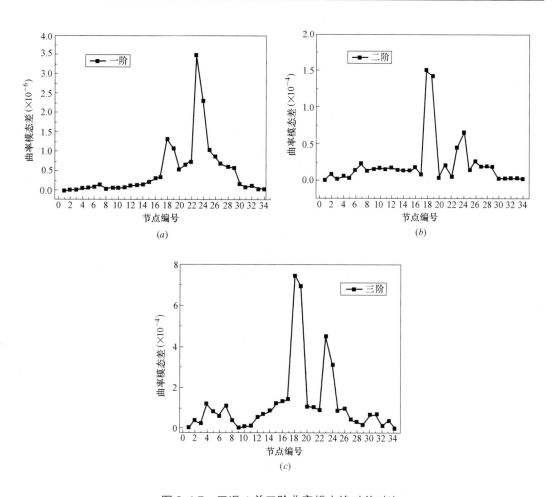

图 3.4-7 工况 4 前三阶曲率模态绝对差对比

（a）一阶曲率模态绝对差；（b）二阶曲率模态绝对差；（c）三阶曲率模态绝对差

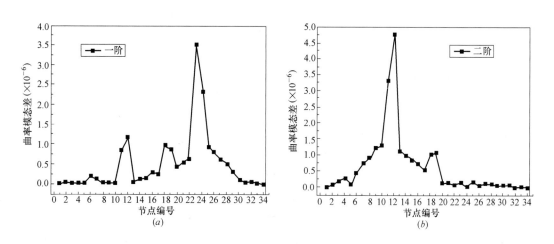

图 3.4-8 工况 5 前三阶曲率模态绝对差对比（一）

（a）一阶曲率模态绝对差；（b）二阶曲率模态绝对差

145

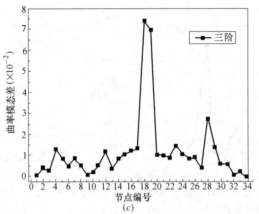

图 3.4-8 工况 5 前三阶曲率模态绝对差对比（二）

(c) 三阶曲率模态绝对差

图 3.4-9 所示为 S1 位置不同程度损伤曲率模态绝对差曲线的对比，可以明显看出，随着损伤程度越来越大，曲线突变也越来越明显。但损伤程度越高，影响损伤识别判断的曲线小突变也越多，这是由于损伤过大导致结构动力特性变化过大的原因。

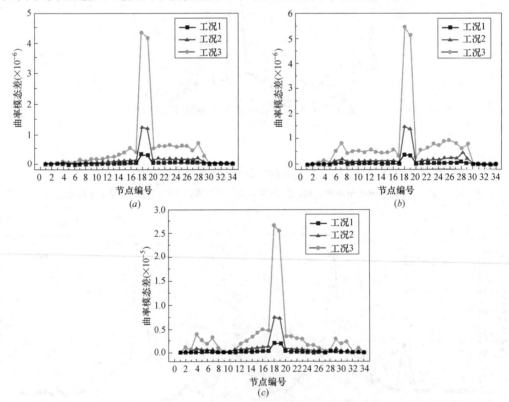

图 3.4-9 不同损伤程度曲率模态绝对差对比

（a）一阶曲率模态绝对差；（b）二阶曲率模态绝对差；（c）三阶曲率模态绝对差

图 3.4-10 为前三个工况模态柔度曲差率曲线对比，对于较为复杂的结构，模态柔度差曲率表现出的损伤识别效果一般，图（a）显示虽然损伤预设位置曲线突变仍然最大，但是两边产生的小突变非常多，影响损伤位置的判断；图（b）、（c）就显示出了较好的损

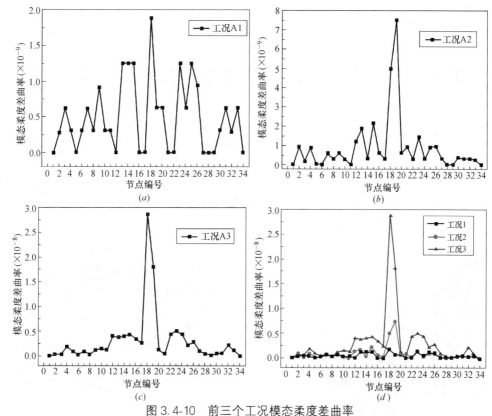

图 3.4-10　前三个工况模态柔度差曲率

（*a*）工况 1 模态柔度差曲率；（*b*）工况 2 模态柔度差曲率；
（*c*）工况 3 模态柔度差曲率；（*d*）工况 1、2、3 模态柔度差曲率

伤识别效果。因此，可以得出：模态柔度差曲率指标对于小损失情况识别效果不佳，损伤程度超过 20％有较好的识别效果。图（*d*）为 S1 位置不同损伤程度模态柔度差曲率曲线对比，也可以得出：随着损伤程度增大，模态柔度差曲率曲线突变也越来越明显。

图 3.4-11 所示为多损伤工况识别效果，可以看到，不管两处还是三处损伤，运用前三阶模态参数获得的模态柔度差曲率曲线均可以准确识别出损伤发生位置，识别效果良好。

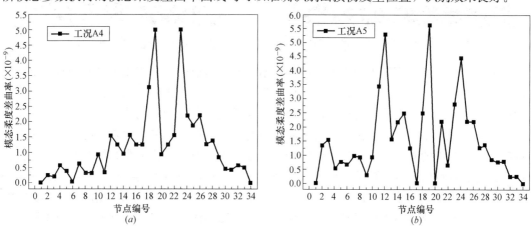

图 3.4-11　多损伤模态柔度差曲率

（*a*）工况 4 模态柔度差曲率；（*b*）工况 5 模态柔度差曲率

第4章　预应力张弦结构关键杆件加固技术

钢结构设计过程中，稳定问题是非常重要的问题，通常会控制整个结构的设计。规范中的稳定设计最终会通过单根构件的稳定验算来实现，所以结构中构件特别是关键构件的稳定承载力对整个结构的稳定承载力有较大影响。很多钢结构事故发生的原因都是压杆发生失稳，进而发生结构连续倒塌。现代钢结构发展历程中，因构件失稳造成的工程事故屡见不鲜，如图4.0-1～图4.0-4所示。

图 4.0-1　Quebec 钢桥倒塌事故

图 4.0-2　Hartford 体育馆倒塌事故

图 4.0-3　福清市宏路镇福耀玻璃新厂倒塌事故

图 4.0-4　江西某公司厂房倒塌事故

由于施工安装程序不当导致的钢结构稳定性不足可以通过落实规范的安装程序提高结构的稳定性。由于设计不当导致的钢结构稳定性不足，对于未施工的结构可以重新进行设计；对于已经施工的结构，可以通过加固措施来满足相应的建筑功能。

预应力张弦结构形式的优点是材料能够被有效地利用，其最大的缺点在于冗余度普遍较低，单根构件的破坏可能导致整个结构的连续倒塌。所以预应力张弦结构受压杆件的稳定设计是非常重要的设计环节。对于在荷载基本组合作用下设计的结构，其承载力可能是由个别构件的稳定承载力控制，对这个别构件进行加固可以大幅度提高结构的承载能力。所以当结构使用荷载增大或者有必要提高结构安全度的时候，对这个别构件进行加固是一个必要且经济的措施。

传统的钢结构加固包括改变结构计算图形的加固、加大构件截面的加固与节点的加固等。改变结构计算图形的加固属于结构层面的加固，是指采用改变荷载分布状况、传力途径、节点性质和边界条件、增设附加杆件和支撑、施加预应力和考虑空间协同工作等措施对结构进行加固的方法，其本质是减小危险杆件的内力。加大构件截面的加固是构件层面的加固，其本质是增大危险杆件的承载力，危险杆件截面增大后刚度的变化也可能导致危险杆件内力的变化。节点的加固属于节点层面的加固，其本质是增大节点区域的承载能力。

作为稳定性控制技术的限制失稳技术也可以运用到构件层面的加固实践中。限制失稳是指结构或者构件屈曲时其变形不能自由发展而受到某种限制性约束的失稳，亦称约束失稳。由于限制性约束的存在，失稳波形不能自由发展，构件的极值失稳 P-Δ 路径会被修改，承载力显著提高，如图 4.0-5 和图 4.0-6 所示。将限制失稳技术运用到空间钢结构的构件加固中，即用限制性约束来改变空间钢结构构件的失稳路径，能够提高构件的承载能力从而提高整体结构的稳定性。在空间钢结构构件加固实践中，限制性约束通常是实腹式或者格构式构件，称之为套管或者外套管，相应的加固方式称之为套管加固，加固后形成的协作受力构件称之为套管构件。

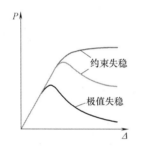

图 4.0-5　限制失稳 P-Δ 路径

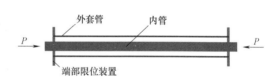

图 4.0-6　套管构件简化构造模型

套管构件由内核及外套管组成，内核承受轴向压力；外套管为内核提供侧向支承，抑制内核的弯曲变形，从而达到提高内核稳定性的目的。典型的套管构件由内外两根钢管相套而成，其简化构造模型如图 4.0-6 所示。图中的端部限位连接保证内核与外套管在该连接处不发生横截面平面内的相对平动，但可以发生相对转动。套管构件的工作原理如图 4.0-7 所示，有初弯曲的内核在轴向力作用下发生弯曲并与外套管发生接触，随着轴向作用力的逐渐增大，内核与外套管先后经历点接触、线接触等状态并最终形成高阶屈曲变形。学者 Sridhada 和 Ramaswamy 最早提出套管构件的概念，用外套管加固后的受压内核其稳定承载能力有较大提高，甚至能超过受压内核全截面屈服承载力。套管构件在轴向力作用下的 P-Δ 路径如图 4.0-8 所示。

浙江省丽水市黄村水库供水工程蒲岸管桥由于网架原设计荷载偏小，在考虑材料退化问题和设计状态荷载组合工况的情况下，12 根截面尺寸为 $\phi89\times4$ 的上层网架下弦杆杆件压应力超过设计限值。王奇胜等人采用 $\phi114\times4$ 的外套管对这些超应力杆件进行了套管加固，运用 ANSYS 分析套管加固后的网架，发现原压应力超限的各杆件应力均有大幅度下降（最大降幅达 34.7%），超应力现象改善明显，能够满足设计要求，套管加固效果明显。套管加固后的网架极限承载力也从 $19.1kN/m^2$ 提高到 $19.3kN/m^2$，最大竖向挠度从 40.80mm 增加到 40.93mm，在最大竖向挠度满足设计要求的前提下，网架极限承载力得到一定程度的提高。

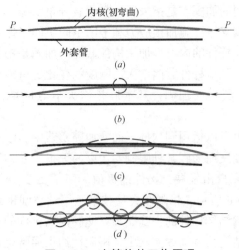

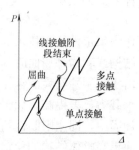

图 4.0-7　套管构件工作原理　　　　　图 4.0-8　套管构件 P-Δ 路径
（a）未接触；（b）点接触；（c）线接触；（d）内核多波屈曲变形

　　胡波设计了如图 4.0-9 所示的平面桁架、正放四角锥网架、双层柱面网壳和单层球面网壳的结构模型，运用 ANSYS 分别对未加固的上述结构模型和相应的用套管加固受压较危险杆件的结构模型进行分析，比较了加固前结构模型的极限承载力 P_{br}、最大竖向位移

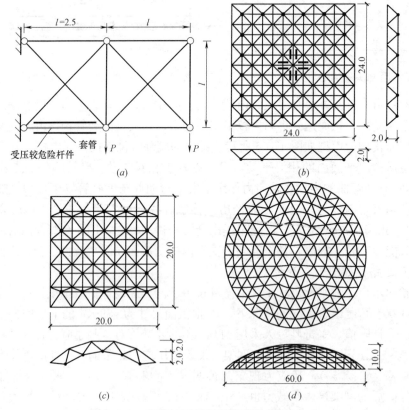

图 4.0-9　套管加固空间结构理论模型（m）
（a）平面十杆桁架模型；（b）正放四角锥网架；（c）双层柱面网壳；（d）单层球面网壳

Δ_{brv} 与加固后结构模型的极限承载力 P_{ar}、最大竖向位移 Δ_{brv}，其结果列于表 4.0-1。除单层球面网壳结构模型中的杆件与套管的钢材为 Q345 外，其他结构模型中杆件与套管的钢材均为 Q235B。从表 4.0-1 可以看出，对受压较危险杆件进行套管加固，能够有效控制杆件的失稳问题，提高结构的极限承载力。

套管加固空间结构理论分析　　　　　　　　　　　表 4.0-1

结构模型	套管加固前			套管加固后			极限承载力提高百分比（％）	最大竖向位移增大百分比（％）
	杆件截面	p_{br}	Δ_{brv}（mm）	套管截面	p_{ar}	Δ_{arv}（mm）		
平面桁架	48×3	33.6kN	11.11	76×4	38.2kN	12.98	13.7	16.8
正放四角锥网架	89×4	4.8kN/m²	20	114×4	6.04kN/m²	22.2	25.8	11
双层柱面网壳	89×4	6.4kN/m²	13.2	114×4	9.3kN/m²	16.8	45.3	27.3
单层球面网壳	140×4	5.63kN/m²	108	159×4.5	6.54kN/m²	86	16.2	20.4

4.1 关键杆件局部稳定和整体稳定理论

套管构件在受压情况下，可能整体失稳，或局部强度不足而发生局部失稳。这两者对于构件的安全性均是具有破坏性的作用，对结构的整体稳定性的影响较大。本节分别对套管构件的局部稳定和整体稳定理论进行了详细阐述，具体如下。

4.1.1 套管构件局部失稳理论

套管构件内核外伸段发生强度破坏是套管构件失效的标志之一。套管构件的理论研究通常运用如图 4.1-1 所示的杆系化模型，即将内核的几何、截面属性凝聚在其中轴线上。套管构件理论模型的关键参数如图 4.1-1 所示，L_c、L_s 分别为内核与约束的几何长度，$k_{\theta 1}$、$k_{\theta 2}$ 分别为约束端与加载端的抗转刚度；$E_c I_c$、$E_s I_s$ 分别为内核与约束的抗弯刚度；g_1、g_2 分别为内核与约束在端部的净间隙，当两侧净间隙相同时，令 $g_1 = g_2 = g$。

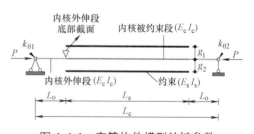

图 4.1-1 套管构件模型关键参数

当图 4.1-1 中 $L_c > L_s$、$k_{\theta 1} = k_{\theta 2} = 0$、$E_s I_s \to \infty$ 时，随着轴向力的增大，套管构件内核与外套管在中部和端部发生接触，内核最大弯矩截面位置向两端移动，并首先在内核最大弯矩截面处产生内部截面塑性铰，如图 4.1-2（b）所示。但由于外套管的约束作用，内核并没有因此而形成机构，其所能承受的轴向力还可以继续增加。直到套管构件内核在与外套管接触的外伸段底部（内核外伸段离支座最远处）截面形成端部截面塑性铰，作用在内核上的轴向力才不能进一步增加，如图 4.1-2（c）所示。

若利用边缘屈服准则式（4.1-1）作为塑性铰的塑性流动法：

$$\frac{P_{sf}}{P_y} + \frac{M_{sf}}{M_e} = 1$$

（4.1-1）

将 $P_{sf}=P$、$M_{sf}=Pz_1$ 代入式（4.1-1）有：

$$\frac{P}{A_c}+\frac{Pz_1}{W_c}=f_{yc} \tag{4.1-2}$$

式中，P 为轴向作用力，A_c 为内核截面面积，z_1 为内核外伸段顶部（内核外伸段离支座最近处）与底部的侧向位移之差，W_c 为内核截面抵抗矩，f_{yc} 为内核材料屈服强度。由式（4.1-2）可知，当套管构件内核外伸段底部截面形成塑性铰后，z_1 的增大会导致 P 的减小，套管构件因承载力下降而失效（图 4.1-3）。

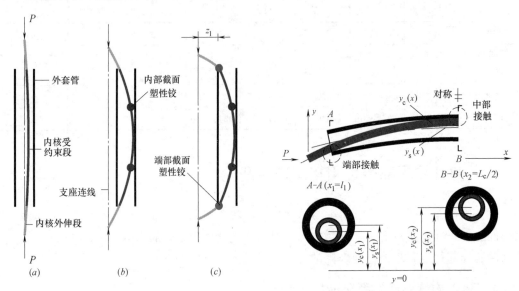

图 4.1-2　套管构件失效的局部失稳原理（一）

（a）初始状态；（b）截面极限状态；（c）构件极限状态

图 4.1-3　套管构件失效的局部失稳原理（二）

（1）非连续弯曲杆模型

连续变形变截面杆模型（图 4.1-4）没有考虑内核与外套管在外套管端部截面处的不协调变形（图 4.1-5，且 $y_1=y_2$、$\theta_1\neq\theta_2$）；基于非连续变形杆模型（图 4.1-5，且 $y_1\neq y_2$、$\theta_1\neq\theta_2$）提出的内核外伸段稳定性设计方法过于复杂，形成图 4.1-5 所示的内核加强段的构造方法在套管构件加固实践中难以实现，这也导致基于非连续变形杆模型的理论不适用于套管加固形成的套管构件。

虽然内核与外套管在外套管端部截面处的转角不协调，且在内核外伸段发生破坏时，这种不协调更显著，所以 $\theta_1\neq\theta_2$；但是内核与外套管在外套管端部截面处的侧移差别不大，最大的侧移差发生于内核与外套管产生接触力的时候，此后这个侧移差保持不变（参见图 4.1-3）。最大侧移差 $\triangle y_{max}$ 为：

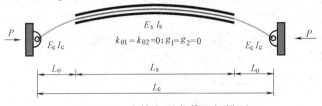

图 4.1-4　连续变形变截面杆模型

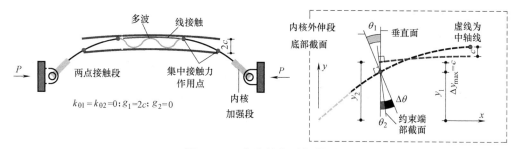

图 4.1-5 非连续变形杆模型

$$\Delta y_{\max} = y_s(l_1) - y_c(l_1) = \frac{D_s - D_c}{2} - t_s = g \tag{4.1-3}$$

内核与外套管间隙 g 一般较小，故可认为 $y_1 = y_2$。通过以上分析可将套管构件简化成如图 4.1-6 所示的非连续弯曲变截面杆模型，对套管构件内核外伸段的局部稳定性进行研究（图 4.1-7）。非连续弯曲变截面杆模型与连续变形变截面杆模型不同之处在于，非连续弯曲变截面杆模型在变截面处设置刚度为 k 的弯曲弹簧来模拟内核与外套管在外套管端部截面处的不协调转角。

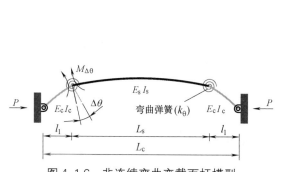

图 4.1-6 非连续弯曲变截面杆模型

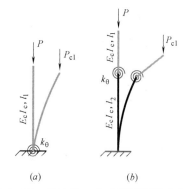

图 4.1-7 非连续弯曲变截面杆失稳模型
（a）端部失稳模型；（b）外套管与抗弯弹簧串联

（2）弯曲弹簧的刚度取值

非连续弯曲变截面杆模型中的弯曲弹簧刚度 k_θ 定义为变截面处的弯矩 $M_{\Delta\theta}$ 与变截面左右两侧截面转角之差的比值，即：

$$k_\theta = \frac{M_{\Delta\theta}}{\Delta\theta} \tag{4.1-4}$$

在内核与外套管产生接触力之前，内核的挠曲线方程为：

$$y_c(x) = \frac{v_0}{1 - P/P_{ec}} \sin\frac{\pi x}{L_c} \tag{4.1-5}$$

式中，$y_c(x)$ 是在轴压力 P 作用下内核的挠度，同时考虑了幅值为 v_0 的正弦初始缺陷的影响；$P_{ec} = \pi^2 E_c I_c / L_c^2$ 为内核的欧拉屈曲荷载。此时外套管只会发生刚体平移，其端部截面转角为 0。则：

$$\Delta\theta = y_c'(l_1) = \frac{v_0}{1 - P/P_{ec}} \frac{\pi}{L_c} \cos\frac{\pi l_1}{L_c} \tag{4.1-6}$$

$$M_{\Delta\theta} = -E_c I_c y_c''(l_1) = \frac{v_0}{1 - P/P_{ec}} \frac{\pi^2 E_c I_c}{L_c^2} \sin\frac{\pi l_1}{L_c} \tag{4.1-7}$$

将式（4.1-6）、式（4.1-7）代入式（4.1-4）可得在内核与外套管产生接触力前弯曲弹簧的抗转刚度：

$$k_{\theta prec}=\frac{M_{\Delta\theta}}{\Delta\theta}=\frac{\pi E_c I_c}{L_c}\tan(\pi l_1/L_c) \tag{4.1-8}$$

当内核外伸段长度 l_1 很小时，式（4.1-7）可以简化为：

$$k_{\theta prec}=\frac{\pi^2 E_c I_c}{L_c^2}l_1=P_{ec}l_1 \tag{4.1-9}$$

故可假设非连续弯曲变截面杆模型中的弯曲弹簧刚度：

$$k_\theta=\zeta_1 P_{ec}l_1 \tag{4.1-10}$$

（3）外套管刚性时套管构件的承载力

外套管刚性时，即图 4.1-6 中的 $E_s I_s \rightarrow \infty$，非连续弯曲变截面杆模型可以简化成如图 4.1-7（a）所示的端部失稳模型。端部失稳模型的屈曲平衡方程为：

$$\tan(k_{c1}l_1)=\frac{k_{c1}k_\theta}{P_{c1}} \tag{4.1-11}$$

式中，P_{c1} 为套管构件内核外伸段局部失稳时的屈曲荷载，$k_{c1}=\sqrt{P_{c1}/E_c I_c}$；$l_1$ 为套管构件一侧内核外伸段长度；k_θ 为弯曲弹簧的抗转刚度。

（4）外套管有限刚度时套管构件承载力

如图 4.1-7（b）所示，非连续弯曲变截面杆模型（半结构）中外套管有限刚度时，外套管与弯曲弹簧串联共同提供转动约束。仍用图 4.1-7（a）所示的端部失稳模型，模型修正后弯曲弹簧的抗转刚度：

$$k_\theta=\frac{\zeta_1\dfrac{\pi^2 E_c I_c}{L_c^2}l_1\cdot\dfrac{E_s I_s}{l_2}}{\zeta_1\dfrac{\pi^2 E_c I_c}{L_c^2}l_1+\dfrac{E_s I_s}{l_2}}=\frac{\zeta_1\dfrac{\pi^2 l_1 l_2}{L_c^2}}{1+\zeta_1\dfrac{\pi^2 l_1 l_2}{L_c^2}\beta}\frac{E_c I_c}{l_2}=\frac{\gamma_1}{1+\gamma_1\beta}\frac{E_c I_c}{l_2} \tag{4.1-12}$$

式中，l_2 为外套管长度的一半，即 $l_2=L_s/2$；$\gamma_1=\pi^2\zeta_1 l_1 l_2/L_c^2$ 定义为套管构件内核外伸段局部失稳而失效时内核线受约束段刚度修正系数；$\beta=E_c I_c/E_s I_s$ 为内核与外套管刚度比。此时套管构件的承载力 P_{c1} 应满足：

$$\tan(k_{c1}l_1)=\frac{\gamma_1}{(1+\gamma_1\beta)k_{c1}l_2} \tag{4.1-13}$$

当 $\beta\rightarrow 0$ 即 $E_s I_s\rightarrow\infty$ 时，式（4.1-13）即为式（4.1-11）。

（5）内核线刚度修正系数拟合

下面将通过数值分析对套管构件内核外伸段局部失稳时承载力计算公式（4.1-13）中的内核线刚度修正系数 γ_1 进行拟合，从而确定套管构件因内核外伸段局部破坏而失效时的承载力 $\Pi_{\chi 1}$ 表达式。

表 4.1-1 给出了一组套管构件数值算例的设计参数。L_c、D_c、t_c 分别为内核管的长度、外径和厚度；L_s、D_s、t_s 分别为外套管的长度、外径和厚度；γ 为内核与外套管的净间隙；l_1 为套管构件一侧内核外伸段的长度，l_2 为外套管长度的一半。算例中通过控制内核的长细比使得套管构件内核在强度破坏前发生屈曲失稳，能够充分发挥外套管的侧向约束作用；通过控制内核与外套管的刚度比使得套管构件承载力下降时内核外伸段出现明显的局部破坏。令算例内核全截面屈服承载力与其屈曲承载力相等，即

得算例内核的最小长细比，亦即理想内核单独受轴向压力作用下发生屈服破坏与屈曲破坏的临界长细比：

$$\lambda_{cc} = \pi \sqrt{E_c / f_{yc}} \qquad (4.1\text{-}14)$$

根据套管构件的受力特点取半结构进行建模，内核与外套管均采用实体单元模拟，单元类型选取 8 节点六面体线性减缩积分单元，即 C3D8R 单元。材料模型采用混合强化模型，弹塑性参数分别为：$E = 2.06 \times 10^5$ MPa、$\nu = 0.3$、$f_y = 260$ MPa、$C_1 = 1.20 \times 10^5$ MPa、$\gamma_1 = 2500$、$C_2 = 7500$ MPa、$\gamma_2 = 100$、$C_3 = 500$ MPa、$\gamma_3 = 0$、$Q_\infty = 20$ 和 $b = 1.2$。将材性参数代入式（4.1-14）可得内核 $\lambda_{cc} = 88.4$，算例中内核长细比 λ_c 均大于临界长细比 λ_{cc}。

通过上述分析可知内核线刚度修正系数 γ_1 与内核外伸段长度 l_1 和外套管长度的一半 l_2 相关，无量纲参数 γ_1 可表示为：

$$\gamma_1 = \alpha_1 \left(\frac{l_1 l_2}{D_c^2} \right)^{\alpha_2} \qquad (4.1\text{-}15)$$

式中，α_1、α_2 为只与内核材性有关的常数。理论上 $\alpha_2 < 1$，以保证在 $l_2 \to 0$ 的情形下，联立式（4.1-13）与式（4.1-15）得到 $P_{cl} = P_{ec}$。通过 ABAQUS 模拟得到该组套管构件的极限承载力 P_{cl}，并根据式（4.1-13）计算出对应的内核线刚度修正系数 γ_1，列于表 4.1-2 中。在已有数据的基础上运用最小二乘法对式（4.1-15）进行拟合（图 4.1-8），可得 $\alpha_1 = 0.0260$，$\alpha_2 = 0.8728$。

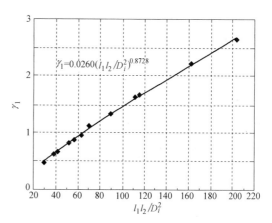

图 4.1-8 最小二乘法拟合内核受约束段线刚度修正

套管构件算例设计参数   表 4.1-1

编号	内核（mm）				外套管（mm）			l_1（mm）	l_2（mm）
	L_c	D_c	t_c	λ_c	L_s	D_s	t_s		
SC. A1	2000	48	4	128.0	1800	62	6	100	900
SC. A2	2000	48	4	128.0	1700	62	6	150	850
SC. A3	2000	48	4	128.0	1600	62	6	200	800
SC. B1	2000	38	4	165.2	1800	58	9	100	900
SC. B2	2000	38	4	165.2	1700	58	9	150	850
SC. B3	2000	38	4	165.2	1600	58	9	200	800
SC. C1	2000	28	4	232.5	1800	54	12	100	900
SC. C2	2000	28	4	232.5	1700	54	12	150	850
SC. C3	2000	28	4	232.5	1600	54	12	200	800
SC. D1	1600	48	4	102.4	1400	62	6	100	700
SC. D2	1600	48	4	102.4	1300	62	6	150	650
SC. D3	1600	48	4	102.4	1200	62	6	200	600

<table>
<tr><td colspan="5" align="center">套管构件算例的模拟结果   表 4.1-2</td></tr>
</table>

编号	β	P_{c1} (kN)	k_{c1} (mm^{-1})	γ_1
SC. A1	0.3223	151.7	0.0023	0.5966
SC. A2	0.3223	140.2	0.0022	0.8524
SC. A3	0.3223	134.2	0.0022	1.1266
SC. B1	0.1456	114.3	0.0030	0.9341
SC. B2	0.1456	103.4	0.0028	1.2938
SC. B3	0.1456	95.8	0.0027	1.6378
SC. C1	0.0591	73.1	0.0040	1.6604
SC. C2	0.0591	63.6	0.0037	2.2322
SC. C3	0.0591	54.8	0.0035	2.6375
SC. D1	0.3223	157.3	0.0024	0.4643
SC. D2	0.3223	145.1	0.0023	0.6391
SC. D3	0.3223	139.0	0.0022	0.8122

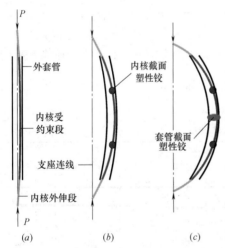

图 4.1-9 套管构件失效的整体失稳原理

（a）初始状态；（b）内核极限状态；（c）构件极限状态

4.1.2 套管构件整体稳定理论

套管构件失效的另一标志是外套管与内核一起侧向弯曲并失稳。随着轴向力的增大，套管构件内核与外套管在中部和端部发生接触，内核最大弯矩截面位置向两端移动，并首先在内核最大弯矩截面处产生内核截面塑性铰，如图 4.1-9（b）所示。但由于外套管的约束作用，内核并没有因此而形成机构，其所能承受的轴向力还可以继续增加。直到套管构件外套管在其弯矩最大截面处形成套管截面塑性铰，外套管形成机构从而丧失其侧向支承作用，作用在内核上的轴向力不能进一步增加，如图 4.1-9（c）所示。

（1）套管构件整体失稳时承载力

套管构件整体失稳时，其承载力计算公式依旧采用形如式（4.1-13）的公式：

$$\tan(k_{c2}l_1) = \frac{\gamma_2}{(1+\gamma_2\beta)k_{c1}l_2} \tag{4.1-16}$$

式中，P_{c2} 为套管构件整体失稳时屈曲荷载，$k_{c2}=\sqrt{P_{c2}/E_cI_c}$，$\gamma_2$ 定义为套管构件整体失稳而失效时内核线受约束段刚度修正系数。

（2）内核线刚度修正系数拟合

下面将通过数值分析对套管构件整体失稳时承载力计算公式（4.1-16）中的内核线

刚度修正系数 γ_2 进行拟合,从而确定套管构件因整体失稳而失效时的承载力 P_{c2} 设计表达式。

表 4.1-3 给出了一组套管构件数值算例的设计参数,各设计参数意义同前所述。算例中通过控制内核的长细比大于式(4.1-14)计算得到的临界长细比使得套管构件内核在强度破坏前发生屈曲失稳,能够充分发挥外套管的侧向约束作用;通过控制内核与外套管的刚度比使得套管构件承载力下降时外套管与内核一起侧向弯曲并失稳。

套管构件算例设计参数 表 4.1-3

编号	内核(mm)				外套管(mm)			l_1(mm)	l_2(mm)
	L_c	D_c	t_c	λ_c	L_s	D_s	t_s		
ΣX. E1	2000	48	4	128.0	1800	58	4	100	900
SC. E2	2000	48	4	128.0	1700	58	4	150	850
SC. E3	2000	48	4	128.0	1600	58	4	200	800
SC. F1	3000	48	4	192.1	2800	56	3	100	1400
SC. F2	3000	48	4	192.1	2700	56	3	150	1350
SC. F3	3000	48	4	192.1	2600	56	3	200	1300
SC. G1	3000	48	4	192.1	2800	62	6	100	1400
SC. G2	3000	48	4	192.1	2700	62	6	150	1350
SC. G3	3000	48	4	192.1	2600	62	6	200	1300
SC. H1	2000	38	4	165.2	1800	48	4	100	900
SC. H2	2000	38	4	165.2	1700	48	4	150	850
SC. H3	2000	38	4	165.2	1600	48	4	200	700

根据套管构件的受力特点取半结构进行建模,内核与外套管均采用实体单元模拟,单元类型选取 8 节点六面体线性减缩积分单元,即 C3D8R 单元。材料模型采用混合强化模型,弹塑性参数分别为:$E = 2.06 \times 10^5 \text{MPa}$、$\nu = 0.3$、$f_y = 260 \text{MPa}$、$C_1 = 1.20 \times 10^5 \text{MPa}$、$\gamma_1 = 2500$、$C_2 = 7500 \text{MPa}$、$\gamma_2 = 100$、$C_3 = 500 \text{MPa}$、$\gamma_3 = 0$、$Q_\infty = 20$ 和 $b = 1.2$。

将材性参数代入式(4.1-13)可得内核 $l_{cc} = 88.4$,算例中内核长细比 l_c 均大于临界长细比 l_{cc}。

无量纲参数 γ_2 可表示为:

$$\gamma_2 = \alpha_3 \frac{l_1}{D_c(1+\beta)} \quad (4.1\text{-}17)$$

式(4.1-17)中 α_3 为只与内核材性有关的常数。通过 ABAQUS 模拟得到该组套管构件的极限承载力 P_{c2},并根据式(4.1-16)计算出对应的内核线刚度修正系数 γ_2,列于表 4.1-4 中。在已有数据的基础上运用最小二乘法对式(4.1-17)进行拟合(图 4.1-10),可得 $\alpha_3 = 0.4597$。

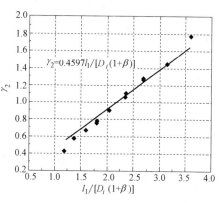

图 4.1-10 最小二乘法拟合内核受约束段线刚度修正

157

套管构件算例的模拟结果　　　　　　　　表 4.1-4

编号	β	P_{cl} (kN)	k_{cl} (mm^{-1})	γ_1
SC. E1	0.5425	131.7	0.0022	0.5665
SC. E2	0.5425	127.7	0.0021	0.9048
SC. E3	0.5425	123.5	0.0021	1.2826
SC. F1	0.7668	63.7	0.0015	0.4300
SC. F2	0.7668	63.1	0.0015	0.7293
SC. F3	0.7668	62.2	0.0015	1.1109
SC. G1	0.3223	107.8	0.0020	0.6688
SC. G2	0.3223	105.3	0.0019	1.0596
SC. G3	0.3223	100.5	0.0019	1.4504
SC. H1	0.4640	79.5	0.0025	0.7687
SC. H2	0.4640	76.6	0.0024	1.2548
SC. H3	0.4640	72.5	0.0024	1.7762

4.1.3　刚度比界限

（1）最小刚度比

套管构件最大承载力：

$$P_{cmax} = P_{yc} = \eta f_{yc} A_c \tag{4.1-18}$$

式中，η 为材料超强系数，P_{yc} 为内核考虑材料超强的全截面屈服力。

式（4.1-18）表明套管构件的承载力不超过内核考虑材料超强的全截面屈服力，这是套管构件工作原理决定的。外套管只是给内核提供侧向支承，并不增加内核的受力面积，而内核承受的最大轴向力不超过其考虑材料超强的全截面屈服力。

令 $P_{cl} = P_{cmax}$，可得最小刚度比：

$$\beta_{min} = \frac{1}{(k_y l_2)\tan(k_y l_1)} \frac{1}{\alpha_1 (l_1 l_2 / D_c^2)^{\alpha_2}} \tag{4.1-19}$$

式中，$k_y = \sqrt{\eta f_{yc} A_c / E_c I_c}$。$\beta_{min}$ 意味着当内核与外套管刚度比 $\beta \leqslant \beta_{min}$ 时套管构件的承载力不再提高，为 P_{cmax}，此时继续增加外套管的刚度不会提高套管构件的承载力，反而会增加材料用量。

（2）最大刚度比

套管构件最小承载力：

$$P_{cmin} = P_{ec} = \frac{\pi^2 E_c I_c}{L_c^2} \tag{4.1-20}$$

式（4.1-20）表明套管构件的最小承载力即为内核的欧拉屈曲荷载，这一点是显而易见的，当套管构件中的外套管不能提供有效约束，内核的轴向承载力即为其屈曲承载力。

令 $P_{c2} = P_{cmin}$ 可得最大刚度比：

$$\beta_{max} = \frac{1}{\dfrac{(\pi l_2 / L_c)\tan(\pi l_1 / L_c)} {D_c/(\alpha_3 l_1)} - D_c/(\alpha_3 l_1)}{D_c/(\alpha_3 l_1) + 1} \tag{4.1-21}$$

β_{max} 的意义在于，只有当内核与外套管刚度比 $\beta < \beta_{max}$ 时，套管构件的承载力才会大于内核的欧拉屈曲荷载，外套管的侧向支承作用才会显现出来；过薄的外套管不会提高内核的轴向承载力，从而不能达到套管构件的目的。这要求设计人员在设计外套管的时候一定要保证外套管有足够的刚度。

（3）临界刚度比

临界刚度比 β_χ 定义为套管构件由因整体失稳而失效过渡到因内核外伸段局部失稳而失效时的内核与外套管刚度比。令 $P_{c1} = P_{c2}$ 即 $\gamma_1 = \gamma_2$，可得：

$$\beta_c = \frac{\alpha_3 (l_1/D_c)^{1-\alpha_2}}{\alpha_1 (l_2/D_c)^{\alpha_2}} - 1 \tag{4.1-22}$$

β_c 的意义在于，当内核与外套管刚度比 $\beta < \beta_c$ 时，套管构件的失效标志是内核外伸段局部失稳，其承载力的计算应选用式（4.1-13）与式（4.1-15）；当内核与外套管刚度比 $\beta > \beta_\chi$ 时，套管构件的失效标志是外套管与内核一起侧向弯曲并失稳，其承载力的计算应选用式（4.1-16）与式（4.1-17）。

（4）承载力-刚度比曲线

由以上分析可以看出，套管构件承载力 P_c 与内核、外套管刚度比 β 的关系为：

$$P_c = \begin{cases} \eta f_{yc} A_c & \beta \leqslant \beta_{min} \\ P_{c1} & \beta_{min} < \beta \leqslant \beta_c \\ P_{c2} & \beta_c < \beta \leqslant \beta_{max} \\ \dfrac{\pi^2 E_c I_c}{L_c^2} & \beta > \beta_{max} \end{cases} \tag{4.1-23}$$

套管构件 P_c-β 曲线如图 4.1-11 所示，理论解分为四段即上平台段、局部失稳段、整体失稳段和下平台段；而精确解在 $\beta \to 0$ 时，$P_c \to P_{yc}$，在 $\beta \to \infty$ 时，$P_c \to P_{ec}$。此外，精确的 P_c-β 曲线存在反弯点，这个反弯点即是套管构件由因整体失稳而失效过渡到因内核外伸段局部失稳而失效时的特征点。

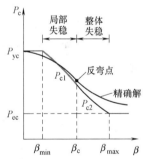

图 4.1-11　套管构件承载力-刚度比曲线

4.1.4　方型外套管截面修正系数

理论研究中套管构件模型的外套管均采用圆钢管，其截面为圆环形，如图 4.1-12（a）所示。实际上，套管构件中外套管的截面类型多种多样，其中图 4.1-12（b）所示的方环形

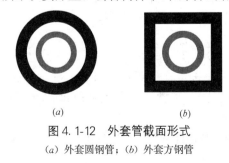

图 4.1-12　外套管截面形式

（a）外套圆钢管；（b）外套方钢管

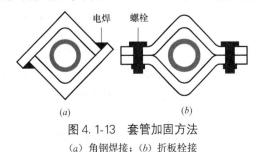

图 4.1-13　套管加固方法

（a）角钢焊接；（b）折板栓接

截面在工程实践中最为常见。在套管加固实践中，还可以运用图 4.1-13 所示的加固方法，其中图 （a） 的外套管由两根角钢焊接而成，图 （b） 的外套管则是由两根型钢板经三次弯折而成的三折板栓接而成，这两种方法形成的外套管截面都可以近似看成图 4.1-12 （b） 所示的方环形截面。

4.1.4.1　截面等效

将方环形截面按等刚度原则等效成圆环形截面，如图 4.1-14 所示，a 为方环形截面外边长，b 为方环形截面内边长，t 为方环形截面的厚度；D_{se} 为等效圆环形截面外直径，d_{se} 为等效圆环形截面内直径，t_{se} 为等效圆环形截面厚度。方环形截面绕过形心的任意轴的抗弯惯性矩：

$$I_{sq}=\frac{1}{12}\left[a^4-(a-2t)^4\right] \tag{4.1-24}$$

圆环形截面绕过形心的任意轴的抗弯惯性矩：

$$I_{ci}=\frac{\pi}{64}\left[D_{se}^4-(D_{se}-2t_{se})^4\right] \tag{4.1-25}$$

为了保证内核与外套管间隙保持不变，要求：

$$D_{se}-2t_{se}=a-2t=d_{se}=b \tag{4.1-26}$$

等刚度原则要求 $I_{sq}=I_{ci}$，即：

$$\frac{1}{12}\left[a^4-(a-2t)^4\right]=\frac{\pi}{64}\left[D_{se}^4-(D_{se}-2t_{se})^4\right] \tag{4.1-27}$$

联立式 （4.1-26） 与式 （4.1-27） 可得：

$$D_{se}=\sqrt[4]{\frac{64}{12\pi}a^4-\left(\frac{64}{12\pi}-1\right)(a-2t)^4} \tag{4.1-28}$$

$$t_{se}=\frac{\sqrt[4]{\frac{64}{12\pi}a^4-\left(\frac{64}{12\pi}-1\right)(a-2t)^4}-(a-2t)}{2} \tag{4.1-29}$$

4.1.4.2　刚度比调整系数及其数值分析

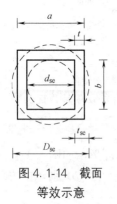

图 4.1-14　截面等效示意

图 4.1-14 中的方环形截面按式 （4.1-28） 与式 （4.1-29） 等效成图 4.1-14 中的圆环形截面后，套管构件的承载力 P_c 并不相同，引入参数 χ 对截面等效后的圆环形截面惯性矩进行调整，即：

$$I_{sm}=\chi I_{se} \tag{4.1-30}$$

式中，$I_{se}=I_{sq}=I_{ci}$，为截面等效后的圆环形截面惯性矩，I_{sm} 为调整后的圆环形截面惯性矩，经过惯性矩调整，方环形截面外套管的套管构件承载力与调整后的圆环形截面外套管的套管构件的承载力相等。由式 （4.1-30） 可知参数：

$$\chi=\frac{I_{sm}}{I_{se}}=\frac{E_s I_{sm}}{E_s I_{se}}=\frac{E_s I_{sm}/(E_c I_c)}{E_s I_{se}/(E_c I_c)}=\frac{\beta_e}{\beta_m}=\frac{\beta}{\beta_m} \tag{4.1-31}$$

式中，$\beta_e=\beta$，为内核与截面等效后的圆环形截面外套管刚度比 （等效后刚度比）；β_μ 为内核与调整后的圆环形截面外套管刚度比 （调整后刚度比）；参数 χ 为等效后刚度比 （原刚度比） 与调整后刚度比的比值，定义为刚度比调整系数。

第 4.1.1 节和 4.1.2 节表明，圆环形截面外套管的套管构件承载力计算公式可统一表示为

$$\tan(k_c l_1) = \frac{\gamma}{(1 + \gamma\beta)k_c l_2} \tag{4.1-32}$$

式中，γ 为内核受约束段线刚度修正系数，P_c 为套管构件的极限承载力，$k_c = \sqrt{P_c/E_c I_c}$。当套管构件因内核外伸段局部失稳而失效时，$\gamma = \gamma_1$，$P_c = P_{c1}$，$k_c = k_{c1}$；当套管构件因外套管与内核一起侧向弯曲并失稳而失效时，$\gamma = \gamma_2$，$P_c = P_{c2}$，$k_c = k_{c2}$。

可以假设 γ 与内核、外套管刚度比 β 无关，对于以内核外伸段局部失稳为标志的套管构件，由式（4.1-15）知该假设成立；对于以外套管与内核一起侧向弯曲并失稳为标志的套管构件，式（4.1-17）虽然表明这个假设不成立，但是小范围内变化的刚度比 β 对 γ 的影响并不是很大，故可以近似认为这个假设成立。在这个假设成立的前提下，仅外套管截面形式不同并不改变 γ 的值，这一点表明方环形截面外套管的套管构件、截面等效后的圆环形截面外套管的套管构件与调整后的圆环形截面外套管的套管构件拥有相同的 γ 值。

表 4.1-5 给出了一组套管构件数值算例的设计参数，表中各设计参数意义同前。根据套管构件的受力特点取半结构进行建模，内核与外套管均采用实体单元模拟，单元类型选取 8 节点六面体线性减缩积分单元，即 C3D8R 单元。材料模型采用混合强化模型，弹塑性参数分别为：$E = 2.06 \times 10^5$ MPa、$\nu = 0.3$、$f_y = 260$ MPa、$C_1 = 1.20 \times 10^5$ MPa、$\gamma_1 = 2500$、$C_2 = 7500$ MPa、$\gamma_2 = 100$、$C_3 = 500$ MPa、$\gamma_3 = 0$、$Q_\infty = 20$ 和 $b = 1.2$。将材性参数代入式（4.1-14）可得内核 $\lambda_{cc} = 88.4$，算例中内核长细比 λ_c 均大于临界长细比 λ_{cc}。

通过 ABAQUS 模拟得到方环形截面外套管的套管构件的极限承载力 P_{csq}，以及截面等效后的圆环形截面外套管的套管构件的极限承载力 P_{cci}。将 $P_c = P_{cci}$，$\beta = \beta_e$ 代入式（4.1-32）可得与外套管截面形式无关的内核受约束段线刚度修正系数 γ；将 $P_c = P_{csq}$ 代入式（4.1-32）可得调整后刚度比 β_m；将等效后刚度比 β_e 和调整后刚度比 β_m 代入式（4.1-31）可得刚度比调整系数 χ。

套管构件算例设计参数 表 4.1-5

编号	内核（mm）				外套管（mm）				
						方套管		等效圆套管	
	L_c	D_c	t_c	λ_c	L_s	a	t	D_{se}	t_{se}
SC. I1	2000	48	4	128.0	1800	60	5	64.8	7.4
SC. I2	2000	48	4	128.0	1800	56	3	59.3	4.6
SC. I3	2000	48	4	128.0	1800	54	2	56.3	3.2
SC. J1	3000	48	4	192.1	2800	76	13	85.0	17.5
SC. J2	3000	48	4	192.1	2800	66	8	72.6	11.3
SC. J3	3000	48	4	192.1	2800	56	3	59.3	4.6
SC. K1	3000	48	4	192.1	2600	68	9	75.2	12.6
SC. K2	3000	48	4	192.1	2600	62	6	67.5	8.7
SC. K3	3000	48	4	192.1	2600	58	4	62.1	6.0
SC. L1	2500	60	6	130.1	2300	76	7	82.5	10.3
SC. L2	2500	60	6	130.1	2300	72	5	77.1	7.5
SC. L3	2500	60	6	130.1	2300	68	3	71.4	4.7

套管构件算例的模拟结果　　　　　　　　　　　　　　表 4.1-6

编号	β_e	P_{cci} (kN)	γ	P_{csq} (kN)	β_m	χ
$\sum$X.I1	0.2413	157.2	0.5931	151.3	0.3179	0.76
$\sum$X.I2	0.4517	140.4	0.5846	133.5	0.5653	0.80
SC.I3	0.7186	121.1	0.5573	115.6	0.8399	0.86
SC.J1	0.0597	162.9	0.8810	158.4	0.0943	0.63
SC.J2	0.1272	157.1	0.8989	152.0	0.1696	0.75
SC.J3	0.4517	84.4	0.5329	84.9	0.4378	1.03
SC.K1	0.1070	138.7	1.6348	131.6	0.1486	0.72
SC.K2	0.1899	126.2	1.6523	120.1	0.2329	0.82
SC.K3	0.3195	102.3	1.4847	97.7	0.3688	0.87
SC.L1	0.2425	305.0	0.5170	291.0	0.3486	0.70
SC.L2	0.3726	281.3	0.5025	270.2	0.4708	0.79
SC.L3	0.6824	226.7	0.4432	217.7	0.8051	0.85

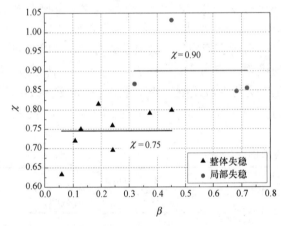

图 4.1-15　刚度比调整系数拟合

从表 4.1-6 中可以看出，方环形截面外套管的套管构件的极限承载力 P_{csq} 普遍小于截面等效后的圆环形截面外套管的套管构件的极限承载力 P_{cci}（SC.J3 的 P_{csq} 稍小于 P_{cci}），这意味着等效后的圆环形截面外套管的刚度偏大。如图 4.1-15 所示，方环形套管构件在不同的失效模式下采用不同的 χ 值能够更好地反映截面等效对其承载力的影响。对于以内核外伸段局部失稳为失效标志的方环形外套管的套管构件，刚度比调整系数 χ 取为 0.75；对于以外套管与内核一起侧向弯曲并失稳为失效标志的方环形外套管的套管构件，刚度比调整系数 χ 取为 0.90。

4.2　关键杆件加固后参数化分析方法

本节在套管构件理论分析的基础上，介绍了一种全钢套管构件，对其局部失稳与整体失稳的形态进行了阐述，继而介绍了多种关键参数对套管构件承载力、对内核与外套管间接触力等方面的影响。

4.2.1　全钢套管构件失稳形态

如前文所述，套管构件在受压情况下，可能整体失稳，或局部强度不足而发生局部失稳。全钢套管构件的失稳也存在局部与整体两个层面，二者在形态上具有各自的特点。具体如下。

4.2.1.1 全钢套管构件局部失稳形态

以内核外伸段局部失稳为失效标志的套管构件，其初始状态如图 4.2-1 所示，该套管构件 $L_c = 2000\text{mm}$，$D_c = 60\text{mm}$，$t_c = 6\text{mm}$；$L_s = 1800\text{mm}$，$D_s = 77\text{mm}$，$t_s = 7.5\text{mm}$；材料模型各参数取值同前。套管构件局部失稳模式中内核与外套管的变形状态如图 4.2-2 所示，在轴向力作用下，弯曲变形集中在套管构件内核外伸段，内核受约束段与外套管的弯曲变形相对较小。

图 4.2-1　套管构件局部失稳初始状态

图 4.2-2　套管构件局部失稳变形状态

图 4.2-3（a）～（f）展现了以内核外伸段局部失稳为失效标志的套管构件在逐渐增大的轴向压力作用下的一系列宏观响应。图 4.2-3（a）表明该套管构件的极限承载力 P_c 超过其内核全截面屈服承载力 P_{yc}，准确来说 $P_c/P_{yc} = 1.17$，这意味着经套管加固后的受压杆件其稳定承载力能大幅提高，甚至可以超过其全截面屈服承载力。图 4.2-3（b）、（c）表明，套管构件的弯曲变形主要集中在内核外伸段，内核受约束段与外套管弯曲变形量则相对较小。在套管构件达到其极限承载力时，内核跨正中截面侧移量最大为 13.9mm，内核外伸段贡献的侧移量约 6.12mm，占最大侧移量的 44%。图 4.2-3（d）表明内核外伸段底部因与外套管接触存在明显的弯矩放大效应，这将使得内核外伸段底部截面成为最薄弱截面从而控制套管构件的设计。图 4.2-3（e）表明外套管随着轴向压力的增大其纯弯段也越来越长；在套管构件达到其极限承载力时外套管截面弯矩的最大值为 4.7kN·m，远小于其截面弹性极限弯矩 8.2kN·m，大致表明在套管构件达到其承载力时，外套管保持弹性。图 4.2-3（f）则表明随着轴向压力的增大，内核与外套管的接触区域越来越向两端集中，这也是外套管纯弯段越来越长的原因。

4.2.1.2 全钢套管构件整体失稳形态

将外套管的截面尺寸修改为 $D_s = 68.4\text{mm}$、$t_s = 3.2\text{mm}$，其他参数保持不变，套管构件将发生以外套管与内核一同侧向弯曲并失稳为标志的破坏形态，其初始状态和变形状态分别如图 4.2-4、图 4.2-5 所示。

图 4.2-6（a）～（f）展现了以外套管与内核一同侧向弯曲并失稳为失效标志，套管构件在逐渐增大的轴向压力作用下的一系列宏观响应。图 4.2-6（a）表明该套管构件的极限承载力 P_c 已经十分接近其内核全截面屈服承载力 P_{yc}，准确来说 $P_c/P_{yc} = 0.89$，这是因为内核的欧拉屈曲荷载 $P_{ec} = 190.9\text{kN}$，已达其全截面屈服承载力的 72%，承载力提高的空间不是很大。图 4.2-6（b）、（c）表明，套管构件内核的弯曲变形没有出现显著的集中现象，套管也弯曲得比较严重。图 4.2-3（d）表明内核外伸段底部不存在明显的弯矩放大效应。图 4.2-3（e）表明外套管不存在纯弯段，其弯矩沿杆长的分布线形近似为抛物线；在套管构件达到其极限承载力时外

套管截面弯矩的最大值为 2.73kN·m，大于其截面弹性极限弯矩 2.65kN·m，大致表明在套管构件达到其承载力时，外套管跨正中截面已经开始进入塑性。图 4.2-3（f）则表明随着轴向压力的增大，内核与外套管的接触区域分布较分散，在套管构件达到其极限承载力时接触力基本沿内核全长分布，且在跨中区域最大。

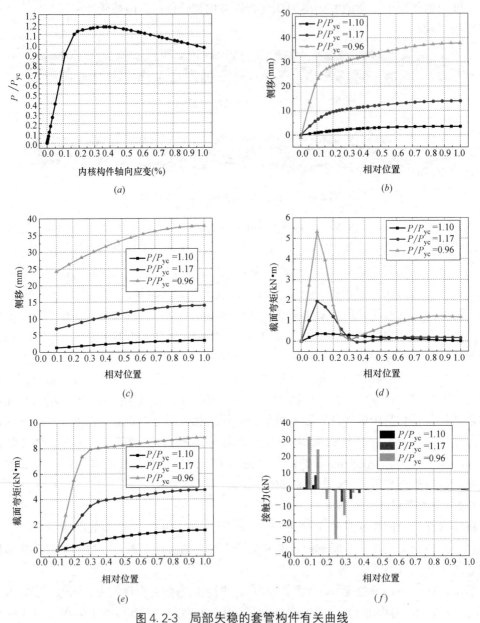

图 4.2-3　局部失稳的套管构件有关曲线

（a）套管构件承载力 vs 轴向应变曲线；（b）内核侧移；（c）外套管侧移；
（d）内核弯矩分布；（e）外套管弯矩分布；（f）内核挤压力分布

图 4.2-4　套管构件整体失稳初始状态

图 4.2-5　套管构件整体失稳变形状态

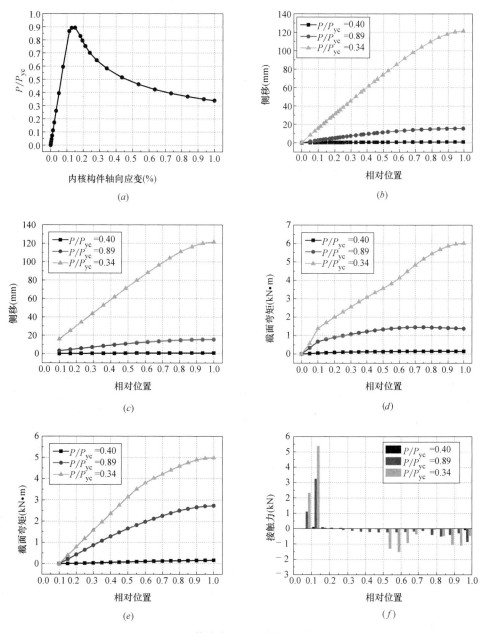

图 4.2-6　整体失稳的套管构件有关曲线

（*a*）套管构件承载力 vs 轴向应变曲线；（*b*）内核侧移；（*c*）外套管侧移；

（*d*）内核弯矩分布；（*e*）外套管弯矩分布；（*f*）内核挤压力分布

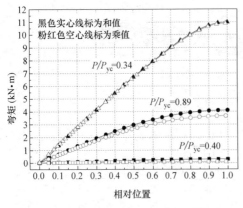

图 4.2-7　整体失稳的套管构件和值与乘值

图 4.2-7 中比较了和值与乘值；其中和值定义为内核截面弯矩与外套管截面弯矩之和，乘值定义为轴压力与相应轴压力作用下内核侧移之乘积，由此可见内核与外套管共同分担轴力产生的弯矩。

4.2.1.3　全钢套管构件两种失稳形态比较

从本节分析可以看出，以内核外伸段局部失稳为失效标志的套管构件，与以外套管同内核一起侧向弯曲并失稳为失效标志的套管构件相比存在明显的变形集中与内力集中现象，这种现象反过来也能促使套管构件发生以内核外伸段局部失稳为标志的破坏。不可否认的是，以内核外伸段局部失稳为失效标志的套管构件拥有更大的极限承载力，且在相同的加载端轴向压缩位移的情况下拥有较小的跨正中侧移，承载力退化也较少。两种破坏形态的套管构件虽然接触力的分布有较大差异，但是其内核均未发生多波屈曲，这一点与没有外伸段的或外伸段长度较小的屈曲约束支撑存在较大差异。

4.2.2　套管构件关键参数对套管构件承载力的影响

套管构件的承载力是其重要的力学性能指标，也是评价套管加固受压杆件效果的重要指标，所以研究套管构件关键参数对套管构件承载力的影响是极其有必要的。

套管构件模型中有很多参数，一般认为内核长细比、内核与外套管刚度比以及内核与外套管之间的净间隙是套管构件中的关键参数。除此之外，内核外伸段长度、内核的初始缺陷、外套管的初始缺陷以及外套管截面形式也应作为关键参数。本节着重研究内核与外套管刚度比、内核外伸段长度、内核长细比以及外套管截面形式四个关键参数对套管构件承载力的影响。

表 4.2-1 给出了一组套管构件数值算例的设计参数。这一组构件的设计思路是通过控制变量法来研究不同的关键参数对目标性能的影响。

套管构件算例设计参数　　　　　　　　　　表 4.2-1

编号	内核（mm）				外套管（mm）						
	L_c	D_c	t_c	λ_c	L_s	圆套管		方套管		等效圆套管	
						D_s	t_s	a	t	D_{se}	t_{se}
SC1	2000	60	6	104.1	1800	79.8	8.9	—	—	—	—
SC2	2000	60	6	104.1	1800	77	7.5	—	—	—	—
SC3	2000	60	6	104.1	1800	68.4	3.2	—	—	—	—
SC4	2000	60	6	104.1	1900	77	7.5	—	—	—	—
SC5	2000	60	6	104.1	1600	77	7.5	—	—	—	—
SC6	3000	60	6	156.2	2800	77	7.5	—	—	—	—
SC7	4000	60	6	208.2	3800	77	7.5	—	—	—	—
SC8	2000	60	6	104.1	1800	—	—	74	6	79.8	8.9
SC9	2000	60	6	104.1	1800	—	—	66	2	68.4	3.2

（1）内核与外套管刚度比的影响

图 4.2-8 给出了 SC1、SC2 和 SC3 三根构件的承载力-轴向位移曲线，表明外套管刚度越大即内核与外套管刚度比 β 越小，套管构件的承载力越大。但是当 β 小于一定值后，刚度比减小对套管构件承载力的提高并不明显。比如，构件 SC1 与构件 SC2 相比，虽然外套管厚度增加了 1.4mm，β 也从 0.3755 减小到 0.2969（减小了 21%），但是 P/P_{yc} 仅从 1.15 增加到 1.17（增加了 1.7%），由此可见盲目地增大外套管的厚度不一定能导致套管构件承载力的显著提高。

（2）内核外伸段长度的影响

图 4.2-9 给出了 SC2、SC4 和 SC5 三根构件的承载力-轴向位移曲线，表明内核外伸段长度越大，相同截面外套管的套管构件承载力越小。内核外伸段长度较大的套管构件可能发生以内核外伸段局部失稳为失效标志的破坏形态，但是内核外伸段长度较小的套管构件则可能发生以外套管同内核一起侧向弯曲并失稳为失效标志的破坏形态。

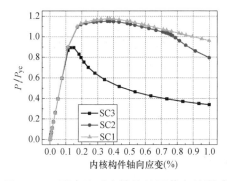

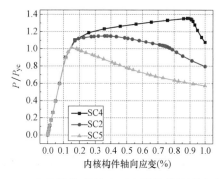

图 4.2-8　刚度比对套管构件承载力的影响　　图 4.2-9　内核外伸段长度对套管构件承载力的影响

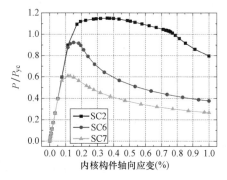

图 4.2-10　内核长细比对套管构件承载力的影响

（3）内核长细比的影响

图 4.2-10 给出了 SC2、SC6 和 SC7 三根构件的承载力-轴向位移曲线，表明内核长细比越大，相同截面外套管的套管构件承载力越小。长细比小的套管构件可能发生以内核外伸段局部失稳为失效标志的破坏形态，但是长细比大的套管构件则可能发生以外套管同内核一起侧向弯曲并失稳为失效标志的破坏形态。

（4）外套管截面形式的影响

图 4.2-11（a）给出了 SC1 和 SC8 两根构件的承载力-轴向位移曲线，构件 SC1 与构件 SC8 均发生以内核外伸段局部失稳为失效标志的破坏形态；图 4.2-11（b）给出了 SC3

和 SC9 两根构件的承载力-轴向位移曲线，构件 SC3 和构件 SC9 均发生以外套管同内核一起侧向弯曲并失稳为失效标志的破坏形态。构件 SC1 与构件 SC8 中的外套管截面是等效的，构件 SC3 与构件 SC9 中的外套管截面是等效的，外套管截面等效的原则为内核与外套管之间的净间隙与外套管的截面刚度都相同。图 4.2-11（a）表明构件 SC1 的承载力稍高于构件 SC8 的承载力，图 4.2-11（b）表明构件 SC3 的承载力稍高于构件 SC9 的承载力，意味着截面与方环形外套管等效的圆环形外套管截面刚度偏大，需要对等效后的外套管截面刚度予以折减。

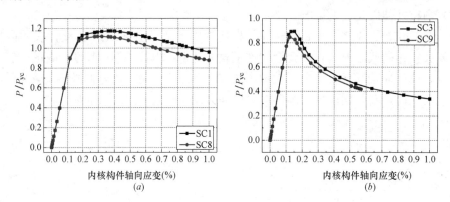

图 4.2-11　外套管截面形式对套管构件承载力的影响

（a）内核外伸段局部失稳破坏；（b）整体失稳破坏

4.2.3　套管构件关键参数对内核与外套管之间接触力的影响

内核与外套管之间的接触力是螺栓拼装外套管的螺栓设计与焊接拼装外套管的焊缝设计中一个重要的参数，所以研究套管构件关键参数对接触力的影响同样有必要。本节着重研究内核与外套管刚度比、内核外伸段长度、内核长细比以及外套管截面形式四个关键参数对接触力的影响。

（1）内核与外套管刚度比的影响

图 4.2-12 给出了 SC1、SC2 和 SC3 三根构件在各自承载力极限状态时，内核与外套管之间的接触力的大小及其分布状况。构件 SC1 和构件 SC2 均发生以内核外伸段局部失稳为失效标志的破坏形态，其接触力的大小和分布状况大致相同，接触力集中分布在内核与外套管端部接触处的附近区域。构件 SC3 发生以外套管同内核一起侧向弯曲并失稳为失效标志的破坏形态，其接触力不仅比构件 SC1 和构件 SC2 的接触力小很多，而且分布也相对分散。

（2）内核外伸段长度的影响

图 4.2-13 给出了 SC2、SC4 和 SC5 三根构件在各自承载力极限状态时，内核与外套管之间接触力的大小及其分布状况。虽然构件 SC4 的接触力也集中分布在内核与外套管端部接触处的附近区域，但是沿杆长分散分布接触力大小为 8.3kN，约占同向接触力之和 29.3kN 的 28%，不可忽略。图 4.2-13 表明减小内核外伸段长度会显著增大接触力。

（3）内核长细比的影响

图 4.2-14 给出了 SC2、SC6 和 SC7 三根构件在各自承载力极限状态时内核与外套管之间

接触力的大小及其分布状况。构件 SC6 和构件 SC7 均发生以外套管同内核一起侧向弯曲并失稳为失效标志的破坏形态，内核长细比越长，接触力越小且分布越分散、越均匀。

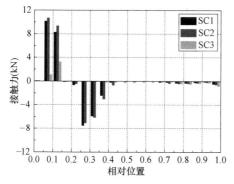

图 4.2-12 内核与外套管刚度比对接触力的影响

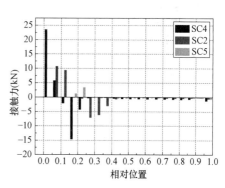

图 4.2-13 内核外伸段长度对接触力的影响

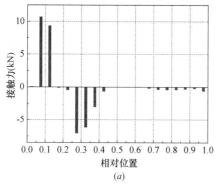

(a)

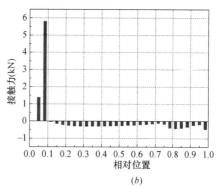

(b)

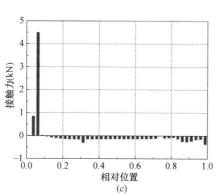

(c)

图 4.2-14 内核长细比对接触力的影响

（a）SC2 接触力的大小及分布；（b）SC6 接触力的大小及分布；（c）SC7 接触力的大小及分布

（4）外套管截面形式的影响

图 4.2-15（a）给出了 SC1 和 SC8 两根构件在各自承载力极限状态时，内核与外套管之间接触力的大小及其分布状况，构件 SC1 与构件 SC8 均发生以内核外伸段局部失稳为失效标志的破坏形态；图 4.2-15（b）给出了 SC3 和 SC9 两根构件在各自承载力极限状态时，内核与外套管之间接触力的大小及其分布状况，构件 SC3 和构件 SC9 均发生以外套管同内核一起侧向弯曲并失稳为失效标志的破坏形态。构件 SC1 与构件 SC8 中的外套管

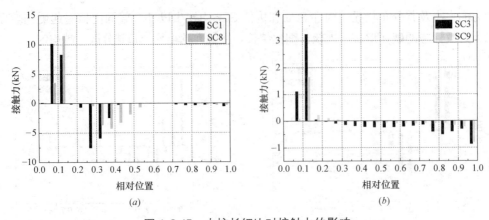

图 4.2-15　内核长细比对接触力的影响
(*a*) SC1 和 SC8 接触力的大小及分布；(*b*) SC3 和 SC9 接触力的大小及分布

截面是等效的，构件 SC3 与构件 SC9 中的外套管截面是等效的，外套管截面等效的原则为内核与外套管之间的净间隙与外套管的截面刚度都相同。图 4.2-15（*a*）表明构件 SC1的接触力比构件 SC8 的接触力要大，图 4.2-15（*b*）表明构件 SC3 的接触力比构件 SC9 的接触力要大，意味着方环形外套管的约束刚度比圆环形外套管的约束刚度要小，这也是对圆环形外套管进行刚度折减的原因。

4.2.4　参数化分析小结

（1）套管构件存在两种破坏形态，一种以内核外伸段局部失稳为失效标志，另一种以外套管同内核一起侧向弯曲并失稳为失效标志。以内核外伸段局部失稳为失效标志的套管构件比以外套管同内核一起侧向弯曲并失稳为失效标志的套管构件承载力要高，其承载力能够达到甚至超过内核全截面屈服力。

（2）以内核外伸段局部失稳为失效标志的外套管，其内核与外套管之间的接触力集中分布在内核与外套管端部接触处附近区域，存在"两点接触"现象；而以外套管同内核一起侧向弯曲并失稳为失效标志的套管构件，其内核与外套管之间的接触力分布则较分散、均匀。两种破坏形态下的套管构件内核均为发生多波屈曲现象。

（3）内核与外套管刚度比、内核外伸段长度、内核长细比以及外套管截面形式对套管构件的承载力有较大影响，甚至会改变套管构件的破坏形态。内核与外套管刚度比越大、内核外伸段越短、内核长细比越大，套管构件越容易整体失稳。

（4）外套管截面形式也对套管构件的承载力有影响。方环形外套管的约束刚度比等效后的圆环形外套管的刚度要小，所以在运用圆环形外套管的套管构件相关理论时需对方环形外套管的刚度予以折减。

4.3　关键杆件加固设计方法

现有的套管构件形式难以用于处于工作状态或已经屈曲变形的承压构件。为此，本节改造了现有套管构件构造，即利用螺栓装配角钢形成外套管，其中角钢外套管可由钢板机械加工而成，如图 4.3-1 所示。这样的构造形式可方便地用于空间结构受压构件的稳定加固，从而解决外套管安装困难的问题。

该套管加固方法应用于工程实践时，内管外伸段长度及内外管刚度比是影响其加固效果的关键参数。外伸段长度较大可能使其屈曲破坏从而导致套管构件局部失稳，较小则可能导致内管端部被完全压入外套管；内外管刚度比较大则可能引起材料浪费且增加套管构件自重，较小则可能使外套管不能提供足够的约束刚度而导致套管构件整体失稳。为此，本节通过建立套管构件的实体有限元模型，分析上述参数对套管构件加固效果的影响并提出设计建议。

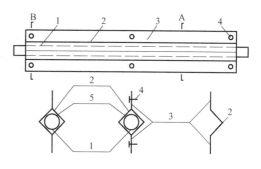

A—A剖面； B—B剖面； 外套管(半边)

1—内管；2—外套管；3—角钢外伸段；
4—螺栓；5—间隙

图 4.3-1　螺栓装配角钢加固套管构件组成示意图

此外，为避免螺栓装配角钢套管构件在受压过程中因螺栓发生破坏而导致外套管失效，需对螺栓进行精细化设计。对套管构件，由于内管与外管之间存在间隙，使得外管并不主动承受轴力；当内管受压屈曲失稳从而与外管接触产生侧向相互作用时，外管才会承受内管施加的挤压力。因此在讨论螺栓装配角钢套管构件的外套管上连接螺栓的受力时，应首先明确内管与外管之间的相互作用关系，即内管的挤压力分布模式。

无论外套管采用何种组成方式，其约束机理都是相同的，即外套管通过为受压内管提供侧向支撑，使受压内管发生屈服而不是屈曲，从而提高内管的受压承载能力。其中，内管与外套管之间的接触作用是套管构件承载能力得以发挥的关键。因此，只有研究清楚内管与外管之间的挤压力分布，才能明确内管与外管的受力状态，从而更好地了解套管构件的受力机理。故本节在分析以上套管构件关键参数的同时，将深入考察内外管间的接触关系的形成及挤压力的分布，在此基础上进一步研究套管构件的整体与局部稳定问题，并对螺栓装配角钢套管构件的螺栓受力及螺栓布置进行研究，并提出螺栓设计方法，以保证外套管对内核的有效约束。

4.3.1　螺栓装配角钢加固套管构件的关键参数分析

4.3.1.1　有限元模型建立

考虑到本节主要考察内外管之间的挤压力分布，而不着重对螺栓装配角钢加固套管构件的螺栓受力进行研究，且由于套管构件及其加载制度的对称性，故可将图 4.3-1 所示的螺栓装配角钢套管构件简化为外围整体式套管构件半结构进行研究，以忽略螺栓对外套管约束刚度的影响，并实现对套管构件的对称加载，如图 4.3-2 所示。

主要针对上述简化的套管构件进行精细有限元分析，研究内管外伸段长度及内外管刚度比两个关键参数对套管构件加固效果的影响，同时深入了解内外管之间的挤压力分布。在考察内外管之间接触关系的同时，对套管构件的整体稳定及局部稳定问题进行了分析。

设计了两组共 5 个套管构件模型，模型编号及主要参数见表 4.3-1。下面以 S. T6L50 为例对构件编号进行说明，S 代表外套管为角钢组成的方钢管，T6 表示角钢厚度为 6mm，L50 代表外伸段长度为 50mm。各构件内管尺寸相同，长度均为 2000mm，外径均为 60mm，壁厚均为 6mm，长细比为 104。两组模型通过变化内外管刚度比 β、内管外伸

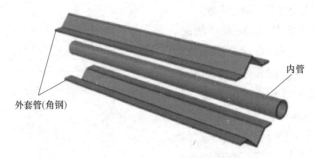

图 4.3-2　简化套管构件组成示意图

段长度 l_e，研究其对加固效果的影响。

采用 ABAQUS 通用有限元分析程序建立上述简化的套管构件模型。其中内管、外管均使用 8 结点实体单元（C3D8R）进行网格划分。套管和外管之间设置通用接触，其中法向采用硬接触属性，切向采用罚函数算法，并取摩擦系数为 0.1。

模型设计参数　　　　　　　　　　　　　　　　　表 4.3-1

	构件编号	β	l_e/(mm)
第一组	S. T6L50	3.37	50
	S. T7L50	4.12	
	S. T8L50	4.93	
第二组	S. T8L80	4.93	80
	S. T8L100		100

所有部件材料都采用 Q235 钢材，采用能较好地模拟钢材特性的混合强化模型，其中弹性模量均取 2.06×10^5 MPa，泊松比均取 0.3，钢材屈服强度 $f_y = 260$ MPa，$n = 3$，$C_1 = 120000$ MPa，$\gamma_1 = 2500$，$C_2 = 7500$ MPa，$\gamma_2 = 100$，$C_3 = 500$ MPa，$\gamma_2 = 0$，$Q_\infty = 20$，$b = 1.2$。

考虑到空间结构杆件一般通过螺栓球节点连接，即杆件端部不传递弯矩，因此套管构件的连接形式一般采用铰接形式。内管和外套管通常在杆件中部设置定位栓，并在内管两端同时对称地进行单向轴压位移加载。本节利用套管构件的对称性取半结构进行分析，加载端边界条件为完全铰接，加载幅值最大值取为内管长度的 2%，对称面一端边界条件为滑动连接。

为了精确模拟构件屈曲行为，首先对套管构件进行特征屈曲分析，并将幅值为内筒长度 1/1000 的一阶屈曲模态变形，作为套管构件的初始缺陷引入有限元非线性分析。同时考虑到构件的变形特性和接触区滑移，计算时考虑几何大变形对结构响应的影响。

4.3.1.2　内外管刚度比的影响评估

以第一组模型分析内外管刚度比 β 对套管构件受力性能的影响。

图 4.3-3（a）为第一组各套管构件模型内核应变与轴向压力相关曲线，图 4.3-3（b）、（c）和（d）为各模型沿内管长度方向的侧向变形曲线，其中实线和虚线分别表示内外管侧向变形。

从图 4.3-3（a）中可以看出在相同外伸段长度的情况下，外管厚度较大的套管构件模型即 S. T8L50 具有较高的受压承载力，且在整个加载过程中没有出现承载力下降。由

图 4.3-3 (*b*) 可以看出在轴向压应变为 1‰时，模型 S. T7L50 内管端部发生局部屈曲，S. T6L50 内管出现局部屈曲且发生整体失稳，而 S. T8L50 既没有整体失稳也没有局部屈曲，表现出良好的稳定性能。在轴向应变小于 0.8‰时三个模型的应变与轴向压力相关曲线基本重合，当应变大于 0.8‰时，模型 S. T7L50 承载力继续增加，而 S. T6L50 由于内管端部出现局部屈曲导致承载力下降，这也可以从图 4.3-3 (*c*) 的内管侧向变形曲线看出；当应变大于 1‰时，模型 S. T7L50 由于内管端部也出现局部屈曲导致其承载力下降，如图 4.3-4 所示，且内管开始由单波向多波过渡，可由图 4.3-3 (*d*) 看出，而 S. T6L50 由于出现整体失稳导致其承载力急剧下降，由图 4.3-3 (*c*) 可知，当应变为 1.2‰时，其内管中部侧向变形接近 70mm，已接近内管总长的 3.5‰，发生严重的整体失稳如图 4.3-5 所示。

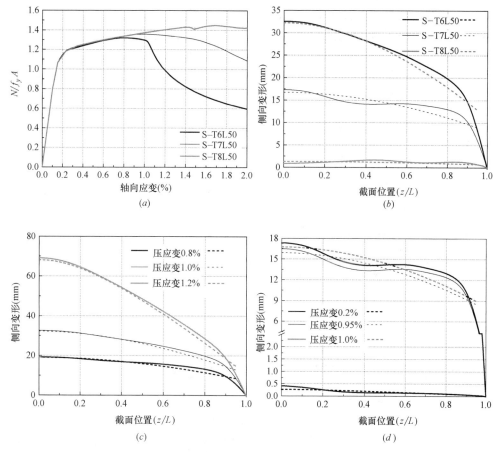

图 4.3-3　各模型分析结果相关曲线

(*a*) 应变-轴向压力相关曲线；(*b*) 各模型侧向变形曲线（压应变 1.0‰）
(*c*) S. T6L50 侧向变形曲线；(*d*) S. T7L50 侧向变形曲线

图 4.3-4　S. T7L50 整体失稳变形云图（压应变 1.2‰）

图 4.3-5 S. T6L50 整体失稳变形云图 (压应变 1.2%)

图 4.3-6 为各模型在压应变为 1‰时的弯矩及挤压力分布图。由图可知,随着外管厚度的增加,各模型内外管弯矩和内管挤压力都随之增大。由图 4.3-6 (a) 可知,内管弯矩主要集中在外伸段端部,由图 4.3-6 (b) 可知,外管弯矩主要集中在内外管接触段,这可以由内外管之间的挤压力分布情况解释。由图 4.3-6 (c) 可知,内外管处于线接触阶段,内外管之间的挤压力主要分布在两个区域,即内外管线接触端部和外管端部。

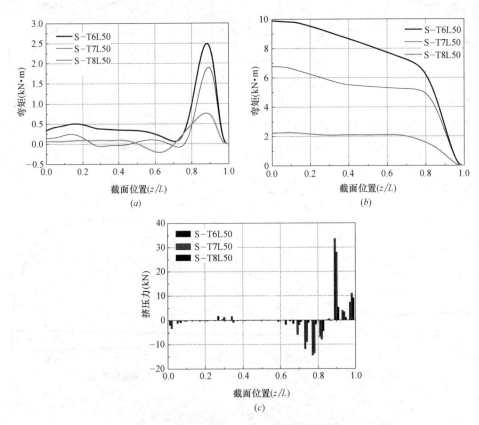

图 4.3-6 各模型弯矩及挤压力分布图 (压应变 1%)
(a) 内管弯矩分布图;(b) 外管弯矩分布图;(c) 内管挤压力分布图

此外,经计算可知,模型 S. T6L50、S. T7L50 和 S. T8L50 外管的抗弯承载力分别为 6.30kN·m、7.49kN·m 和 8.74kN·m,而当压应变为 1‰时 S. T6L50 外套管中部弯矩 9.89kN·m 已超过其抗弯承载力,使得外套管中部截面进入屈服形成塑性铰,从而降低其对内管的约束效果,这也是 S. T6L50 发生整体失稳的重要原因,而 S. T7L50 和 S. T8L50 的外套管弯矩均未超过其对应抗弯承载力。

4.3.1.3 外伸段长度的影响评估

按照表 4.3-1 中的尺寸建立第二组模型，分析内管外伸段长度 l_e 对套管构件受力性能的影响。

图 4.3-7（a）为第二组套管构件模型内核应变与轴向压力相关曲线，图 4.3-7（b）、（c）和（d）为模型沿内管长度方向的侧向变形曲线，其中实线和虚线分别表示内外管侧向变形。

从图 4.3-7（a）中可以看出在外套管厚度相同的情况下，外伸段较小的套管构件模型即 S.T8L50 具有较高的受压承载力，且在整个加载过程中没有出现承载力下降。由图 4.3-7（b）可以看出在轴向压应变为 1‰时，模型 S.T8L80 和 S.T8L100 内管端部均出现局部屈曲，如图 4.3-8（a）和（b）所示；而 S.T8L50 既没有整体失稳也没有局部屈曲，表现出良好的稳定性能。在轴向应变小于 0.25％时三个模型的应变与轴向压力相关曲线基本重合，当应变大于 0.25％时，模型 S.T8L80 承载力继续增加，而 S.T8L80 由于内管端部出现局部屈曲导致承载力下降，这也可以从图 4.3-7（c）的内管侧向变形曲线看出；当应变大于 0.4％时，模型 S.T8L100 由于内管端部也出现局部屈曲导致其承载力下降，如图 4.3-7（d）所示。

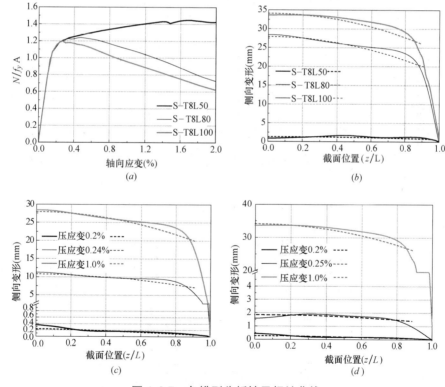

图 4.3-7　各模型分析结果相关曲线
（a）应变.轴向压力相关曲线；（b）各模型侧向变形曲线（压应变 1.0％）；
（c）S.T8L80 侧向变形曲线；（d）S.T8L100 侧向变形曲线

图 4.3-9 为各模型在压应变为 1‰时的弯矩及挤压力分布图。由图可知，随着外伸段长度的增加，各模型内外管弯矩和内管挤压力都随之增大。由图 4.3-9（a）可知，内管弯矩主要集中在外伸段端部；由图 4.3-9（b）可知，外管弯矩主要集中在内外管接触段，这可以由内外管之间的挤压力分布情况解释；由图 4.3-9（c）可知，内外管处于线接触阶

段，内外管之间的挤压力主要分布在两个区域，即内外管线接触端部和外管端部。

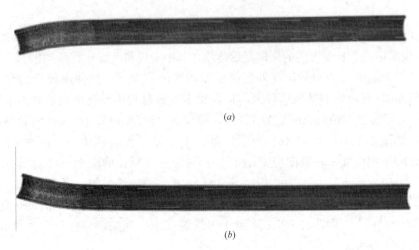

图 4.3-8 局部屈曲变形云图（压应变 1%）

(a) S.T8L80；(b) S.T8L100

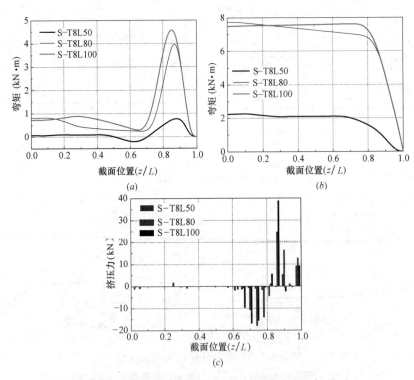

图 4.3-9 各模型弯矩及挤压力分布图（压应变 1%）

(a) 内管弯矩分布图；(b) 外管弯矩分布图；(c) 内管挤压力分布图

4.3.2 螺栓装配角钢加固套管构件的螺栓初步设计

上节通过简化模型分析了外围整体式套管构件内外管刚度比及内管外伸段长度两个关

键参数对套管构件加固效果的影响，同时深入了解内外管之间的挤压力分布规律。

对套管构件，由于内管与外管之间存在间隙，使得外管并不主动承受轴力；当内管受压屈曲失稳从而与外管接触产生侧向相互作用时，外管才会承受内管施加的挤压力。本节将在上节得出内外管之间挤压力分布的基础上对外套管进行螺栓设计。

从上节的分析中可知，在加载过程中，内管失稳与外管接触后，内外管总是从单点接触过度到线接触直到整个系统破坏，而不会出现内管发生高阶屈曲模态的情况，也就是说内外管之间接触力主要分布在半结构模型套管两端部，故在本节分析中只需要在外套管端部合理布置螺栓即可。由于模型的对称性，仍采用螺栓装配角钢加固套管构件半结构模型进行研究。

4.3.2.1　有限元模型的建立

上节中，模型 S. T6L50 在加载过程中，当轴向压应变为 1‰ 时内管出现局部屈曲且发生整体失稳，此时外套管发生较大的侧向变形，外套管两端相对侧向变形已接近 20mm，如图 4.3-3（c）所示。本节将以模型 S. T6L50 为例阐述螺栓装配角钢加固套管构件的螺栓设计方法并给出设计建议。

由于内外管之间接触力主要分布在半结构模型套管两端部，首先在外套管两端部各布置一个螺栓进行分析，以了解螺栓装配角钢加固套管构件变形特性，构件组装如图4.3-10所示，采用 10.9 级 M10 的高强螺栓。高强螺栓预拉力由式（4.3-1）算出：

$$P=\frac{0.9\times0.9\times0.9}{1.2}A_\mathrm{e}f_\mathrm{u} \tag{4.3-1}$$

式中，f_u 代表螺栓的极限抗拉强度，10.9 级高强螺栓 $f_\mathrm{u}=1040\mathrm{N/mm^2}$，由此算出螺栓的预拉力为 36.6kN。

图 4.3-10　螺栓装配角钢加固套管构件组成示意图

模型尺寸、材料参数、接触属性及边界条件同上节，下面主要阐述螺栓荷载的施加。ABAQUS/Standard 中通过螺栓荷载（bolt load）来模拟螺栓的预紧力和各种均匀预应力。施加螺栓荷载前可在螺栓内添加一个切割面作为受力截面，从而指定荷载的大小和方向，如图 4.3-11 所示。ABAQUS/Standard 中施加螺栓荷载时共有三种方式：指定螺栓预紧力大小（Apply force）、调整螺栓长度（Adjust length）和保持螺栓当前长度（Fix at current length）。本节首先通过 Apply force 将螺栓的预紧力施加至规范标准值，再通过 Fix at current length 使螺栓保持当前长度，防止高强螺栓的长度在后续分析步中发生改变，从而使其预紧力在外荷载作用过程中保持不变。

模型计算时设置三个分析步施加高强螺栓预紧力，其中第一个分析步用于施加较小的螺栓预紧力（取 10N），使模型中的接触关系得以平稳建立，从而提高模型计算的收敛性；

之后两个分析步中将螺栓预紧力增加至 36.6kN，并保持高强螺栓长度不变。最后一个分析步中通过参考点对模型施加轴向压力，幅值为 1‰。所有分析步均为静力分析步（Static/General），并打开大变形效应。

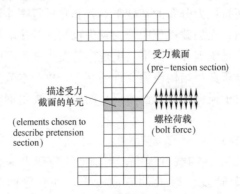

图 4.3-11　螺栓荷载施加示意图

4.3.2.2　有限元分析结果

当轴向压应变为 1‰ 时，模型变形云图如图 4.3-12 所示。由图 4.3-12（a）可知，与

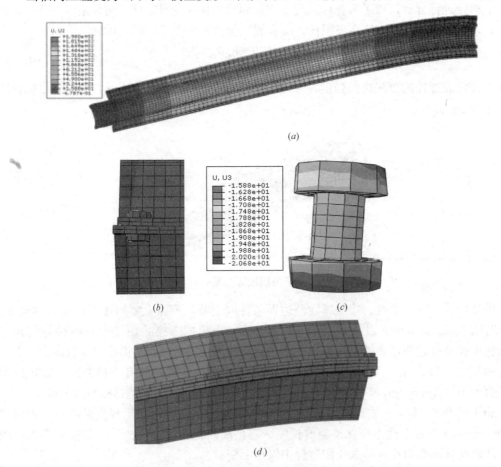

图 4.3-12　螺栓装配角钢加固套管构件变形云图（压应变 1‰）

（a）模型整体失稳变形云图；（b）套管左端部变形云图；（c）螺栓剪切变形云图；（d）套管右端部变形云图

178

外围整体式套管构件相比，螺栓装配角钢加固套管构件发生了更严重的整体失稳，这是因为在加载过程中，由于螺栓失效而导致螺栓装配角钢外套管抗弯刚度下降。

如图 4.3-12（c）所示，当轴向压应变为 1‰时，外套管靠近内管外伸段一侧端部螺栓由于抗剪承载力不足发生了较大的剪切变形，螺栓上下端相对变形接近 5mm，导致外套管上下两根角钢沿纵向发生较大相对变形，如图 4.3-12（b）所示。在外套管另一端，由于螺栓抗拉承载力不足导致外套管上下两根角钢发生明显的鼓曲，如图 4.3-12（d）所示。

4.3.3 螺栓装配角钢加固套管构件螺栓设计方法

为保证螺栓装配角钢外套管能够提供足够的抗弯刚度从而有效约束内管的侧向变形，提高套管构件的受压承载力，需要对外套管端部螺栓进行合理加密布置，使螺栓能够提供足够的抗拉承载力和抗剪承载力。

4.3.3.1 螺栓设计及有限元建模

外围整体套管构件模型 S.T6L50 内管挤压力及外管上下角钢接触面剪应力分布如图 4.3-13 所示。由图 4.3-13（a）可知，内外管挤压力主要分布在外管 0～100mm 及 700～950mm 范围内。故需要在此范围内进行螺栓加密。

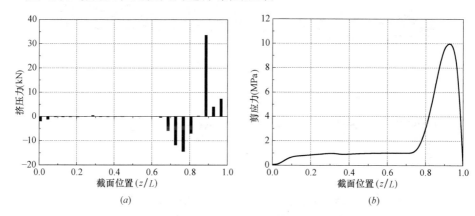

图 4.3-13 S.T6L50 挤压力及剪应力分布图

（a）内管挤压力分布；（b）外管上下角钢接触面剪应力分布

高强螺栓抗剪承载力可由式（4.3-2）计算：

$$N_V^b = 0.9 n_f \mu P \tag{4.3-2}$$

式中，n_f 为传力摩擦面数目；μ 为摩擦面的抗滑移系数，取 0.5；P 为高强螺栓的预拉力，由此算出高强螺栓抗剪承载力为 16.47kN。

由图 4.3-13（b）可知，外管角钢接触面最大剪应力为 10MPa，角钢外伸板宽度为 36mm，由此算出螺栓间距为 45.75mm，考虑到只有在局部长度范围内剪应力为 10MPa，取螺栓间距为 50mm。有限元模型如图 4.3-14 所示。

4.3.3.2 有限元分析结果

当轴向压应变为 1‰时，模型变形云图如图 4.3-15 所示。对比图 4.3-15（a）与图 4.3-12（a）可知，螺栓装配角钢加固套管构件经过螺栓加密布置后，虽然也发生整体失稳，但是侧向变形显著降低，受压承载力明显提高，如图 4.3-16 所示。在加载过程中，螺栓上下两端只发生很小的相对变形，如图 4.3-15（b）所示，且外套管上下两根角钢没有发生明显的鼓曲，如图 4.3-15（a）所示。

以上分析结果表明螺栓合理设计的螺栓装配角钢加固套管构件的受压承载力，与外围整体式套管构件接近，且变形模式相同。

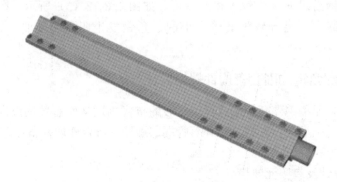

图 4.3-14　螺栓装配角钢加固套管构件有限元模型

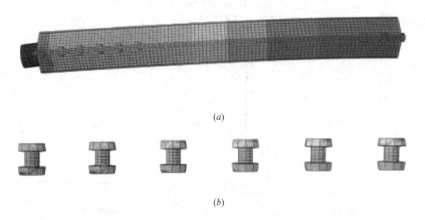

（a）

（b）

图 4.3-15　螺栓装配角钢加固套管构件变形云图（压应变 1%）

（a）模型整体失稳变形云图；（b）螺栓剪切变形云图

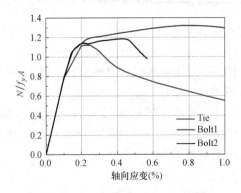

图 4.3-16　应变-轴向压力相关曲线

注：Tie 表示模型 S.T6L50；Bolt1 和 Bolt2 分别表示螺栓加密前后的模型。

　　通过以上对内外管刚度比和内管外伸段长度对螺栓装配角钢套管构件加固性能的影响评估，以及在得出内外管挤压力基础上对外套管螺栓设计的研究，得出以下结论：

　　（1）通过适当增加外套管厚度来增大内外管刚度比可以避免套管构件发生整体失稳，从而提高外套管的约束效果，进而有效提高套管构件的受压承载力。

　　（2）通过适当减小内管外伸段长度可以有效避免套管构件发生局部屈曲，从而提高套管构件的受压承载力。

　　（3）套管构件发生整体失稳的原因，主要是内外管之间产生的挤压力导致外套管中部弯矩超过其抗弯承载力，故可基于外套管的抗弯承载力进行防止套管构件整体失稳的设计。

　　（4）增加外套管厚度套管或减小内管外伸段长度都会增大内外管之间的接触挤压力。构件加载后期，内外管处于线接触状态，挤压力主要集中在两个区域，即内外管线接触端部和外管端部，故在对螺栓装配角钢外套管进行螺栓设计时，应在以上区域适当减小螺栓间距。

　　（5）螺栓装配角钢加固套管构件的螺栓设计要同时满足抗拉承载力和抗剪承载力的要求，通过对外套管两端部进行合理加密布置螺栓，可以使套管构件获得较高的受压承载力，同时满足工业化的要求。

第5章　预应力张弦结构安全监测系统

结构安全监测技术是指以结构安全监测系统为基础对建筑结构进行不同状态下的安全评估技术。结构安全监测系统是指一种应用现代传感技术监测结构在荷载和外部环境发生改变时的结构响应，并通过定期采集的传感器响应数据，对随时间推移产生的结构现有安全状态进行评估的一种综合性系统。

对结构进行安全监测的目的主要是通过获得结构工作期间有关结构行为和状态以及环境条件的必要数据，分析结构设计有关参数取值和理论结果，掌握结构施工和使用过程中任何时刻（包括偶然或突发事件发生过程与发生后）的结构整体性和安全性，同时在特殊情况下，当结构本身受到突然的冲击或者自身出现问题时，结构安全监测系统能及时预警，有效降低人员伤害和经济损失，并为快速灾害调查和问题分析提供可靠信息。

预应力张弦结构具有跨度大、柔度高、预应力作用大等特点，对预应力张弦结构进行长期的安全监测，是评估从施工到正常使用阶段结构安全性能的重要途径。

具体来说，预应力张弦结构安全监测系统的意义主要体现在监测系统的实时性、长期性和连续性，能够快速完成对测点数据的采集和监测数据的分析处理，能够几乎零时差地在中枢控制系统显示界面上读取监测点的数据，这对结构的施工过程和卸载过程都起到指导作用，一旦出现问题能够得到及时的矫正和处理，确保施工过程的有序进行和结构的安全；在后期监测过程中实时监测系统与报警装置相连接，一旦出现问题，能够及时发出警报，提醒现场人员和结构监测人员，减少甚至避免因突发事故造成的人员伤亡和经济损失。而采集数据的连续性，能够根据历史数据完成对结构状况的分析，施工过程中能够分析历史数据，总结经验，为后续的施工过程提供一定的指导和建议，在使用过程中结构的监测数据既是结构安全评估的重要依据，也是预应力张弦结构安全监测技术理论研究的重要参考，确保结构的安全状况，促进结构设计理论的发展。

在对已有监测理论技术和工程实例进行研究基础上，结合当前的最新传感技术以及相关工程经验，本章详细介绍了预应力张弦结构的安全监测系统中传感器选择、监测内容、施工布置、软件功能、监测评估等安全监测技术。

5.1　安全监测系统的组成

5.1.1　系统结构

根据结构安全监测系统在工程中的实际应用和自身特点，结构安全监测系统可分为三个部分，即传感器系统、信号采集和传输系统以及数据管理和分析系统，结构安全监测系统的结构如图5.1-1所示。本章介绍了一种最小人工干预的、长期在线实时连续监测的结构安全监测系统，并且能够通过系统中枢控制系统对数据进行处理，自动定期更新报告结构的安全状态。

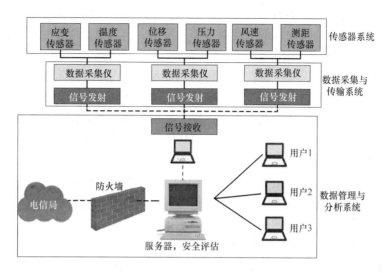

图 5.1-1　安全监测系统的系统构成

5.1.2　传感器系统

传感器是一种能感受被测量信息的监测装置，并将感受到的信息，按一定的规律转换成为电信号或其他所需形式的信号进行输出，满足信号的传输、处理、存储、显示、记录和控制等要求。它是结构安全监测系统最前端和基础的部分，高性能的传感器系统是保证整个监测系统性能的关键所在。根据监测原理可分为：电阻应变式传感器、振弦式传感器、光纤传感器、压电式传感器、激光传感器和超声传感器等。

5.1.2.1　传感器选用原则

从众多的传感器中选择需要的传感器类型是结构安全系统的一个重要环节。传感器的选择首先是根据实际工程对结构所要监测的内容和测点位置进行确定，然后根据监测目的和结构对监测系统的要求进行分析，并结合环境因素，选择需要的传感器。所选传感器必须具备稳定、精准的监测性能，能够满足实现监测目标的监测系统的需求。传感器需满足以下要求：

（1）传感器精度满足实际工作需要，并具有较好的长期工作稳定性，不能因传感器自身原因导致监测期间测试数据的漂移或奇异；

（2）传感器应具有满足监测周期要求的耐久性，在耐久性无法满足时，应具有良好的可更换性；

（3）传感器性能必须能够抵抗复杂监测环境的干扰，包括电磁、温度、振动等因素，在结构可能经历的极端环境下，传感器能够正常稳定地工作；

（4）传感器应具有自动数据采集采集和传输功能以满足实时监测的需求；

（5）结合传感器布置位置和方式，考虑复杂的施工环境影响，选择便于安装的传感器，并配备相应的保护装置。

5.1.2.2 光纤应变传感器

预应力张弦结构关键点的应力监测是结构安全监测系统的重要组成部分，电阻传感器、振弦传感器等传统的传感器都难以满足长期、连续、实时的监测要求。

光纤传感技术是近年来出现的一种新型传感技术，相比其他种类的传感技术，光纤传感技术具有一定的优势：

（1）质量轻、体积小。这种特性便于传感器埋入结构内部或者附着在结构表面，对被测结构的影响较小，使测量的结果更能准确地反映结构的真实状况；

（2）耐腐蚀，环境适应能力强。这是适用于结构长期监测的监测系统的必须条件。光纤传感器表面保护层是由高分子材料做成，对环境或者结构中的酸碱等化学成分腐蚀的抵抗能力强，并且能够在低温、大风等恶劣环境下工作；

（3）抗干扰能力强。抗电磁干扰能力强，不会产生热量、火花，能够适用于复杂、特殊的工作环境。光纤传感器输出的信号为光信号，当光信号在光纤中传输时，它不会与电磁场产生作用，因而信息在传输过程中抗电磁干扰能力很强。其信号传输过程中不需另接电源，并实现对结构测点的分布式测量；

（4）灵敏度高。准确性较高，能够快速、实时、准确地反映出结构的应力动态变化。光纤传感器采用光测量的技术手段，通过测量传感器的波长变化对结构状态进行分析，分辨率可达到纳米量级，它既能进行长期的结构安全监测，又能适用于高频率的动态监测进行短期的结构动力学分析；

（5）独有的分布或者准分布式测量。用一根光纤测量结构上多个测点或者无限多自由度的参数分布，这些均是传统的监测技术无法实现的；

（6）传输频带较宽。由于光波频率高、波长短，便于实现时分或者频分多路复用技术，因而可以进行大容量信息的实时测量，使大型结构的安全监测大数据时代的开始成为可能；

（7）信噪比高。由光纤传感器测得的信号在其真值附近几乎没有扰动；

（8）便于远距离监控。由于光信号在传输中的损耗很小，因此可通过光纤传感器技术实现远距离信号采集和处理。

图 5.1-2 给出了光纤应变传感器原理是当可调谐光源发出光入射到还有光栅的光纤传感器时，会把与光纤传感器内光栅波长一致的光反射出来，其余波长的光则不受影响，通过建立并标定光纤光栅波长的变化与结构应变变化的关系，便可以通过反射光波长的变化，测量出应变的变化。

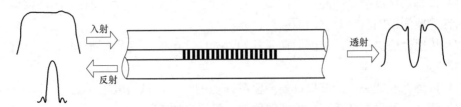

图 5.1-2 光纤传感器示意图

使用光纤应变传感器时，宜采用光缆作为信号传输系统，光缆作为一种良好的传输材料，具有能耗小、抗干扰、速度快、带宽广的优点，非常适用于远距离和大数据的结构安全监测。采用光纤应变传感器的智能监测系统如图 5.1-3 所示。图中光纤应变传感器与光温度传感器相连接，对结构应变的监测进行温度补偿，并通过铠装光纤连接到光纤传感分析仪，通过光纤分析仪对传感器信号进行采集和转换，然后把数据传输到监测信息管理系统进行数据分析处理和可视化转换。

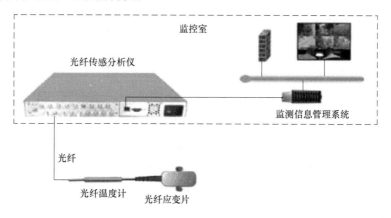

图 5.1-3　光纤应变传感器监测系统构成

光纤应变传感器可通过点焊的方法固定在张弦结构表面。首先需要用角磨机把钢材表面的涂料或保护漆打磨干净，特别是焊接传感器的轴线位置，传感器测量方向如图 5.1-4 所示，再使用点焊机把传感器焊接在张弦结构上，然后使用光纤光栅分析仪读数，检测安装后波长正常后，把光缆接入到主光路，并接续到远端设备处。光纤光栅式应变计不同于电子传感器，它的接头更容易被污染，同时光缆要避免过小直径的走向，传感器本身是密封的，不能打开检查。当发现测试故障时，应首先用通讯用红光笔同光纤头对接，检查熔接点是否有光泄出，如果有光泄出，说明有可能是光纤断裂或者损耗过大。然后检查传感器的反射光谱的波形是否异

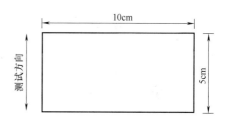

图 5.1-4　光纤传感器测量方向

常，反射能量的高低等。一旦发现问题应及时排除，确保结构监测的有序进行。为避免光纤传感器在应用过程中受到物理破坏和环境侵蚀，应在传感器外围安装金属保护罩。如果有需要，在保护罩内放置光纤光栅温度传感器，作为温度补偿传感器。

5.1.2.3　相位激光传感器

预应力张弦结构跨中和悬挑端挠度的监测是结构整体安全性能的安全控制参数之一，虽然近年来 GPS 系统在结构挠度监测测试中得到应用，但其测试精度较差，还不能满足实际工程的需要；传统的位移计几乎无法进行安装，而对于监测过程中经常出现的低温、大风等极端环境，传统的伸缩杆式或拉线式位移传感器都难以满足实时在线监测的需求。同时由于大跨度张弦结构挠度属于垂直位移监测，绝对距离为几十米，相对变化通常为几十毫米，而且容易避开或隔离太阳光干扰。

相位激光传感器是一种新型的测距仪器，有效测量距离可达 100m，测量范围在 0.1～30m，无需加装合作目标（如反光板）即可达到 0.1mm 位移分辨率和 1mm 重复精度。它

的优点是能实现无接触远距离测量，速度快、精度高、量程大、抗光电干扰能力强等，在距离测量领域被广泛的应用。如图 5.1-5 所示，激光位移传感器采用相位比较原理进行结构位移的测量。

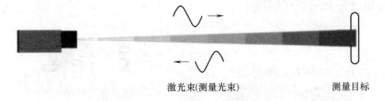

激光束(测量光束)　　　　　　　测量目标

图 5.1-5　激光测距基本原理

相位式激光测距仪的测量原理如图 5.1-6 所示，其中 D 为测量点 A 和目标物 B 之间的距离，通过测量调制信号在待测距离 D 上往返传播形成的相位差 $\Delta\phi$，然后根据调制信号的频率可以计算出往返时间 t，再通过光速可以得出的距离和相位的关系为：

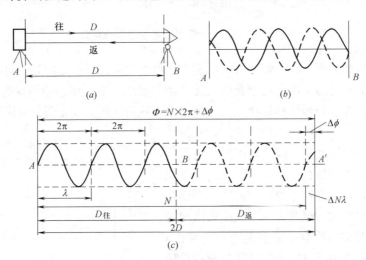

图 5.1-6　相位测距原理

$$t = \left(N + \frac{\Delta\varphi}{2\pi}\right)\frac{1}{f} \qquad (5.1\text{-}1)$$

$$D = \frac{1}{2}ct \qquad (5.1\text{-}2)$$

式中，f 为调制信号频率，N 为光波信号往返过程中的整周期数，c 为光速。

对频率为 f 的调制信号，周期长度为：

$$L = \frac{c}{2f} \qquad (5.1\text{-}3)$$

综合上述公式可以得到：

$$D = \left(N + \frac{\Delta\varphi}{2\pi}\right)L \qquad (5.1\text{-}4)$$

如公式（5.1-4）所示，当调制信号频率固定时，周期长度 L 为常数，所以只需要确

定 $\Delta\varphi$ 和 N 的数据就可以计算得出测量点和目标物的距离 D。

首次把相位激光传感器应用于结构安全监测系统。为了更好地适应外界环境，确保传感器能够长期稳定地运行，对相位激光传感器进行二次开发：

（1）考虑到环境温度变化导致的光速变化，在激光位移传感器内部集成有温度补偿单元，以此消除环境温度对距离测量精度的影响；

（2）对激光位移传感器进行加载自动加热器，消除低温对激光位移传感器的影响；

（3）对激光位移传感器加装长距挡光装置，避免由于强光对激光位移传感器的测量精度造成影响。

安装时，激光测距传感器可固定在监测截面的一个杆件上，安装过程中必须竖直向下，如图5.1-7 所示。在地面激光红色光斑处做一个基准点，同时尽量找到一处偏僻并且不会被雨雪落到的地方，避免因为地面基准点处有异物而造成的挠度变化误判。

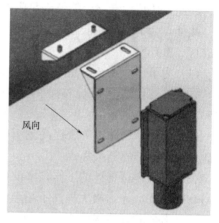

图 5.1-7　激光位移计的安装支座

5.1.2.4　超声测距传感器

针对中距离测试情况，为解决在自然环境下结构变形监测测试（如张弦结构支座滑移，桥梁结构支座滑移等）问题，重点解决系统测试的精度、稳定性，特别是适应不同季节自然温度变化情况下（包括雨雪天气影响下）的监测测试工作效能。由于北方冬季最低温度可接近甚至超过$-40℃$，极易出现结冰，因此，传统的伸缩杆式或拉线式位移传感器难以满足实时在线监测的需求；同时，支座滑移属于水平位移，采用激光测距方式又容易受太阳光干扰；此外，对于位移变形测点较多，分布范围大，且存在野外工况，要实现可靠、实时的数据传输，避免环境电磁干扰，也存在诸多技术难题。

与激光测距方式相类似，超声测距也是一种典型的非接触式测距方式，其原理是通过超声换能器发射超声波，并接收从障碍物发射回来的回波信号，以确定超声脉冲从发射到接收的射程时间，然后根据超声波传播速度，计算超声波换能器与被测物体之间的距离。

目前的超声位移传感器采用脉冲回波法的原理进行监测，其监测原理如图 5.1-8 所示，即通过超声换能器发射超声波，并接收从障碍物发射回来的回波信号，通过超声波传播速度和测量的超声脉冲从发射到接收的射程时间 t，计算出超声波换能器与被测物体之间的距离 d。如式（5.1-5）所示，式中 c 为声波传播速度，主要与环境温度等有关。

$$d=\frac{1}{2}ct$$

（5.1-5）

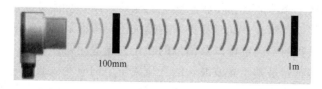

图 5.1-8　超声位移计工作原理

使用超声传感器对结构进行监测具有以下优点：

（1）超声测距传感器有效测量距离为 100mm 到 1m，精度为 1mm，分辨率高达 0.1mm，满足大部分位移测量要求；

（2）超声测距传感器具自动采集数据的功能，测量周期为 45s，满足监测系统实时采集数据的要求；

（3）超声波具有防尘、防雾、防毒、抗电磁干扰能力强、不受色彩和光线影响等优点。因此，从技术特征上能够满足野外恶劣环境应用要求。

此外，为了提高在低温等恶劣环境时超声波传感器的工作性能，可以对超声测距传感器进行二次开发：

（1）为了适应复杂的室外环境，为超声位移传感器设计了专门的智能化半导体加热器，并集成制作在超声位移计的壳体内部，使得超声位移计的低温工作温度扩展到 −50℃；

（2）把壳体的防护等级提高到 IP67，满足了现场复杂的使用环境要求，避免因为物理碰撞造成的传感器损坏；

（3）将超声位移计的工作频率设定为 224kHz，远超过工业测量领域超声位移计 20～40kHz 的工作频率，极大提高了超声位移计的指向性；

（4）考虑到环境温度变化导致的声速变化，在超声测距传感器内部加装温度补偿单元，以此消除环境温度对距离测量精度的影响。

针对超声位移计进行的应用改进，可以改进超声位移传感器在测量时的指向性、低温适应性等指标。

5.1.2.5　光纤温度传感器和风速仪

光纤温度传感器是根据温度对光纤光学特性的影响进行温度的测量，而风速仪是利用风速对叶螺旋桨转速的影响计算风速，通过与智能采集模块连接，使传感器在监测中心的控制下自发的定期采集传感器信号，实现结构所处环境状况的实时监测。

5.1.3　信号采集和传输系统

结构安全监测系统中的信号采集和传输系统，主要是指通过传感器把结构受到荷载和外界环境变化时建筑结构的响应转变成可被测量的光、电、磁等信号，通过特定的解读模块进行信号转换，并把数据信号汇总到监控中心的数据管理和分析系统。信号采集和传输系统的目的是在监测系统中连接传感器系统与数据管理和分析系统，把监测系统的硬件系统和软件系统有机地结合在一起，其中信号采集是手段，信号传输是桥梁。

5.1.3.1　信号采集系统

由于传感器的工作环境和布设位置等原因，信号采集系统采集的大部分信号都较为微弱，或掺杂了与结构工作性能及损伤状态无关的噪声，需要对信号进行放大和去噪，才能更好地对数据进行传输和储存。同时数据采集模块还应考虑采集数据的时间间隔、数据的标准化模式、采集过程的不确定性以及信号的净化去噪等问题。

采用光纤应变传感器是基于光波波长的变化测量结构应变。通过以传输光纤为核心技术的数据传输系统实现传感器与解调仪之间的双向连接，当解调仪内部可调谐光源发出的光射入含有光栅的传感器光纤时，波长与传感器内光栅波长一致的光波被反射，而其他波长的光将不会被反射，由于光纤的波长与结构物理量参数有关，从而达到测量的目的。然后解调仪通过内部的探测装置将采集到的光信号进行转换、处理，并把数据存储到数据管理和分析系统。因为光信号在光纤内传输的损耗较小，所以光纤传感器的解调仪可以与传感器相距较远。因此可以把解调仪放在监测控制中心，避免解调仪在室外受到恶劣环境的破坏，同时也有助于监测系统的集成和控制，适应远距离的安全监测。

5.1.3.2　信号传输系统

信号传输系统是连接监测系统硬件设备和软件系统的桥梁，实现现场传感器系统和远端控制中枢系统之间数据和命令的双向传输。信号传输系统主要包括有线传输和无线传输，同时互联网的发展使数据的远程传输和监测系统的远程操控成为了可能。

信号的无线传输主要是把采集到的信号响应以无线电波、微波或红外灯电磁波的形式传输。目前要在每个测点都装上高精度、低漂移的无线传感器，在成本上是无法接受的；同时无线传感网络技术在数据的同步采集、信号的稳定传输、传感器长期工作和低成本控制等方面还存在缺陷，尚不完全适用于长期在线实时安全监测需要。随着科技的发展，无线传感技术一定会在结构安全监测领域广泛的应用。

信号的有线传输是指通过铜介质（双绞线和电缆）和光介质（光缆）进行信号的传输。随着光纤传感器的发展，光信号由于其良好的传输性能，开始作为一种数据传输手段被广泛的应用到现代化的结构安全监测系统中。如图 5.1-9 所示，当保护层的折射率 n_2 小于纤芯的折射率 n_1 时，在射入光纤的光的入射角大于某一临界值 θ_0 时，进入光纤的光将不会产生散射，这就极大地提高了光纤传输光信号的效率，避免光信号在传输过程中的损耗。当光信号在光纤中传输时，它不会与电磁场产生作用，因而信息在传输过程中抗电磁干扰能力很强。并且信号传输过程中不需另接电源，可与计算机连接，实现分布式测量和最终结果的汇总及后期的分析处理，这些都适应了大跨张弦结构监测系统的需求。

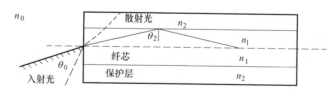

图 5.1-9　光纤传输原理

近年来随着计算机网络技术的发展，使得结构安全监测系统的远程监控成为了可能。远程监控主要是通过网络技术把监测系统采集到的数据传输到云端，使多个用户或监测人员能够通过计算机在任何地点对结构的监控数据进行调用和查看，更方便了监测人员对结构当前状态的监控，为后期结构使用过程中的长期监测提供了保障。

5.1.3.3　网络布置结构

数据传输系统的布设方法是监测系统施工过程中的一个重点，在工程设计中应对传感器位置与数据控制中枢系统进行提前规划，在结构施工过程中做好传输线路的施工安排，确保自身传输线路的安全性和耐久性。

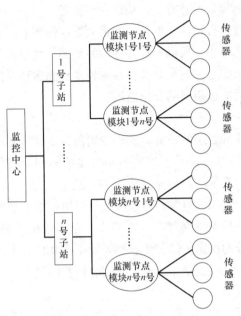

图 5.1-10　监测系统网络布置图

对于现代化的结构安全监测的普遍特点是测点较多，测量的物理量多种多样。把众多复杂的传感器监测数据系统的集合到同一个中枢控制系统是监测网络设计的目标。把监测网络分成三个层次：传感器、节点模块和监控中心，如图 5.1-10 所示。当监测系统由多个项目组成时，可设计 1 号、2 号子站，再通过子站把数据汇聚到监测中心。

安全监测系统是通过信号传输系统实现监控中心到传感器的双向连接，实现监控中心对整个监测系统的控制；通过子站、节点模块实现按照命令要求进行数据采集和传输，最终通过控制中心的数据管理和分析系统进行结构的安全状态评估。监测系统网络分布是一个集散式的分布系统，它主要是分片、分区进行传感器的集中，然后层层传输，这样既避免了由于太远距离传输造成信号的过大损耗，也使传感器布置容易分类区分，满足多区域的同时布置；并且当其中一片监测系统出现故障时，其他区域能够继续工作，避免了相互的故障干扰，能够及时进行故障区域定位，进行传感系统的修复和替换。

5.1.4　数据管理和分析系统

数据管理与分析系统是监测系统的控制中心，包括高性能计算机及智能的数据分析软件。它主要是对采集到的数据进行汇总和再处理，并把通过可视化的图、表等手段简洁直观地显示出来，一旦发现结构异常自动发出预警信息。

5.1.4.1　智能分析软件

智能数据分析软件是监测系统自动化运行的控制中枢，包括操作控制模块、数据库模块、数据分析模块、监测显示模块，并与预警装置相连接，当发现数据异常时能自动发出预警信息。某智能分析软件的操作界面如图 5.1-11 所示。

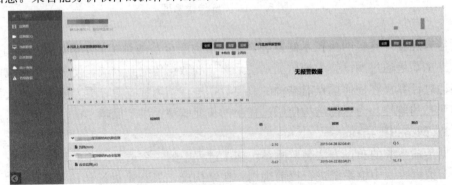

图 5.1-11　智能监测软件界面

（1）操作控制模块

操作控制模块主要负责接收监测人员的操作命令控制监控系统，包括两种操作模式，一种是自动监测模式，在无人工干预情况下的自动运行，并定时采集和存储数据；一种是手动模式，当发现数据异常时，能够在人工干预的情况下设定传感器的数据采集频率、采集时间，并可对历史数据、变化规律进行查询，实现对单个测点的针对性观察分析。

（2）数据库模块

数据库模块主要是指对数据的分类储存和管理，在数据库中把监测数据以及与其相对应的位置、时间、环境温度、风速等相关信息记录清楚，便于数据的查询和调用，为数据的后期分析和可视化显示提供数据基础。

（3）数据分析模块

数据分析模块是以数据库模块为基础，把采集到的数据根据一定的函数变换成所需要的物理量，并能实现对结构监测过程中变化最大、绝对值最大的位置的实时定位，根据结构物理量的变化规律和实时分析对结构当前的安全状态进行评估。

（4）监测显示模块

监测显示模块是使用形象、直观、生动的图像语言，对结构安全监测系统数据分析后的监测结果进行展示的平台，使用户更加直观地了解结构的安全状况。它是一个监测系统的成果体现，是前期所有监测系统协同工作的结果。

5.1.4.2 预警装置

预警装置设定是结构安全监测系统的一项重要功能，能够及时对监测到的异常结果发出预警，是监测系统的意义所在。它与数据分析模块相连接。首先根据结构性能和计算结果设定预警的边界条件，然后根据安全监测结果把结构状态分成正常工作状态、异常状态和危险状态，并在监测显示模块中区分表明出来。当监测数据达到设定的阈值时，及时发出预警短信和警报声音等预警信号，提醒监测人员和现场工作人员及时注意结构状况，并根据情况做出相应的应对措施，避免因突发事故造成的人员伤亡和经济损失。

5.2 结构安全监测系统的设计

结构安全监测系统设计中，明确目的与功能的主辅原则和效率—成本最优是安全监测系统设计的主要原则，做到使用最小的消耗完成最大的效益。

首先要确定监测系统的监测目的，并根据监测目的确定监测内容和布点位置，在综合考虑监测系统的建设规模、工程预算、结构特点、工作环境的基础上，选择监测系统的传感器系统、信号采集和传输系统及设计施工布置方案，并通过设计先进的数据管理和分析软件，实现对大跨张弦结构的安全监测。安全监测系统的设计与应用还应符合以下要求：

（1）应采用成熟的技术和产品，以确保系统的可靠性和稳定性；

（2）应采用高精度、高耐久性的产品，以确保系统的精确性和耐久性；

（3）应采用模块化设计，并对整体设计进行优化，以确保系统的可替换性和经济性；

（4）应具有开放性，以确保系统良好的升级换代能力和监控功能；

（5）传感器数量和设备能力等应具有适度冗余，以确保系统的可靠性，并满足系统未来改进、扩展和完善的需求；

（6）安全监测系统采用实时监测和定期监测相结合的办法，并根据监测特点确定实时监测和定期监测的频率和次数。

结合预应力张弦结构的结构特点，为了满足对结构安全长期在线实时监测的要求，结构安全监测系统必须做到以下几个方面：

（1）监测系统必须智能化，做到数据采集、传输、汇总自动操作；

（2）传感器系统必须能够承受一定的外界恶劣环境，满足结构安全监测长期进行的目标。同时使用特质保护罩确保传感器能够长期有效的工作运行；

（3）传感器应该质量轻、体积小、并且便于安装，尽量避免对主体结构造成的过大的影响；

（4）传感器在使用之前应进行试验和标定，并且对它的使用年限和材料性能进行确认，防止因传感器老化或者损坏造成对结构受力性能的误判；

（5）对于大型、复杂结构，应当从规划阶段整体考虑安全监测系统和结构设计，确保安全监测系统更有效；

（6）安全监测系统的施工应该与施工方案同时制定，随着结构施工的开展布置安全监测系统，这样既方便布置施工，也提高了结构安全监测精度。安全监测系统既是一个独立运作的体系，也是依附于结构主体的一个辅助系统，并在施工过程中对结构局部性能进行监测；

（7）信号传输系统的布置应自成体系，不应对工程其他部位的施工造成影响。所以应该设计紧急事件下结构安全监测系统的继续运作系统，为结构安全和后期的事故原因分析等提供有效的数据；

（8）数据采集系统能够实现自动采集、自动重启、远程操控等功能，这是预应力张弦结构安全监测系统智能化的需要，也是未来结构安全监测系统的发展方向。

5.2.1 监测系统方案制定

预应力张弦结构的安全监测主要是监测结构的关键点应力、挠度和支座滑移。杆件应力是对结构性能的最好体现，通过对钢材性能的分析可以判断杆件的使用性能，而通过实测值与计算值的对比，又能够对结构整体的安全状态进行直观的判断。为了实现监测目标，通过对现有多种传感技术进行分析，确定使用光纤应变传感器、二次开发后的超声位移传感器和激光测距传感器分别对大跨张弦结构关键杆件的应力、挠度和支座滑移进行监测。

为了更好地对结构安全状况进行评估，除了对结构自身的一些状态参数进行监测外，还应实时掌握结构所处的外界环境。由于结构的安全监测是一个长期的过程，无操作人员情况下记录周边环境也是一项重要目标。监测系统需要对结构不同部位所受温度进行监测，了解结构在使用过程中不同部位的温度分布情况，分析结构的受力状况，同时对应变传感器进行必要的温度补偿，确保应变传感器的测量精度；采用风速仪进行环境风速的测量，实时存储到监测数据管理系统，并在现场安装若干摄像装置，可使监测人员能够远程实时关注当地天气变化，有助于对结构安全状态的分析和评估。

（1）监测阶段

对预应力张弦结构的安全监测主要包括两个阶段：施工阶段和使用阶段。

① 施工阶段

施工阶段的结构监测主要是对施工过程中结构杆件的应力监测和卸载过程中的结构安全监测。结构卸载过程主要是指拆除结构施工过程中的临时支撑，使结构恢复成设计最终状态的过程，这对结构本身是一个加载的过程。在卸载过程中永久结构和临时结构之间必然发生一系列的力学状态转变，这是一个永久结构受力逐渐转移和内力重分布的过程。如果卸载过程中受力过渡不平稳，构件应力发生的突变可能导致重大的安全事故。因此，通过监测手段对预应力张弦结构卸载过程中关键构件的应力变化进行实时监测是非常重要和必要的。在卸载过程中应对结构关键点的应力、跨中和悬挑端挠度进行监测，并根据应力以及跨中和悬挑端挠度变化的实测值与计算值对比，对结构卸载过程中监测点应力的变化规律以及卸载后的挠度最终状态进行监测，从而确定结构的施工质量。

② 使用阶段

预应力张弦结构的设计使用期往往长达五十年乃至百年，在这期间结构必然会受到环境侵蚀、材料老化和荷载长期效应、疲劳效应等不利因素的影响。随着使用役龄的增加，影响逐渐加剧，结构损伤不断累积，抗力能力逐渐下降，继而结构抵抗灾害甚至是正常使用的能力都会逐渐降低，灾害性突发事故发生的可能性也必然增大。这类建筑一旦发生事故，都将造成极大的经济损失和社会影响。为了确保结构在后期使用阶段的安全状况，需要对结构进行实时、长期、智能的安全监测。

使用阶段监测主要是监测支座滑移、跨中和悬挑端挠度、关键点应力，滑移随温度的变化、挠度的变化以及关键点应力，以及高温、低温以及大风大雪等恶劣环境下的结构状态，确保结构在极端环境下的安全状态以及结构构件和整体的稳定性。

（2）测点选择

测点的选择是结构安全监测系统完成预定目标的首要任务，根据监测目标确定合理的测点是监测系统施工的第一步。测点选择原则如下：

① 完备性原则　根据监测目标和监测内容，对模型计算结果和结构形式分析，确定能够完整对结构性能进行评估的所有测点；

② 经济性原则　在监测过程中尽量使用最少的传感器达到最大的监测目的。然而在考虑经济型的同时，还应考虑外部环境可能对传感器造成的破坏，尽量在后期使用过程中不能替换的位置设置备用传感器，更好地适应实际工程的需要；

③ 便捷性原则　对结构传感器的布置还应考虑系统的施工，确保传感器能够安全完好地安装在指定的位置也是结构安全监测系统选择的一项重要原则。结合主体结构施工精度，确定合适施工时间和位置。

（3）系统布置

为了更好地确保监测系统能够长期稳定地工作，更好地对结构进行安全评估，对监测系统的布置提出以下要求：

① 结构监测系统应与主体结构的施工同时交叉布置，既方便监测系统的施工，也能确保监测系统有一个可估的初始值；

② 传感器以及传输系统的设置过程中应做好保护措施，避免在使用过程中因系统自身的破坏造成监测系统的瘫痪；

③ 做好传感器编号与测点位置的对应，并且在传感器安装后及时进行检校，确保传感器正常工作。

5.2.2　监测系统评估体系

根据结构安全监测系统采集到的数据对结构进行不同状态下的安全评估是结构安全监测的最终目的。

基于预应力张弦结构安全监测系统的结构安全评估可分为在线评估和离线评估两种方法。当对结构工作状态进行在线实时监控时，监测系统宜实时给出监测评定结果；而对于离线评估，当监测数据呈现明显的周期性时，应通过一个作用周期和不同周期间的监测数据及其变化对结构进行评定；对不具有周期性作用的结构进行监测评定时，宜根据监测数据的变化速率及其极值对结构进行评定。

5.2.2.1　在线评估

在线评估主要对实时采集的监测数据进行基本的统计分析、趋势分析，一般通过与设定的阈值进行对比给出直接的监测量指标，对结构的实时状态进行初步的安全状态评估。在线评估是结构安全监测自动化进程的产物，能够及时反映结构的当前安全状态，对结构的施工过程指导、突发事故预防以及实时状态分析具有重要的作用。

在线评估理论主要是通过实时监测的结构参数数据与预先设定的阈值相对比，把结构的状态分为正常状态、异常状态和危险状态三个阶段，用异常阈值和危险阈值隔开，并分别用不同颜色表示。当结构应力参数超过异常阈值进入异常区时，则局部关键点杆件应力进入异常状态，当超过危险阈值时，则表示进入危险状态。将阈值判断与预警装置相连接，当发生突发事故时，及时提醒监测人员对结构安全状态进行判断，确定异常原因，并做出相应的处理，避免造成人员伤亡和经济损失。图 5.2-1 所示为某在线监测界面监测数据变化曲线。

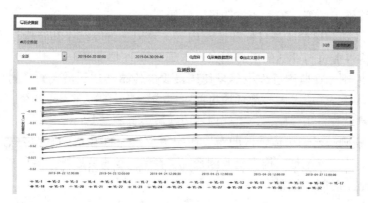

图 5.2-1　在线监测可视化界面

（1）阈值设定值

根据监测目标和理论计算，对结构监测参数进行可靠性理论分析确定物理量阈值。预应力张弦结构应力、挠度以及支座滑移阈值的确定方法如下：

① 应力阈值

对结构关键点的应力进行监测主要是指结构局部损伤的判断，关键点位置任何构件的破坏都会对结构的整体性能造成影响。并且由于钢材性能稳定、材料均匀的特点，结构的阈值主要是依据材料性能判断构件的工作性能。

把材料应力设计值 f 作为构件材料的异常阈值，由于设计过程中结构构件应力具有较大的安全储备，超过设计值后，局部钢构件就已经进入异常工作区。把构件的屈服强度 f_y 设定为危险阈值，构件屈服时，结构构件判定为危险状态，然后根据局部构件损伤进行结构整体性能判定，确定结构的安全状态。例如，当采用 Q345 钢时，根据钢材特性确定应力异常阈值为 295MPa，危险阈值为 345MPa。

② 挠度阈值

挠度是预应力张弦结构整体性能的体现，对结构挠度的监测主要是对结构的当前整体状态和使用性能的监测。挠度的阈值依据《钢结构设计标准》GB 50017—2017 中对大跨度屋盖结构挠度容许值的规定，当跨度为 L 时，结构跨中最大容许挠度为 $L/250$，悬挑端最大容许挠度为 $L/125$，把结构最大容许挠度作为挠度测点的异常阈值。危险阈值的确定是根据结构的挠度变化引起的杆件最大应力达到钢材屈服强度时的测点挠度。结构在使用过程中主要受雪荷载等均布荷载作用，对结构逐渐增大荷载直到有杆件屈服停止加载，该状态下各个测点挠度即为挠度危险阈值。

③ 支座滑移阈值

预应力张弦结构支座滑移监测确保滑移的畅通性以及在极端环境下结构的最大滑移量。在对结构的滑移性能进行评估时，把结构的滑移畅通性作为结构进入异常状态的阈值。对结构的滑移畅通性的判断主要通过实测值与计算值的差值进行判别，结构施工时的温度 t_0，以每间隔 10℃时的滑移量进行计算，即 $t_0-10℃$、$t_0-20℃$ 等节点的滑移量的理论值与实测值的差值作为进入异常状态的条件。

$$\left|\frac{s_1-s_2}{s_1}\right|\times100\%\leqslant k \tag{5.2-1}$$

即

$$(1-k)s_2\leqslant s_1\leqslant(1+k)s_2 \tag{5.2-2}$$

式中，s_1 为某温度节点上的滑移实测值；s_2 为该温度下滑移理论值，$(1-k)s_2$、$(1+k)s_2$ 分别为滑移异常阈值。

k 值反映了对滑移随温度变化的灵敏度。结构的滑移往往会滞后于环境的变化，为了确保能更好地对滑移的畅通性进行判断，应对结构滑移对温度的反应进行分析，确定在温度变化时，结构滑移的滞后量不会超过 ks_2，从而实现对 k 值确定。

结构滑移的危险阈值确定是通过对结构在可滑移空间的判断，设定当支座滑动到可滑移最大值时为滑移支座的危险状态，危险阈值即为可伸长量 $s_{伸长}$ 值与可收缩 $s_{收缩}$ 值。

（2）在线评估结果分析

对结构的在线评估结果判断是根据结构监测实测值与预设阈值进行对比判断结构的杆件性能、整体性能和滑移性能，当该物理量均处于正常使用状态时，可以判定结构处于安全状态，使用性能良好。然而当结构部分物理量参数进入异常状态或危险状态时，只说明结构的局部出现损伤，并不能对结构的整体安全性能进行判断，还应综合考虑其他监测参数，结合模型计算和理论分析，对结构整体的安全性能进行监测。

当结构局部杆件出现屈服时，代表了该杆件的性能出现破坏，还应对周边杆件应力进行数据分析，并对整体结构进行当前状态下的模型计算，分析结构的安全性能。当杆件挠度或滑移进入危险状态时，也应综合考虑结构相关监测参数，进行人工判断结构安全状态，并及时采取维修或加固措施，确保结构的正常使用。

在线监测时，通过实时的监测数据进行结构整体性能的初步判断，并根据当前状态下的各个参数的反应对结构施工进行实时指导，是大跨张弦结构安全监测系统的一个重要功能，也是对结构使用性能进行评估的一个重要依据。

5.2.2.2　离线评估

离线评估主要对各种监测数据进行综合的高级分析，如长期数据的规律总结、综合物理量的相互耦合、结构特征值与环境作用之间的相关性分析以及实测值与计算值的对比等，对结构的正常使用和极端环境下的安全性能进行评估和预测。本节把离线评估的数据分析方法分成两种，一种是根据监测数据自身的规律性分析，以及各个监测物理量（应力、支座滑移、挠度以及环境温度、风速等）的数据耦合，对结构本身的正常使用性能进行分析；另一种是把当前结构状态和所处环境下的实测值与计算值相对比，根据对比结果对结构进行安全评估和预测分析。为了更加精确地对结构的性能进行判断，通常把两种结构进行结合，当实测值与理论值出现差异时，应及时分析原因，并判断可能出现的状况对结构安全的影响，同时反馈到设计模型之中，根据实测情况对结构的理论计算模型进行修正，促进预应力张弦结构理论的研究。

（1）数据规律性分析

数据规律性分析是对监测系统中储存的数据进行分析总结的过程。储存模块记录了结构安全监测系统运行过程中各监测点采集到数据的时间、位置、环境参数以及物理量参数，通过分析各监测数据随着时间的推移产生的变化，对结构的在正常使用下的安全性能进行判断。

对结构物理量参数自身的判断也是数据规律分析的一个重点，结构的关键点应力、挠度以及支座滑移之间同样存在着一定的关系，例如当支座滑移出现状况时，环境温度的变化引起的结构热胀冷缩性能得到阻碍，结构因温度变化引起的集中应力就不能得到充分的释放，周边杆件的应力就必然增大，而结构的挠度也会出现不同程度的改变。根据数据之间的分析对比，可以对监测数据进行自检，对传感器自身的准确度有一个很好的分析，更好地对结构的安全性能进行分析。

根据大量数据的分析，找到结构参数变化与环境的关系，进行结构极端环境下的安全评估，可以节省对结构模型的计算与分析，由于现阶段结构模型的非线性理论还不够成熟，计算值往往与实测值有偏差，为了更好地对结构进行安全评估，对大量数据的分析总结是一个简单、实用且有效的手段。

（2）实测值与计算值对比

根据对环境的监测数据以及结构计算模型，对结构在当前状态下的各项物理量参数进行计算，然后把实测值与计算值相对比，然而由于理论计算不可能穷尽结构所受的外界荷载和环境参数，所以模型计算值与实测值会有一定的出入，找出对结构影响较大的参数，并根据实测值进行验证，对计算值与实测值之间的差异进行原因分析，从而更加全面地对大跨张弦结构设计理论进行完善，同时确定结构后期使用过程中的安全性能。

结构实测值与计算值对比是指在结构当前状态下的结构计算，当结构局部构件出现屈服时，应充分考虑当前结构已有的损伤，对结构安全性能进行分析，通过监测值与实测值的对比分析，判断结构的安全性。

5.2.3　监测系统数据管理

数据管理中心是整个监测系统的"数据和规则仓库",监测信号和分析评估策略均存储其中。数据管理中心为安全监测系统提供底层数据基础。其中,中心数据库存储传感器子系统采集的数据,是整个系统的核心和"十字路口",连接与数据库发生交互的数据采集、数据预处理、结构分析等功能模块。各模块以及模块之间的连接规则共同构成了数据管理中心的主体功能,并实现备份、展示、远程访问等多重功能。

(1) 数据库功能

预应力张弦结构动态数据管理的主要功能由中心数据库和其他前端数据管理系统构成,与其相关的功能模块包括每次定期监测记录查看模块、报表打印模块和图形打印模块等,系统的结构如图 5.2-2 所示。

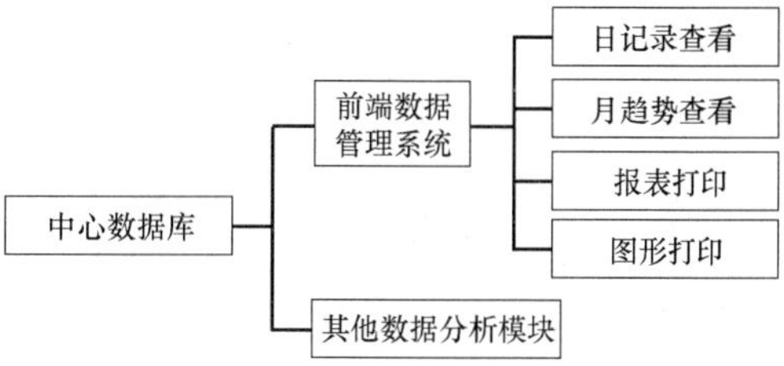

(2) 数据库结构设计

监测系统的数据管理系统的核心由高性能的数据库系统构成,记录并管理结构安全状态的采样数据和历史档案。

1) 监测数据特点

图 5.2-2　数据库功能图

通过对结构实时健康监测系统中信息要求和操作要求进行的分析,同时结合整个系统中各子功能模块数据调用的要求,初步总结了结构健康监测系统的数据特点:数据量大、数据种类多;满足多用户、多任务请求;显示与历史查询;数据更新和定期存储。

2) 数据管理模式与数据库结构

考虑到系统的响应时间和数据的完整性、统一性以及正确性,同时也便于远程用户的查询调用和管理,需建立一个中心数据库对监测数据进行科学的管理。该数据库主要用于存储以下各类数据:

① 结构的几何数据和设计资料,包括:结构的空间位置坐标、结构的设计图纸;

② 结构的设计值、规范的允许值;

③ 结构模型及传感器信息数据库,主要记录结构有限元模型划分信息、传感器布置信息、传感器性能指标信息,以及传感器与结构构件之间的对应关系;

④ 结构监测的荷载;

⑤ 结构响应的监测数据,包括杆件应力、振动加速度;

⑥ 结构的参数识别、修正模型与安全评定数据,包括:频率、振型、模型修正数据和安全评定数据;

⑦ 结构施工监测的数据子库。

3) 数据库系统

数据库的功能是存储和提取所需要的信息,是预应力张弦结构监测系统支撑环境的重要组成部分。它能有组织地、动态地存储大量关联数据,并为多个用户所访问,实现数据的充分共享、交叉访问以及与应用程序的高度独立性,起到了将现场采集网络与上层管理信息系统网络连接的作用。中心数据库主要负责存储监测的数据,主要目的是实现各功能模块之间的数据传递、数据交换和数据共享。在本系统中主要存储各不同类型传感器监测的现场数据，所以操作的数据量很大。结构监测的安全评估数据主要来源于定期连续监测数据；系统在工作时定时监测各采样点的数据，并存入中心数据库；每进行一次采样，就存入一组新的数据，当数据量达到一定限额时，数据库中的数据进行备份和导出，通过对监测数据的处理，对结构的安全状况作出评定。中心数据库与 Internet 结合，使远程用户通过浏览器对数据库中的数据进行查询和浏览。

（3）系统数据安全措施

出于保护用户隐私、保障系统运算安全、便于层级管理等考虑，软件设计需要兼顾以下安全措施：

① 用户登录

通过定义用户的角色，设置不同的用户 ID 和口令，通过后台区分角色并授予不同操作权限。

② 角色权限

系统管理员具有整个系统最高权限，可以对整个系统数据进行读写操作，定义传感器网络的开关状态，设定硬件采集速率和滤波阈值等。普通用户及高级管理员操作权限也由系统管理员设置，如定义为普通用户角色，具备实时数据、传感器健康状态、设备维护、异常保修等；定义为高级管理员角色，在普通用户基础上添加调整阈值、信息批复、硬件组网等权限。

③ 数据库维护

通过数据库数据抽检校验、保证数据健康度和可靠性，并采用热备份等方式保障数据库的平稳运行，防止物理损坏造成的数据丢失，保证数据库出现异常情况时第一时间进行数据恢复。

④ 数据加密

对数据库里关键表和字段进行加密，授予高级角色读写修改权限。

⑤ 数据交互

根据系统实时监测和结构评估等不同的数据应用场景，数据交互过程中采用对称或非对称加密技术保证数据的完整性和安全性。除系统管理员外，其他角色不可远程访问数据库并对其进行写操作，保证中心数据的安全性。

5.3　安全监测系统的工程应用

5.3.1　工程概况

某体育馆总建筑面积为 $36888m^2$。由主馆和次馆两部分组成，主馆为多功能球类馆，次馆为游泳馆（图 5.3-1）。其中多功能主馆的屋盖采用八榀平行布置的、跨度为 63m 的预应力张弦梁结构，各榀间距为 9m，相邻两榀之间采用连梁、檩条和斜撑连接，以保证其平面外的稳定性。预应力张弦梁屋盖轴测图如图 5.3-2 所示。

张弦梁结构上弦和腹杆均采用 Q345B，其中上弦为箱形截面钢管，截面尺寸为 $600mm \times 400mm \times 18mm$，腹杆为 $203mm \times 8mm$ 圆钢管。下弦为 $\phi5 \times 163$ 高强度低松弛镀锌钢丝束，钢丝束截面积为 $3201mm^2$，抗拉强度为 1670MPa。单榀张弦梁结构选型如

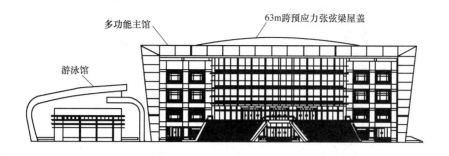

图 5.3-1　某体育馆立面图

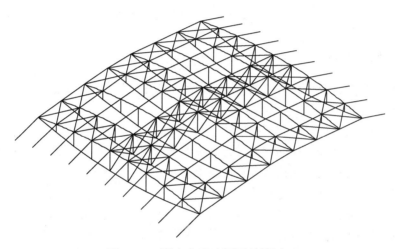

图 5.3-2　预应力张弦梁屋盖轴测图

图 5.3-3 所示。腹杆与上弦在平面内为铰接，平面外为刚接，腹杆与下弦通过球节点相连，如图 5.3-4 所示。

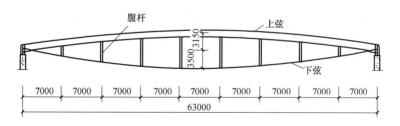

图 5.3-3　单榀张弦梁示意图

该体育馆预应力张弦梁结构的施工是一个复杂的动态过程，包括构件的拼装、预应力张拉、吊装、跨中灌浆、屋面板及设备的安装等多种施工状态。随着施工状态的变化，结构的几何形状、整体刚度、边界条件和施工荷载均发生变化，这给预应力张弦梁的施工带来很大难度。为了保证施工的质量，确保施工后的结构满足设计要求，对预应力张弦梁进行施工全过程监控是十分必要的。

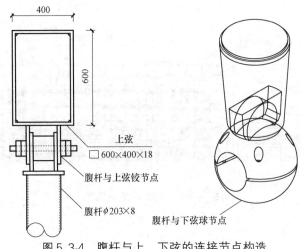

图 5.3-4　腹杆与上、下弦的连接节点构造

5.3.2　安全监测系统

该体育馆预应力张弦梁结构的施工监控内容主要包括以下两个方面：

（1）预应力张拉控制

对上弦各节点的竖向位移和侧向位移、两端支座的竖向沉降与水平位移以及上弦、腹杆、下弦、连梁、檩条和斜撑的应力进行测量。依据测量结果与有限元分析结果对张拉进行及时调整，确保张拉后的结构符合设计要求。

（2）张拉成型后的施工全过程监控

体育馆预应力张弦梁结构在张拉成型后将进行屋面板和相关设备安装，对这些施工状态下的张弦梁结构进行全过程控制是必要的，其目的在于：①对各构件的应力进行测量，以确保施工中结构的安全；②对结构的变形进行监控，检验结构在工作状态下的变形是否满足设计要求。

两个主要阶段的测试内容详见表 5.3-1。

主要测试内容　　　　　　　　　　　　　　表 5.3-1

施工阶段	测 试 内 容
预应力张拉	1. 结构的竖向挠度； 2. 支座水平位移； 3. 结构侧向位移； 4. 张弦梁上弦箱形截面钢管的应力； 5. 张弦梁下弦钢索的应力； 6. 张弦梁腹杆的应力； 7. 连梁、檩条与斜撑等连接构件的应力
张拉成型后	1. 结构的竖向挠度； 2. 支座水平位移； 3. 张弦梁上弦箱形截面钢管的应力； 4. 张弦梁下弦钢索的应力； 5. 张弦梁腹杆的应力； 6. 连梁、檩条与斜撑等连接构件的应力

5.3.2.1 监测方案

（1）预应力张拉控制

在备选的两种施工方案中，预应力张拉都是整个施工流程中最关键、最复杂的一个施工阶段。根据相关研究结论，张弦梁跨中反拱对预应力的增长较为敏感。因此，本工程采取以变形控制为主、下弦索力控制为辅的预应力张拉方式。

在施工监控中对张弦梁屋盖整体的竖向挠度、支座水平位移、侧向位移以及上弦、下弦、腹杆、连梁、檩条与斜撑的应力进行实时监测。只有这些监测结果与有限元模拟的结果接近，方可进行下一阶段的施工。

（2）应力与变形的测量

为提高监控的精度，确保工程施工的质量与安全，在预应力张弦梁结构的施工监控中拟采用振弦式智能应变计、压电式索力动测仪、位移传感器等较先进的传感测量仪器，并辅以电阻应变片和全站仪等测量手段，以达到相互校核的效果。

1）张弦结构应力测量

具体指上弦箱形截面钢管、腹杆以及连梁、檩条和斜撑等连接构件的应力测量。拟采用长沙金码高科技实业有限公司生产的 JMZX-212 智能弦式数码应变计，如图 5.3-5 所示。其数据采集采用金码综合测试仪 JMZX-200X，如图 5.3-6 所示。该应变计采用振弦理论设计制造，具有高灵敏度、高精度和高稳定性，适用于各种张弦结构与混凝土结构表面应变的短期与长期测量。此外，该应变计还能同时测量张弦结构的温度，以便对测量结果进行温度修正。

应变与频率的变化关系为：

$$A = K_1 \times K_2 \times f^2 \tag{5.3-1}$$

式中，A 为应变值，f 为振弦频率，K_1 和 K_2 为与仪器相关的常数。

为检验该应变计的测量精度，相关标定工作已在同济大学建筑工程系建筑结构试验室完成，试验结果与理论计算值吻合良好。进行施工监控前应对该应变计进行抽样标定。

图 5.3-5　JMZX-212 智能弦式数码应变计　　　图 5.3-6　JMZX-200X 综合测试仪

在采用振弦式应变计进行测量的同时，在应变计的附近布置有电阻式应变片，测试时可将两者的测量数据进行对比校核。电阻应变片数据采集采用英国 SOLARTRON（SI35951BIMP）Instrument 数据采集系统，可以 1s 时间间隔连续并行记录所有数据采集点的信号并储存在计算机中，数据采集系统见图 5.3-7。

2）下弦钢索的应力测量

下弦钢索的应力测量可以分为预应力张拉阶段和张拉成型后两个阶段。在这两个阶段，分别采取不同的方法对下弦钢索应力进行测量。

图 5.3-7　SOLARTRON 数据采集系统

① 预应力张拉阶段

张拉阶段的下弦索力通过油泵的油压表的读数以及张拉杆的拉应变这两种方式进行测量。为保证测量的精度，油泵的油压表全部选用 0.4 级或精确度更高的精密压力表。在预应力张拉之前，张拉设备应在有资质的试验单位的试验机上进行标定，千斤顶与油压表配套校验。

② 张拉成型后

此阶段包括张拉结束后的各施工阶段以及全部施工完成后的长期监测阶段。在张拉锚固后，油泵和张拉杆撤离，张拉阶段使用的测量方法不再适用。为此，在张弦梁张拉成型后拟采用频率法这种非介入方法对下弦钢索的应力进行测量。

频率法的测试原理简要介绍如下：索的自振周期 T 与索内张力 H、索长 L、索的质量 W 成函数关系，即：

$$T=\sqrt{\frac{4L^2W}{Hg}} \text{ 或 } H=\frac{4L^2W}{T^2g}$$

式中，$g=9.81\mathrm{m/s^2}$。由上式可知，测出了索的震动周期 T 就可算出索内的拉力 H。

测试仪器拟采用长沙金码高科技实业有限公司生产的 JMM-268 索力动测仪，如图 5.3-8 所示。该仪器为一种便携式微振动信号的单信道或双信道振动检测分析仪器，对于两端勘固且自由振动的索，其索力与其自振频率的平方成正比，仪器采集索的多谐振动曲线通过频谱分析求得索力。对于本工程而言，在预应力张拉过程中，可对该索力动测仪进行反复标定，以提高测量的精度。

3）变形测量

变形的测量主要采用位移传感器（图 5.3-9）与全站仪（图 5.3-10）进行。其中位移传感器为主要测试手段，用于测量预应张弦梁在施工过程中的竖

图 5.3-8　JMM-268 索力动测仪

向、水平与侧向变形，全站仪进行辅助测量。

（3）测点布置

① 上弦与腹杆的应力测点

各榀张弦梁的测点布置相同，如图 5.3-11 所示。上弦与腹杆分别选取 5 个和 4 个具

有代表性的截面进行测量，其中上弦每个截面分别在上表面和下表面布置一个测点，腹杆每个截面各布置一个测点。各测点的测量均以 JMZX-212 智能弦式数码应变计为主，辅以电阻应变片。其中，当施工过程超过 2 个月时，电阻应变片应予以及时更换。

图 5.3-9 位移传感器

图 5.3-10 全站仪

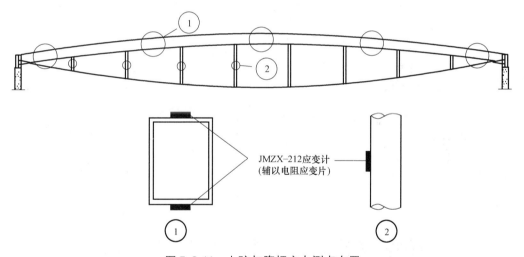
图 5.3-11 上弦与腹杆应力测点布置

② 连梁、檩条与斜撑的应力测点

尽管连梁、檩条与斜撑均为预应力张弦梁的侧向连接构件，但在屋盖整体发生不均匀变形时，仍可能产生较大的内力，因此对其应力进行监控也是十分必要的。由于本工程中连梁、檩条与斜撑的数量众多，其应力测点布置依据有限元施工模拟的结果选取其中起到控制作用的部分构件进行布置，如图 5.3-12 所示。此部分应力测点为 50 个。各测点的测量均以 JMZX-212 智能弦式数码应变计为主，辅以电阻应变片。其中，当施工过程超过 2 个月时，电阻应变片应予以及时更换。

③ 下弦钢索应力测点

在预应力张拉阶段与张拉成型后，均对每根钢索的应力进行测量。其中，采用 JMM-

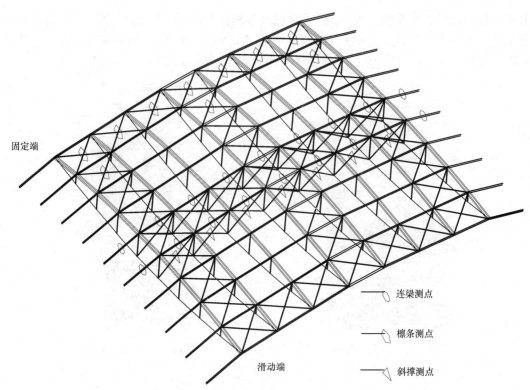

图 5.3-12　连梁、檩条与斜撑的应力测点布置

268 索力动测仪测量索力的部位选择在每榀张弦梁下弦钢索靠近两端支座的两个索段（其索力最大），如图 5.3-13 所示。

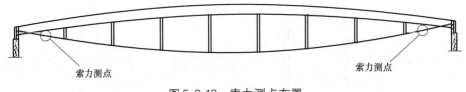

图 5.3-13　索力测点布置

④ 变形测点

预应力张拉过程中，各榀张弦梁的变形测点布置如图 5.3-14 所示。其中 5 个为竖向测点，2 个为水平测点，3 个为侧向测点（即与单榀张弦梁所在平面垂直的方向）。全部测

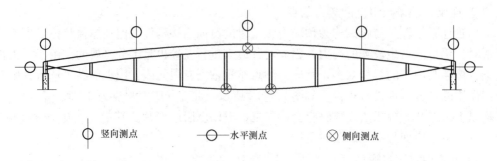

图 5.3-14　预应力张拉阶段变形测点布置

点均采用高精度的位移传感器进行测量，辅以全站仪。在张拉成型后，侧向测点撤除，如图 5.3-15 所示。

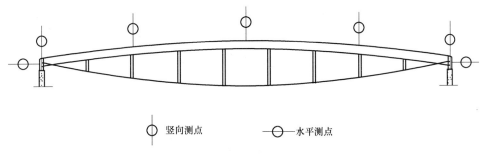

竖向测点　　　　水平测点

图 5.3-15　张拉成型后变形测点布置

共计应力测点 162 个，变形测点 80 个。所需主要测试设备如表 5.3-2 所示。

所需主要测试设备　　　　　　　　　　　　　　表 5.3-2

编号	名称	规格	数量
1	振弦式应变计	JMZX-212	162 个
2	金码综合测试仪	JMZX-200X	1 台
3	电阻应变片	—	324 片
4	索力动测仪	JMM-268（双通道）	1 套
5	位移传感器	—	80 个
6	全站仪	徕卡 2s	1 台
7	数据采集系统	Solartron（SI35951BIMP）Instrument	1 台

5.3.2.2　安全预警

在张拉过程中，设置安全预警方案，某根索张拉结束后未达到设计力，可以通过个别施加预应力进行补偿的方法。

如果结构变形、伸长值、应力与设计计算不符，超过 20％ 以后，应立即停止张拉，同时报请设计院，找出原因后再重新进行预应力张拉。

5.3.3　监测结果及分析

张拉过程中及张拉完成后对布置监测点都进行了变形和应力监测，张拉结束后，实测结果如图 5.3-16～图 5.3-18 所示。

从图 5.3-16～图 5.3-18 可以看出，实测张弦结构应力值比理论计算值偏差较小，竖向变形实测值与理论计算偏差在 3mm 以内，张弦结构应力和整体结构竖向变形满足相关规范和设计的要求。

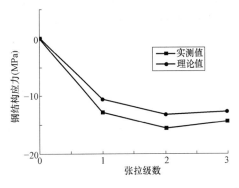

图 5.3-16　张拉过程中 6 轴端部
张弦结构应力监测值

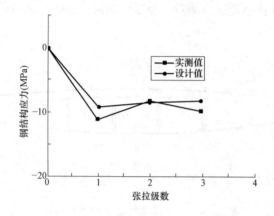

图 5.3-17　张拉过程中 9 轴端部张弦结构应力监测值

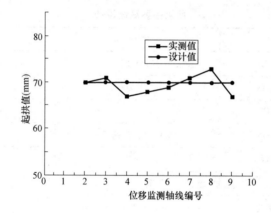

图 5.3-18　张拉完成后各轴线跨中监测点竖向变形

该体育场安全监测结果表明：

（1）由于各榀张弦梁间有互相联系的斜撑，因此在张拉时对旁边各榀受力和变形有一定的影响，通过前期的施工仿真计算，对产生的预应力损失部分进行超张拉，使结构的最终受力和变形都控制在设计要求的范围之内。

（2）张弦结构是一种相对柔性的结构，施工中必要的监测对保证施工质量至关重要，在本工程中对整个结构进行了全面的监测，通过监测有效地保证了张弦结构的施工质量，对其他工程具有一定的借鉴作用。

参 考 文 献

［1］ 曾滨. 预应力张弦结构诊治关键技术研究及展望［J］. 工业建筑，2017，47（1）：135-167

［2］ 武啸龙. 大跨度张弦桁架结构连续倒塌数值模拟及试验研究［D］. 南京：东南大学，2016

［3］ 陆金钰，武啸龙，许庆. 一种改进张弦桁架抗倒塌性能的方法研究//第 24 届全国结构工程学术会
议论文集（第Ⅱ册）［C］. 北京：工程力学杂志社，2015

［4］ 赵军. 张弦梁结构基于模态参数的损伤识别方法与试验研究［D］. 南京：东南大学，2017

［5］ 曾滨，周臻，赵军，许庆. 张弦桁架结构基于模态参数的损伤识别［J］. 建筑结构学报，2016，37
（S1）：134-138

后　记

预应力张弦结构具有结构及所处环境复杂、损伤难测、修复困难等特点，对预应力张弦结构的诊治工作需要从多个角度入手，得到可靠的检测、分析和加固结果。本书阐述了预应力结构灵敏性、连续倒塌的性能分析方法和工程实例，建立了预应力张弦结构灾变机制和安全评估方法，介绍了多种新型的检测、分析和工程加固手段，给出了行业标准和工法。

（1）预应力结构连续倒塌理论、试验和测试分析

以预应力张弦结构为研究对象，运用 ANSYS/LS. DYNA 程序对结构连续倒塌进行数值模拟，并通过张弦结构平面体系缩尺模型的连续倒塌动力试验研究，从理论分析角度揭示其内力重分布过程和破坏机理，设计开发了一套适用于模拟拉索瞬间失效的装置。

基于提高冗余度的思想，通过试验验证提出了提升张弦结构抗倒塌性能的措施。以72m 跨张弦桁架结构分析模型为对象，提出了 4 种增设冗余索方案，通过数值模拟分析研究了该方法的可行性。张弦结构增设冗余索，应根据具体结构及要求等进行备用索布置，并对比分析选出最合理布置方案。鉴于增设冗余索是一种形式简单，能有效地提高张弦结构抗连续倒塌能力的方法，且冗余索构造方便、易于实现，因此适合应用于实际工程。

（2）预应力张弦结构监测、诊断、预警关键技术

根据已有的监测技术和工程实例，结合现阶段的先进传感技术，针对预应力张弦结构的特点研究了适用于预应力张弦结构的安全监测系统。该监测系统能够实现对预应力张弦结构安全状况进行长期、实时、在线、连续监测，对预应力张弦结构的施工和使用过程的安全状态分析起到重要作用，能够减少甚至避免结构倒塌事故的发生。并且通过设置报警装置，一旦发生危险，能够及时提醒现场人员，减少突发事故下的人员伤亡和经济损失，具有较大的理论意义和工程实践价值。

（3）预应力张弦结构模态损伤识别试验、分析及测试技术

结合国内外损伤识别研究现状，针对张弦结构进行了系统全面的损伤识别分析，选取了正则化频率变化率、曲率模态差、模态柔度差曲率等三个指标，针对结构不同部分进行损伤识别方法研究，提出了针对张弦结构的损伤组合识别方法。

（4）非接触式损伤识别技术

基于预应力张弦结构的现状以及其损伤诊治的需求，提出了更为适合的非接触式损伤识别诊治方法。介绍了非接触式损伤识别技术采用的仪器设备、检测分析方法和识别手段。

（5）预应力张弦结构关键杆件防屈曲加固技术

介绍了螺栓装配角钢套管构件加固技术，分析了加固杆件中内核与外套管刚度比、内核外伸段长度、内核长细比以及外套管截面形式对套管构件的承载力及加固效果的影响，阐明了加固杆件设计中的关键问题。

　　预应力张弦结构监测技术，在未来仍有有待于继续研究的方面，以下给出了几点有待研究的方向：

　　① 由于软件模拟与实际试验测试环境的较大差异，实际环境中噪声等将对试验结果产生一定影响。因此，软件模拟与实际试验如何更加统一、噪声对试验模态测试的影响程度、减少噪声等影响的措施将是未来的研究方向。未来研究仍应突破更多限制，使得测量方法对结构动力特性及参数的测定更加可靠，对结构损伤的识别更加准确；

　　② 未来的形势需要更加深入的研究，将测量方法应用到三维立体大跨度空间结构的量测中去；

　　③ 在二维，甚至三维立体空间条件下，由于传感器数量多，获取信息量大，且各传感器拾取动力信号之间存在复杂的耦合关系，未来预应力张弦结构的监测检测技术研究应基于各结构单元之间的结构动力关系进行算法开发与研究；

　　④ 目前的方法无法判断对称位置索撑单元的损伤情况，且对于多单元同时损伤的情况也需要进一步探讨，该方法目前还不能做到精确定量分析损伤程度，需要进一步研究；

　　⑤ 对于某些动力机制复杂、信号耦合严重、噪声干扰大的结构，可能无法使用智能算法直接识别结构动力特性与损伤，需要人为干预，具体分析，因而有必要建立远程传输、预警平台，构建"多结构一系统一平台"模式，由专业人员远程把控结构风险等级，合理设置结构报警阈值，最大化节约成本，提高效率。

　　本书在现有研究工作的基础上，对预应力张弦结构诊治这一问题，进行了详细深入的介绍。针对预应力钢结构的研究在当今时代具有重要且紧迫的意义，一方面国内大跨度空间结构的大量兴起，使这一领域相关研究具有重要的现实和社会意义；另一方面，随着我国"一带一路"进程的加快，这也是彰显我国科研实力、科学水平的重要体现。